3. Fachtagung

Hybridantriebe für mobile Arbeitsmaschinen

17. Februar 2011, Karlsruhe

Herausgegeben von

Lehrstuhl für Mobile Arbeitsmaschinen (Mobima)

    Prof. Dr.-Ing. Marcus Geimer

Verband Deutscher Maschinen- und Anlagenbau (VDMA)

    Dipl.-Ing. Peter-Michael Synek

Karlsruher Schriftenreihe Fahrzeugsystemtechnik
Band 7

Herausgeber
FAST Institut für Fahrzeugsystemtechnik
    Prof. Dr. rer. nat. Frank Gauterin
    Prof. Dr.-Ing. Marcus Geimer
    Prof. Dr.-Ing. Peter Gratzfeld
    Prof. Dr.-Ing. Frank Henning

Das Institut für Fahrzeugsystemtechnik besteht aus den eigenständigen Lehrstühlen für Bahnsystemtechnik, Fahrzeugtechnik, Leichtbautechnologie und Mobile Arbeitsmaschinen

Hybridantriebe für mobile Arbeitsmaschinen

3. Fachtagung
17. Februar 2011, Karlsruhe

Herausgegeben von

Lehrstuhl für Mobile Arbeitsmaschinen (Mobima)
    Prof. Dr.-Ing. Marcus Geimer
Verband Deutscher Maschinen- und Anlagenbau (VDMA)
    Dipl.-Ing. Peter-Michael Synek

Impressum

Karlsruher Institut für Technologie (KIT)
KIT Scientific Publishing
Straße am Forum 2
D-76131 Karlsruhe
www.ksp.kit.edu

KIT – Universität des Landes Baden-Württemberg und nationales
Forschungszentrum in der Helmholtz-Gemeinschaft

Diese Veröffentlichung ist im Internet unter folgender Creative Commons-Lizenz
publiziert: http://creativecommons.org/licenses/by-nc-nd/3.0/de/

KIT Scientific Publishing 2011
Print on Demand

ISSN 1869-6058
ISBN 978-3-86644-599-4

Vorwort

Meine sehr geehrten Damen und Herren,

vor vier Jahren wurde die Fachtagung „Hybridantriebe für mobile Arbeitsmaschinen" ins Leben gerufen und ist mit beachtenswertem Erfolg gestartet. Im Fokus der Tagung standen Hybridkonzepte und deren Potentiale.

Die 2. Fachtagung fand vor zwei Jahren in wirtschaftlich schwierigen Zeiten statt. Dennoch konnte auf der Fachtagung eine Zunahme der Teilnehmerzahl verzeichnet werden, was die Bedeutung der Tagung für die Fachwelt unterstreicht. Der Fokus lag im Jahr 2009 auf der Speichertechnologie sowie auf Steuerungskonzepten.

Im nun vorliegenden Band der 3. Fachtagung werden Beiträge mit dem Fokus auf Praxiserfahrungen mit Hybridantrieben vorgestellt. Sicherlich gibt es nach zwei Jahren viel Interessantes aus der Praxis zu berichten und wertvolle Informationen und Anregungen zu neuen Lösungen und Konzepten für Hybridantriebe können gewonnen bzw. ausgetauscht werden.

Die Resonanz auf den Call for Papers war so groß, dass der Programmausschuss beschlossen hat, die Tagung zweizügig zu gestalten. Aus diesem Grund musste die Tagung auch aus dem Karlsruher Institut für Technologie (KIT) in das Kongresszentrum Karlsruhe ausweichen.

Der Tagungsband ist in die Karlsruher Schriftenreihe Fahrzeugsystemtechnik eingeordnet, wird über den Wissenschaftsverlag KIT Scientific Publishing veröffentlicht und ist mit ISBN-Nummer schneller zu finden und nachzubestellen.

Neben den vielen Neuerungen bleibt bewährtes bestehen: Fachliche Träger der Veranstaltung bleiben der Verband Deutscher Maschinen- und Anlagenbau e.V. (VDMA), der Wissenschaftliche Verein für Mobile Arbeitsmaschinen e.V. (WVMA) und der Lehrstuhl für Mobile Arbeitsmaschinen des KIT. Ebenso freue ich mich, dass wir als Medienpartner erneut die Vereinigten Fachverlage, Mainz, gewinnen konnten.

Ich hoffe, dass der Programmausschuss für Sie interessante Beiträge ausgewählt hat und möchte mich an dieser Stelle für die wertvolle Unterstützung bedanken. Ich wünsche Ihnen interessante Beiträge und freue mich auf konstruktive Gespräche, regen Gedankenaustausch und intensive Diskussionen sowie auf viele neue Ideen. Lassen Sie uns neugierig bleiben!

Karlsruhe, im Februar 2011 Prof. Dr.-Ing. Marcus Geimer

Inhaltsverzeichnis

Übersichtsvortrag

Simulation und Modellbildung

Elektrische Hybride

Hydraulische Hybride

Praxiserfahrung

Leistungsmanagement

Rudolf Filser
> *Sensor-Technik Wiedemann GmbH*

FVA Forschungsnetzwerk

Christoph Nowacki, Prof. Dr.-Ing. Achim Kampker
> *Werkzeugmaschinenlabor WZL der RWTH Aachen*

Wie entwickelt sich der Markt für Hybridantriebe in mobilen Arbeitsmaschinen?

Dargestellt an mobilen Maschinen für den Hafenbereich

Joachim Stieler, Dipl.-Wirtsch.-Ing.

Stieler Technologie- & Marketing-Beratung GmbH & Co. KG; *Marie-Curie-Str. 8, D-79539 Lörrach, Deutschland, E-mail: joachim.stieler@stm-stieler.de, Telefon: +49 7621 5500440*

Kurzfassung

Der Vortrag geht zunächst auf die Treiber ein, die zum Einsatz von Hybridantrieben in mobilen Arbeitsmaschinen führen, danach werden Potenziale für mobile Arbeitsmaschinen mit Hybridantrieb im Hafenbereich aufgezeigt.

Strengere Abgasvorschriften werden zu neuen Maschinenkonstruktionen führen. Die Pflicht zur Reduktion von CO_2-Emissionen und Kraftstoffverbrauch begünstigt den Einsatz von Hybridantrieben. Hier stehen heute bereits hydraulische und elektrische Lösungen von zahlreichen Unternehmen zur Verfügung.

Hybridantriebe bieten Stärken, die ihren Einsatz in mobilen Arbeitsmaschinen begünstigen. In einem Szenario wird ein Ausblick für die nächsten Jahre gegeben und Handlungsfelder für ein erfolgreiches Arbeiten in diesem Markt aufgezeigt.

Bei Maschinen für den Hafenbereich wird mit einer vergleichsweisen hohen Hybridisierungsrate gerechnet, die auch auf andere Maschinenbereiche ausstrahlen wird.

1 Was sind die Treiber beim Einsatz von Hybridantrieben in mobilen Arbeitsmaschinen?

Fahrzeugindustrie

Die Fahrzeugindustrie in Europa hat mittlerweile Hybrid-/Elektrofahrzeuge als neuen Markt erkannt, den sie nicht allein den asiatischen Herstellern überlassen möchte. Toyota ist mit dem Prius nicht mehr der einzige Hersteller in diesem Segment. Deutsche Hersteller wie Audi, BMW und Mercedes bieten bereits oder bald Fahrzeuge mit Hybridantrieb an. Aus Frankreich kommen von Citroen, Peugeot und Renault Elektroautos.

Diese Entwicklungen sorgen dafür, dass Hybridantriebe aus ihrem Nischendasein heraustreten können. Entsprechend werden auch die für Hybridtechnologien notwendigen Komponenten und Systeme entwickelt.

Zulieferindustrie

Unter den Zulieferern haben sich bereits vor Jahren Pioniere auf den Weg gemacht, um hydraulischen und elektrischen Hybridantrieben das Feld zu bereiten.

Die Kunden

Ab 2011 treten in Europa strengere Abgasgrenzwerte in Kraft, die ab 2014 noch einmal deutlich verschärft werden.

Neben Maßnahmen zur Abgasreduktion gilt es auch, die Energieeffizienz zu erhöhen, d.h. den Energieverbrauch deutlich zu reduzieren sowie den Geräuschpegel zu senken.

Kunden verlangen entsprechend mobile Maschinen, die diesen Forderungen in Bezug auf Abgasgrenzwerte und Energieverbrauch gerecht werden. So verlangen bereits heute Hafenbetreibergesellschaften, z.B. in Los Angeles und Long Beach in den USA, sogenannte „green machines".

Der Wettbewerb

Auf der BAUMA 2010 in München wurde von Komatsu der Hybridbagger PC200-8 Hybrid präsentiert. Bereits 2008 war diese Maschine dem japanischen Markt vorgestellt worden, 2009 folgte die Einführung in den chinesischen und nordamerikanischen Markt. Der PC200-8 Hybridbagger wird durch das neue Komatsu-Hybridsystem angetrieben, bestehend aus einem neu entwickelten Elektromotor zum Schwenken des Oberwagens, einem elektrischen Antriebsmotor, einem Kondensator und einem Dieselmotor.

Nach Aussagen von Komatsu laufen derzeit 2000 Hybridbagger in Japan, monatlich kann Komatsu bis zu 300 Hybridbagger produzieren.

Auf der BAUMA 2010 in Shanghai waren es neben Komatsu chinesische Unternehmen, die Arbeitsmaschinen mit Hybridantrieb bzw. elektrischem Antrieb vorstellten:

- Guangxi Liugong Machinery Co., Ltd.: Hybrid Bagger 922 D, Hybrid Radlader 862

- Hunan Sunward Intelligent Machinery Co. Ltd.: Hybrid-Bagger SWE 230 S

- SANY Group Co., Ltd.: Elektro-Bagger SY75C-9(E)

China bildet mittlerweile den größten Markt für Baumaschinen; das Land verfügt jedoch über keine eigenen starken Zulieferunternehmen im Bereich der Hydraulik. Um dieses Dilemma zu umgehen, könnten dort elektrische Hybridlösungen favorisiert werden. Auf diese Weise könnte auf die Entwicklung eigenen Hydraulik-Know-Hows weitgehend verzichtet werden. Gleichzeitig ließe sich die Abhängigkeit von ausländischen Zulieferern reduzieren.

2 Potenziale für mobile Arbeitsmaschinen mit Hybridantrieb im Hafenbereich

Weltweit rechnen Experten mit einem weiteren Ausbau der Logistikkapazitäten. Entsprechend werden Hafenanlagen weiter ausgebaut. Dabei müssen sich die Betreibergesellschaften weltweit auf verschärfte Lärm- und Abgasvorschriften einstellen.

Der Hafen von Los Angeles investiert in diesem Zusammenhang in sog. Heavy Duty Electric Trucks. Diese Trucks, sie stammen von der Fa. Balqon Corp., bilden einen der ersten Schritte im Port's Clean Air Action Plan, mit dem Emissionen reduziert und die Nachhaltigkeit der Tätigkeiten im Hafenbereich gefördert werden sollen.

Schaut man nach Deutschland, so sieht man beispielsweise bei der Hamburger Hafen und Logistik AG, dass die Themen Nachhaltigkeit, Ökologie und Klimaschutz einen hohen Stellenwert einnehmen. So beteiligt sich das Unternehmen an der Erforschung neuer, öko-effizienter Antriebe. Auf dem HHLA Container Terminal Altenwerder (CTA) übernehmen heute schon selbstfahrende Automated Guided Vehicles (AGV) den Containertransport. Sie können in Zukunft über Batterien mit elektrischem Strom als Energiequelle versorgt werden.

Im Hafenbereich wird eine Vielzahl von mobilen Arbeitsmaschinen benötigt, hierzu gehören beispielsweise:

- Straddle Carriers
- Reach Stackers
- Terminal Tractors
- Gabelstapler

- Mobile Hafenkräne
- Automated Guided Vehicles
- Container Handlers
- Warehouse Stackers

Teilweise sind diese Geräte bereits mit Hybridantrieben verfügbar, bzw. wir rechnen aufgrund uns vorliegenden Informationen damit, dass weitere Maschinen mit Hybridantrieb hinzukommen. Beispielsweise bieten Unternehmen wie Gottwald, Kalmar, Liebherr und Terex (siehe Tab. 1) bereits Geräte mit Hybridantrieb an. Hierbei kommen unterschiedlichste technische Lösungen zum Einsatz. Während Gottwald seinen Hafenmobilkran G HMK 607 mit Ultracaps ausrüstet, verwendet Liebherr einen hydraulischen Hybridantrieb.

Unternehmen	Hybridtechnik	Nutzen
Gottwald Port Technology GmbH	Hafenmobilkran G HMK 6407 mit Hybridantrieb (Dieselaggregat in Verbindung mit variablen Bremswiderständen und Kurzzeitenergiespeichern: elektrostatische reibungs- und verschleißlose Doppelschicht-Kondensatoren (Ultracaps) mit Ladezeiten von max. 30s und Lebensdauer von 1 Mio. Zyklen)	Kraftstoffeinsparungen im zweistelligen Prozentbereich Vorteile bei der Vergabe von Terminalkonzessionen Neben Hafenmobilkranen mit Hybridantrieb stellte Gottwald 2009 das erste batteriegetriebene Automated Guided Vehicle (AGV) vor.
Kalmar Industries	Straddle-Carrier Typ ESC W mit Pro Future™ Hybrid-Technologie (Einsatz von Doppelschicht-Kondensatoren)	Kraftstoffeinsparung bis zu 30% Reduktion des CO_2-Ausstoß um mehr als 50 Tonnen jährlich
	Kalmar Hydraulic Hybrid Drive Terminal Tractor (in Zusammenarbeit mit Kinetics Drive Solutions Inc. in Singapur)	Kraftstoffeinsparung bis zu 20% Reduktion der NO_x-Emissionen Höhere Verfügbarkeit, da keine Stillstandszeiten für Batterieladevorgänge
Liebherr Hafenmobilkrane	Liebherr-Hafenmobilkran LHM 550 mit hydraulischem Hybrid-Antrieb Pactronic®	Bei identischer Umschlagsleistung rund 30% weniger Kraftstoff Lösung soll bis 2013 für alle Liebherr-Hafenmobilkrane erhältlich sein.
Terex (vorher Noell)	Straddle Carrier mit hydrostatischem oder diesel-elektrischem Antrieb (optional mit Energie-rückgewinnungssystem Ecocap)	Reduzierung der CO_2-Emission um 265.000 kg über die gesamte Lebensdauer Geringere Belastung der Antriebskomponenten Absenkung der Lärmemissionen

Tab. 1: Hersteller von Hafenmaschinen mit Hybridtechnik

3 Auswirkungen auf die Maschinentechnologie und die zum Einsatz kommenden Komponenten und Systemlösungen

Strengere gesetzliche Abgasvorschriften erfordern nach Aussagen von Maschinenherstellern spätestens nach 2014 neue Maschinenkonstruktionen. Tatsächlich müssen Maschinenhersteller bereits heute ihre Maschinenkonzepte neu entwickeln. Dies betrifft nach Aussagen von Fachleuten zwischen 10.000

und 15.000 verschiedene Maschinentypen. Partielle Optimierungen reichen zukünftig nicht mehr aus. Gefordert wird eine Gesamtoptimierung des Antriebsstranges im Hinblick auf die Reduzierung von Abgasen, CO_2-Emissionen und Kraftstoffverbrauch.

Die weitere Industrialisierung in China, aber auch in Brasilien und Indien führt zu einem wachsenden Energieverbrauch. Steigende Kraftstoffpreise begünstigen Maschinen mit reduziertem Kraftstoffverbrauch. Die Einsparungen durch Hybridantriebe bis zu 30% und mehr werden dieser Technik deshalb weiteren Schub verleihen. Halten unsere Städte und Kommunen weiterhin an der Feinstaubverordnung fest, haben Bauunternehmen mit einem „grünen" Fuhrpark klare Vorteile.

In den vergangenen Jahren wurden bereits zahlreiche mobile Arbeitsmaschinen mit Hybridantrieb vorgestellt. Waren es zu Beginn Abfallsammelfahrzeuge mit hydraulischem Hybridantrieb und Radlader mit dieselelektrischem Antrieb, so treffen wir heute – passend zur Jahreszeit – auch auf den Pistenbully von Kässbohrer, der über einen dieselelektrischen Hybridantrieb verfügt.

Die Maschinenhersteller können dabei auf eine wachsende Anzahl an Komponenten- und Systemlieferanten zurückgreifen, die dieses Geschäft mit großem Engagement betreiben.

Waren mobile Arbeitsmaschinen bisher immer ein wichtiger Abnehmer für hydrostatische Antriebe, müssen Hydraulikunternehmen heute mitansehen, dass über den Hybridantrieb elektrische Lösungen Einzug in mobile Arbeitsmaschinen halten.

4 Maschinen- und Komponentenhersteller, die im Bereich Hybridantriebe für mobile Arbeitsmaschinen arbeiten

Im Rahmen des Vortrages wird zunächst auf Unternehmen eingegangen, die hydraulische Hybridantriebe für mobile Arbeitsmaschinen anbieten. In Tabelle 2 sind beispielhaft Unternehmen aufgeführt. Die Darstellung erhebt keinen Anspruch auf Vollständigkeit, vielmehr geht es darum darzustellen, was die Fluidtechnik zu leisten vermag.

Bosch-Rexroth bietet mit dem hydrostatisch regenerativen Bremssystem HRB eine Lösung an, wie sie heute bereits in Abfallsammelfahrzeugen eingesetzt wird. Für das neue Hydraulic Fly Wheel HFW werden Applikationen in

Baumaschinen (kompakte Radlader, Baggerlader, Telehandler, Gummirad-walzen, Bagger) genannt.

Die Firma Eaton aus den USA bietet heute hydraulische und elektrische Hybridantriebe. Als Applikationen stehen Nutzfahrzeuge und Lieferfahrzeuge im Vordergrund.

Die Fa. Haldex Hydraulics bietet mit EMS ein Energiemanagementsystem zum Betrieb aller hydraulisch angetriebenen Funktionen, beispielsweise in Radladern, Baggern und Staplern an.

Hydac seit langem mit Hydrospeichern im Markt präsent bietet heute Systemlösungen zur Energierückgewinnung.

Parker Hannifin bietet mit Runwise® einen seriellen Hybridantrieb, der in Abfallsammelfahrzeugen eingesetzt wird. Parker nennt dabei folgenden Nutzen:

- Weniger Verschleiß an den Fahrzeugbremsen und damit Verlängerung der Wechselintervalle um den Faktor 8, somit eine höhere Fahrzeugverfügbarkeit und geringere Wartungskosten

- Reduktion der CO_2-Emissionen um jährlich 38 t

- Reduktion des Kraftstoffverbrauchs um jährlich 10.000 Gallons (30% - 50%) bei gleichzeitiger Verbesserung des Beschleunigungsvermögens um 20%

- Verbesserung der Fahreigenschaften (Beschleunigung, Schalten, Bremsen, Fading)

Die Fa. Weber-Hydraulik, früher ein Hersteller von Hydraulikzylindern, heute auch in der Systemtechnik zuhause, konnte 2009 eine hydraulische Hubeinrichtung zur Energierückgewinnung in Zusammenarbeit mit der Fa. Jung-heinrich vorstellen.

Die Fa. Heinzmann als Vertreter von elektrischen Hybridantrieben rüstete bereits 2007 einen Radlader der Fa. Atlas Weyhausen mit einem Hybridantrieb aus, anlässlich der Intermat in Paris im Jahr 2009 wurde von Mecalac der Multifunktionsbagger MTX 12 mit einem elektrischen Hybridantrieb von Heinzmann vorgestellt (siehe Tabelle 3).

Die Fa. Deutz plant den Produktionsstart für ihr Mild-Hybrid-Konzept im 4. Quartal 2012.

Die Tognum-Tochter MTU Friedrichshafen GmbH wird im zweiten Halbjahr 2011 ein Hybrid-Powerpack in einem Nahverkehrstriebwagen der Baureihe 642 erproben. Diese Motor-/Generator-Einheit wurde von MTU gemeinsam mit weiteren Unternehmen entwickelt.

Die Fa. Sensor-Technik Wiedemann entwickelt ebenfalls elektrische Hybridantriebe, die beispielsweise im Pistenbully 600 von Kässbohrer zum Einsatz kommen sollen.

ZF Friedrichshafen bietet elektrische Maschinen für Hybridantriebe in Personen-kraftwagen, Nutzfahrzeugen und auch Baumaschinen.

Unternehmen	Hybridtechnik	Applikation
Bosch-Rexroth	Hydraulischer Hybridantrieb (Hydrostatisch regeneratives Bremssystem HRB) bestehend aus Axialkolbeneinheit A4VSO mit Getriebe, Druckspeicher, Speichersicherheitsventil, Ventilsteuerblock (HIC) und elektronischem Steuergerät	Abfallsammelfahrzeuge, im Einsatz in mehr als 10 Städten: New York, Nantes, Wien, Kiel, Mölln, Salzgitter, Castrop-Rauxel, Kassel, Wiesbaden, Münnerstadt, Schweinfurt, Würzburg
	Hydraulic Fly Wheel HFW Hydrauliksystem, das im offenen Kreislauf arbeitet und aus Axialkolbenpumpe, Steuerblock, Hydrospeicher und BODAS Steuergerät besteht	Kompakte Radlader Baggerlader Telehandler Gummiradwalzen Bagger
Eaton	Hydraulische Hybridantriebe: Hydraulic Launch Assist TM (Mild-Hybridsystem auf Basis von Axialkolbeneinheiten mit Hydrospeichern) Serielle Hydraulik-Hybrid SHH	Nutzfahrzeuge (Hybridsysteme als Option): Peterbilt Kenworth International Freightliner
	Elektrische Hybridantriebe: Paraller elektrischer Hybridantrieb bestehend aus automatischer Kupplung, permanentmagneterregtem Motor-Generator, Wechselrichter, Hybridelektronik und Li-Ion Batterie	Lieferfahrzeuge: Coca-Cola UPS FedEx PepsiCo
Haldex Hydraulics	Haldex Energiemanagementsystem EMS zum Betrieb aller hydraulisch angetriebenen Funktionen (Fortbewegung, Hub-, Dreh- und Senkfunktionen)	Radlader Bagger Stapler
Hydac	Hydrospeicher (neu: Leichtbaublasenspeicher) als Energierückgewinnungssysteme in Verbindung mit Ventil- und Zylindersystemen	Nutzfahrzeuge Schienenfahrzeuge Flurförderzeuge
Parker Hannifin	Runwise® Hydraulic Hybrid Technology: Serieller Hybridantrieb	Abfallsammelfahrzeuge
Weber Hydraulik	Hydraulische Hubeinrichtung als System zur Energie-Rückgewinnung	Elektro-Kommissionier-Dreiseitenstapler

Tab. 2: Anbieter von hydrostatischen Hybridantrieben

Unternehmen	Elektrische Hybridtechnik	Applikation
Heinzmann	Hybridmotoren (Elektromaschinen als Starter, Motor und Generator) in Entwicklung: 20/30 kW Dauer-/Spitzenleistung 144 VDC 10/15 kW Dauer-/Spitzenleistung 48 VDC Traktionsantrieb mit 150 kW Dauerleistung bei 700 VDC	Atlas Weyhausen Radlader mit Deutz-Dieselmotor, Vorstellung 2007 auf der BAUMA in München MECALAC Multifunktionsbagger 12 MTX mit Cummins Dieselmotor (74 kW -> 51 kW) Li-Ionen Batterien
Deutz	Deutz Hybrid Drive bestehend aus: 4-Zylinder-Turbo-Diesel-Motor mit 55 kW permanent erregte Synchronmaschinen, flüssigkeitsgekühlt, Nennleistung 15/30 kW Spitzenleistung 30/60 kW Inverter 30/60 kW; 300/600 Volt, flüssigkeits- oder luftgekühlt Traktionsbatterie (bipolare Bleibatterie) mit integriertem Batterie-Management-System und CAN-Schnittstelle 30/60 kW, 300/600 Volt; 1,8/3,6 kWh	Produktionsstart: ca. 4. Quartal 2012
MTU	Dieselelektrischer Antrieb mit Lithium-Ionen-Batterien zur Energiespeicherung Der Dieselmotor des Typs 6H 1800 R75 hat eine Leistung von 315 kW, der Elektromotor bis zu 400 kW.	Erprobung in einem Nahverkehrstriebwagen der Baureihe 642 auf der Strecke Aschaffenburg - Miltenberg
Sensortechnik Wiedemann	Sensor-Technik Wiedemann GmbH entwickelt in einem Kooperationsprojekt Komponenten für ein Hybridantriebssystem (powerMELA®). Das System kann in Land- und Baumaschinen, Nutz- oder Kommunalfahrzeugen eingesetzt werden, um dieselelektrische Fahrantriebe zu realisieren. Seit Mitte 2009 verfügt STW über einen Prüfstand für Hybridtechnologie zum Testen von Motoren und Generatoren bis 6000 min-1 und bis zu 1200 Nm.	Kunden: • Mercedes-Benz Atego • Mercedes-Benz Sprinter • Kässbohrer Pistenbully 600 Partner: • Baumüller • Isabellenhütte • Behr • Johnson Controls Saft • Daimler • Kässbohrer Geländefahrzeug • Deutsche ACCUmotive
ZF	ZF bietet mit dem Ergopower Hybrid einen Parallel Hybrid beispielsweise für Radlader an. Diese Hybridtechnologie basiert auf dem ERGOPOWER Getriebe, den MULTITRAC Achsen, einem ZF Wechselrichter und der Hybridbatterie. Das Hybridmodul (DYNASTART von ZF Sachs) wird dabei in das Getriebe integriert. Abhängig von der Größe stehen 85 bzw. 120 kW Leistung zur Verfügung.	Bei der Baumaschine ist der Fahrbetrieb sekundäres Anwendungsfeld. Hier dient die Elektrifizierung des Antriebsstranges primär zur Unterstützung oder dem alleinigen Betreiben der Nebenabtriebsaggregate.

Tab. 3 : Anbieter von elektrischen Hybridantrieben

5 Stärken und Schwächen bei Hybridantrieben für mobile Arbeitsmaschinen

Zusammenfassend sehen wir aus heutiger Sicht folgende Stärken und Schwächen bei Hybridantrieben für mobile Arbeitsmaschinen.

Stärken	• Mit zunehmender Anzahl von Anbietern für hydraulische und elektrische Hybridtechnik etablieren sich Hybridantriebe als wichtiger Bereich innerhalb energieeffizienter Antriebstechnik. • Im Hafenbereich steht bereits eine umfassende Palette an mobilen Arbeitsmaschinen mit Hybridantrieb zur Verfügung. Hiervon kann eine Pilotfunktion für andere Branchen ausgehen. • Hybridantriebe erlauben ein Downsizing des Verbrennungsmotors • Mit Hybridantrieben lassen sich Energieverbrauch und CO_2 Emission reduzieren • Die Hydraulik als Systemtechnik verfügt bereits über Energiespeicher (z.B. Doppelkolbenspeicher) und kann effiziente Hybridlösungen anbieten. • Anbieter aus dem Bereich Elektrische Antriebe haben den Markt für mobile Arbeitsmaschinen erkannt und bieten ebenfalls geeignete Lösungen. • Mit effizienten Hybridantrieben haben Maschinenhersteller die Möglichkeit ihre Technologieführerschaft unter Beweis zu stellen.
Schwächen	• Hybridlösungen gelten heute aufgrund der zusätzlichen Investitionskosten noch nicht als wirtschaftlich. • Hydraulische und elektrische Hybridantriebe für mobile Arbeitsmaschinen erfordern einen Systemansatz, der branchenübergreifendes Wissen bedingt. • Die zukünftige Abgasgesetzgebung bindet Entwicklungskapazität, die für die Entwicklung von Hybridantrieben fehlt. • Elektrische Energiespeicher wurden in der Vergangenheit in Europa vernachlässigt.

Tab. 4: Stärken und Schwächen bei Hybridantrieben für mobile Arbeitsmaschinen

6 Zukünftige Entwicklung von Hybridantrieben für mobile Arbeitsmaschinen

Trotz der heute bereits bekannten Beispiele für Maschinen mit Hybridantrieb steht diese Technologie noch am Anfang ihrer Entwicklung. Im Jahr 2020, d. h. in 10 Jahren, rechnen wir damit, dass es sich um eine etablierte Technologie handeln wird, die in sämtlichen wichtigen Maschinengruppen eingesetzt wird.

Auf dem Weg dahin werden wir energetisch optimierte hydraulische Hybridlösungen sowohl für den Fahrantrieb als auch für die Arbeitsfunktionen vorfinden. Hydraulikunternehmen, die an dieser Entwicklung erfolgreich partizipieren möchten, müssen hier über das notwendige Systemwissen verfügen. Neben Energiespeichern gehören hier sicher die Ventiltechnik und die notwendige elektronische Steuerungstechnik hinzu. Das Wissen über elektrische Antriebstechnik ist ebenfalls von Vorteil.

Anbieter von elektrischer Antriebstechnik werden in Zukunft ihre Aktivitäten weiter verstärken. Neben elektrischen Fahrantrieben wie wir sie heute bereits im Dozer D7E von Caterpillar sehen oder bald im Pistenbully von Kässbohrer, werden bei Landmaschinen elektrische Anbaugeräte, z.B. Kreiselmäher, Sämaschine und Ballenpresse hinzukommen.

Als Kurzzeitspeicher dienen heute noch sog. Ultracaps. Sobald leistungsfähige Lithium-Ionen-Batterien für den Einsatz in mobilen Arbeitsmaschinen zur Verfügung stehen, werden elektrische Hybridantriebe weiter an Bedeutung gewinnen.

Wir rechnen bei Hybridantrieben für mobile Arbeitsmaschinen mit einer größeren Verbreitung ab 2012. Bis 2015 erwarten wir bei Maschinen für den Hafenbereich eine Hybridisierungsrate zwischen 15% und 80%, die bis 2020 auf Werte zwischen 40% und 100% ansteigen wird. Andere Maschinengruppen (Baumaschinen, Fördertechnik) werden von dieser Entwicklung profitieren.

Insofern lohnt es sich für Maschinenbauer und auch als Zulieferer zu überlegen, wie man an dieser Entwicklung partizipieren kann.

Simulation von Optimierungsstrategien des Energie- und Leistungsmanagements eines Hybridantriebs

Energieregler als Erweiterung des Fahrreglers einer mobilen Arbeitsmaschine

Dr.–Ing. Michael Baranski

CLAAS Industrietechnik GmbH, Entwicklung Elektronik, 33106 Paderborn, Deutschland, E-mail: michael.baranski@claas.com, Telefon: +49(0)5251/7055323

Kurzfassung

Der folgende Beitrag behandelt die Simulation einzelner Komponenten des elektrischen Hochvolt Bordnetzes nach Abb. 1, die Regelung unterlagerter Führungsgrößen sowie Strategien zum optimalen Einsatz der elektrischen Speicherkomponenten. Hier kann nach [2] in zwei Klassen von Optimierungsstrategien unterschieden werden. Während zum Einen optimale Strategien bei prognostizierbaren Lastverläufen mit Hilfe der dynamischen Programmierung (vgl. [3]) bedingt in Echtzeit berechnet werden können, stellt die Berechnung des Speichereinsatzes bei unvorhersehbarem Lastverlauf eine deutlich größere Herausforderung dar. Der hier verfolgte Ansatz basiert auf nicht vorhersehbare Lastprognosen. Die Optimierung und Betriebsführung erfolgt durch einen übergeordneten Fahrregler, einen unterlagerten Energieregler, einen Spannungsregler sowie fest eingestellte Regeln für den minimalen und maximalen Ladezustand der Speichersysteme. Zusätzlich sind die Grenzen des Hochvolt Bordnetzes einzuhalten. Kern des Systems ist die Interaktion von Fahrregler, Energie/Leistungsregler und Spannungsregler des Hochvolt Bordnetzes (Zwischenkreisspannung). Das Modell sowie die Regel- und Optimierungsstrategien sind mit MATLAB/Simulink simuliert.

Stichworte

Hybridantriebe, Energiemanagement, Speichermanagement, Fahrregler, Leistungsregelung, Optimierungsstrategien

1 Einleitung

Elektrische Antriebe gewinnen zukünftig im Bereich mobiler Arbeitsmaschinen zunehmend an Bedeutung [4]. Die Integration elektrische Antriebseinheiten in den mechanischen Antriebsstrang einer mobilen Arbeitsmaschine erweitert das Optimierungspotential der Antriebsleistung um mehrere Freiheitsgrade. Durch die Verschiebung (Pflegmatisieren) des Lastpunktes der Verbrennungskraftmaschine (VKM) lässt sich diese bzgl. des Wirkungsgrades optimieren. Zusätzliches Boosten mit Hilfe der elektrischen Maschine ermöglicht in vielen Anwendungsbereichen ein Herunterskalieren (Downsizing) der VKM.

Kern eines solchen Systems ist der „intelligente" zeitrichtige simultane Einsatz der elektrischen Komponenten zu den mechanischen Antriebskomponenten Getriebe und Verbrennungskraftmaschine. In vielen Anwendungsbereichen wird ein parallel zum mechanischen Antriebsstrang installierter elektrischer Power Assist Hybridantrieb eingesetzt. Dabei arbeitet parallel zur VKM eine elektrische Maschine mit direktem Kraftschluss zur Abtriebswelle der VKM (EM1 in Abbildung 1). Die E-Maschine kann dabei sowohl generatorisch als auch motorisch eingesetzt werden. Die elektrischen Speicher-komponenten (UltraCap und Li-Ionen Batteriestapel) dienen indirekt zur Arbeitspunktverlagerung der VKM, zur Glättung des Hochvolt Bordnetzes, sowie zum Rekuperieren der Brems- oder Hubenergie des Fahrzeugs. Das Batteriesystem sorgt für ausreichende elektrische Speicherkapazität, der Kondensator (UltraCap) für den notwendigen Leistungsgradienten, um die Spannungsschwankungen im Zwischenkreis des 0,4 – 0,8 kV Bordnetzes hochdynamisch auszuregeln. Die Dimensionierung der Speicherkomponenten ist ein zentrales Entwurfsproblem und beeinflusst neben den elektrischen und mechanischen Antriebsparametern insbesondere auch die Anschaffungskosten des Gesamtsystems. In Abhängigkeit der jeweiligen Anwendung lässt sich ein Optimum bzgl. der Dimensionierung der elektrischen Speicherelemente Ultra-Kondensator und Li-Ionen Batteriespeicher finden [1].

Sind die elektrischen Betriebskomponenten dimensioniert, bestimmen die Betriebsstrategie sowie das Zusammenspiel der verschiedenen Stellgrößen der einzelnen Komponenten das Optimierungspotential des Antriebs. Auf der Basis einer festen Auslegung des Antriebsstrangs wird im Folgenden die Regelung und Optimierung der Energiespeicher verfolgt.

2 Modellansatz zur Optimierung

2.1 Systemtopologie

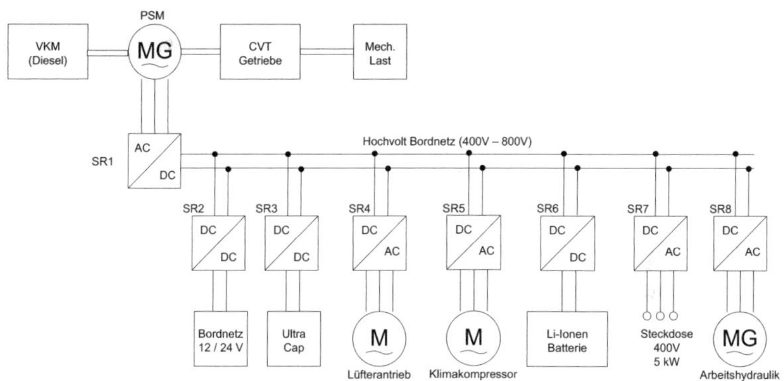

Abb. 1: Systemtopologie elektrische Komponenten des Antriebsstrangs

Das zugrunde gelegte System in Bild 1 besteht aus folgenden Komponenten:

- Die Elektrische Maschine (MG) als permanent erregte Synchronmaschine (PSM), direkt verbunden mit der Verbrennungskraftmaschine, als Startergenerator in die VKM oder das Getriebe (CVT) integriert. Über den Stromrichter SR1 speist die PSM elektrische Energie in das Hochvoltbordnetz (Gleichspannungszwischenkreis) oder wird von diesem angetrieben. Stromrichter SR1 integriert bereits einen Kondensator zur Glättung der Spannungsschwankungen des Hochvoltbordnetzes.

- Ein CVT Getriebe überträgt die mechanische Antriebsleistung mit stufenloser Übersetzung bidirektional auf die Antriebsachsen des Fahrzeugs. Die vom Fahrzeug umgesetzte Antriebsleistung wird durch die mechanische Last in Abbb. 1 nachgebildet.

- Das Niederspannungsbordnetz ist über den Gleichstromumrichter SR2 mit dem Hochvoltbordnetz verbunden. Die 12V/24V Spannungsebene wird über den Stromrichter SR2 versorgt, welcher als Tiefsetzsteller die Spannung konstant geregelt. Dieser erfasst dabei die Leistungsaufnahme des Niedervoltbordnetzes.

- Die Leistungsspitzen regelt der Gleichstromumrichter SR3 mit dem angeschlossenen Hochspannungskondensator (Doppelschichtkondensator, UltraCap) aus. Dieser kann auch direkt an den Zwischenkreis angeschlossen werden. Über SR3 lässt sich der Kondensator jedoch auch im Fehlerfall (Kurzschluss) abschalten, so dass über den Stromrichter SR3 die Speisung der Fehlerstelle unterbunden wird.

- Der Lüfterantrieb zur Kühlung der VKM wird über einen dreiphasigen selbstgeführten Wechselrichter (W6C) SR4 gespeist. Dieser kann auch 2phasig betrieben werden.

- Der Kompressor der Klimaanlage wird ebenfalls über einen selbstgeführten Wechselrichter (W6C oder W2C) SR5 gespeist.

- Lithium-Ionen Batterie Stapel dient als Energiespeicher mit begrenztem Leistungsgradienten. Der vier Quadranten Steller SR6 (4QS) verbindet den Hochvolt Zwischenkreis mit der elektrischen Energie der Lithium-Ionen Batterie

- Variable elektrische Leistungsentnahme über eine Drehstromstockdose, diese wird über einen dreiphasigen selbstgeführten Wechselrichter SR7 (W6C) gespeist.

- Elektrisch betriebenes Anbaugerät (Hubwerk) welches elektrisch motorisch oder generatorisch arbeitet und über ebenfalls über einen selbstgeführten Wechselrichter an das elektrische Hochvoltbordnetz angebunden ist. .

2.2 Modellierung des elektrischen Netzes

2.2.1 Permanent erregte Synchronmaschine

Die Drehzahl der permanent erregt Synchronmaschine wird durch die Verbrennungskraftmaschine vorgegeben. Der Regler der Synchronmaschine arbeitet als Leistungs- resp. Drehmomentregler. Die Regelung der elektrischen

Größen (Vektorregelung in rotorfesten Koordinaten) wird als umsetzbar angenommen. Die ins Hochvoltbordnetz eingespeiste elektrische Leistung (Rekuperieren) lässt sich vereinfacht aus der mechanischen Leistung, dem Wirkungsgrad der PSM und dem angeschlossenen Stromrichter berechnen zu

$$P_{PSM,C}^{(el)} = \eta_{SR1}\eta_{PSM} P_{PSM}^{(mech)} \tag{1}$$

Beim elektrischen Antreiben der PSM (elektrisches boosten) berechnet sich die aus dem Hochvoltbordnetz entnommene elektrische Leistung entsprechend zu

$$P_{PSM,D}^{(el)} = \frac{P_{PSM}^{(mech)}}{\eta_{SR1}\eta_{PSM}} \tag{2}$$

Die elektrische Leistung wird über den Stromrichter SR1 in den Hochvoltzwischenkreis gespeist. Der Stromrichter misst dabei die Strangströme und Spannungen der Synchronmaschine um die Leistung und das Bremsmoment zu steuern. Die Messwerte überträgt der Stromrichter zum Leistungsregler. Die direkt ins Hochvoltnetz abgegebene Leistung lässt sich über den auf ein Taktintervall gemittelten Gleichstrom sowie der Zwischenkreisspannung berechnen zu

$$P_{SR1}^{(el)} = U_{ZWK}\,\overline{I}_{SR1}^{(ZWK)} \tag{3}$$

Das mechanische Antriebsmoment der Synchronmaschine lässt sich stets aus der Beziehung

$$M_{PSM}^{(mech)} = \frac{P_{PSM}^{(mech)}}{\omega^{(mech)}} \tag{4}$$

ermitteln. Die Verluste der Synchronmaschine und des Stromrichters SR1 sind vereinfacht in den jeweiligen Wirkungsgrad in Gleichung [1] berücksichtigt. Das dynamische Verhalten der permanenterregten Synchronmaschine lässt sich für diese Anwendung durch ein PT-1 Glied [5] hinreichend nachbilden. Hierbei lassen sich Statorinduktivität, Statorwiderstand und die Zeitkonstante des Stromrichters zusammenfassen.

2.2.2 UltraCap mit Stromrichter SR3

Entscheidend für die Berechnung des Energiegehalts resp. der Speicherauslastung ist die elektrische Spannung U_{UC} des Kondensators. Diese berechnet sich aus der pro Zeiteinheit bilanzierten Energiemenge für die Aufladung des Speichers aus

$$\int_{t1}^{t2} P_{UC}(t)dt = \int_{t1}^{t2} \eta P_{SR3}(t)dt = \frac{1}{2}C_{UC}\left(u_{UC}^2(t_2) - u_{UC}^2(t_1)\right) \tag{5}$$

zu

$$u_{UC}(t_2) = \sqrt{u_{UC}^2(t_1) + \frac{2}{C_{UC}}\int_{t_1}^{t_2}\eta P_{SR3}(t)dt} \ . \tag{6}$$

Aus dem Wirkungsgrad des Stromrichters SR3 und des Kondensators lässt sich ein Ersatzwiderstand zur Nachbildung der Verluste sowie zur Modellierung des Stromanstiegs berechnen. Die Lade- und Entladeverluste sind jeweils proportional zum Quadrat des Stromes, die statischen Entladeverluste des Kondensators sind proportional zum Quadrat der Spannung des Kondensators und werden aufgrund der vielfach höheren Zeitkonstante der statischen Entladung in diesem Modell vernachlässigt. Die maximal zulässige Spannung sollte aufgrund der Lebensdauer des UltraCaps [6] möglichst nicht überschritten werden. In Abhängigkeit der Potentialdifferenz von Zwischenkreisspannung und Spannung des Kondensators arbeitet der Stromrichter SR3 beim Ladevorgang als Hochsetzsteller, wenn die Zwischenkreisspannung geringer ist als die Spannung des Kondensators. Energetisch günstiger ist der Aufladevorgang bei einem Potenzialgefälle zum Kondensator, wenn SR3 als Tiefsetzsteller eingesetzt werden. Die Dynamik von Moduls SR3 + Kondensator wird durch ein PT-1 Glied nachgebildet. Die Ladeleistung

$$P_{SR3}^{(C)} \in \left[P_{SR3}^{min}, P_{SR3}^{max}\right] \ mit \ P_{SR3}^{min} < 0 \tag{7}$$

ist daher unsymmetrisch anzusetzen.

2.2.3 Lithium-Ionen Batterie mit Stromrichter

Die Lithium-Ionen Batterie wird analog zum UltraCap modelliert.

$$u_{Bat}(t_2) = \sqrt{u_{Bat}^2(t_1) + \frac{2}{C_{Bat}} \int_{t_1}^{t_2} \eta P_{SR6}(t)\,dt} \qquad [8]$$

2.2.4 Spannungszwischenkreis des Hochvoltbordnetzes

Der Spannungszwischenkreis bildet die Koppelkomponente der elektrischen Betriebsgrößen des Antriebsstrangs. Aufgrund der notwendigen Zwischenkreiskapazität lässt sich dieser analog zum Ultrakondensator und Batteriespeicher modellieren. Die Integration der Leistungsbilanz aller in den Zwischenkreis einspeisenden Leistungsquellen resultiert in der Änderung der elektrischen Energie des Hochvoltzwischenkreises.

$$\sum_i \int_t^{t+dt} P_i\,dt = \frac{1}{2} C_{ZWK} (u_{ZWK}^2(t+dt) - u_{ZWK}^2(t)) \qquad [9]$$

Aus Gleichung [9] resultiert die aktuelle Zwischenkreisspannung für jeden beliebigen Zeitpunkt. Der Innenwiderstand des Zwischenkreisnetzes wird dabei vernachlässigt.

2.2.5 Sonstige Verbraucher als elektrische Last

Die elektrischen Verbraucher wie das 12V Bordnetz, die elektrisch betriebenen Nebenaggregate Lüfterantrieb, Antrieb des Kühlkompressors, die elektrische 400V Steckdose sowie die elektrisch betriebene Arbeitshydraulik aus Abb. 1 können als eine elektrische Last $P_V(t)$ zusammengefasst werden.

2.2.6 Bremswiderstand und Stromrichter

Zum Schutz des Zwischenkreises (Überspannungsschutz) bei überhöhter Rückspeisung von Energie in den Zwischenkreis, z.B. beim generatorischen Bremsen des Antriebs, muss zur Begrenzung der Zwischenkreisspannung ein Bremswiderstand installiert sein. Dieser wird über einen gepulsten Schalttransistor linear mit elektrischer Leistung beaufschlagt. Hierbei handelt es sich in der Regel um einen Tiefsetzsteller, so dass die sich die

Leistungsaufnahme des Bremswiderstandes über das Tastverhältnis D = T_{ein} /(T_{ein} + T_{aus}) des Tiefsetzstellers stetig von 0% - 100% regulieren lässt.

$$P_{SR7} = \frac{(DU_{ZWK})^2}{R_{Brems}}$$ [10]

2.3 Regelungsstruktur

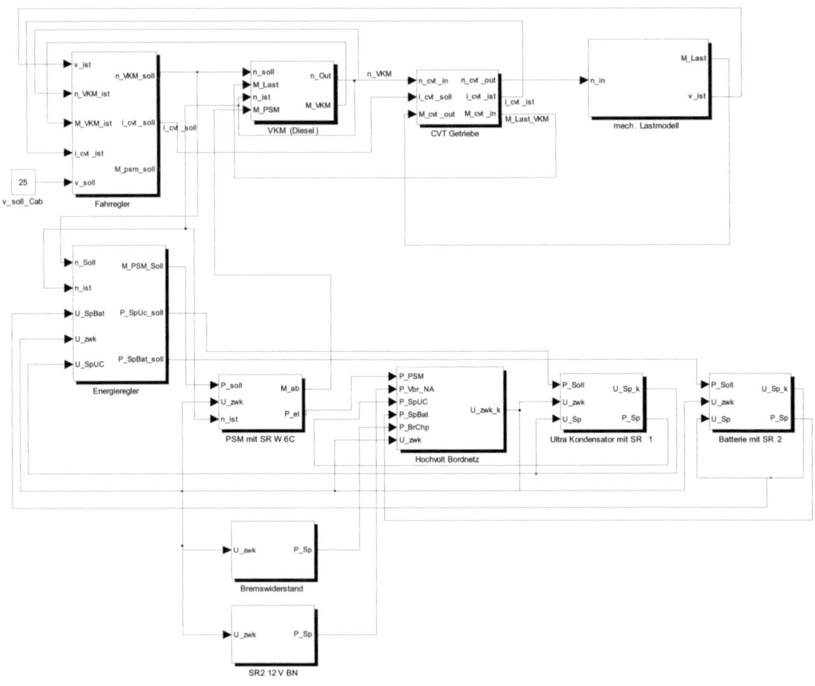

Abb. 2: Struktur des Simulationsmodells

2.3.1 Anforderungen an den Fahrregler

Der Fahrregler setzt die Vorgaben des Fahrers resp. des /Fahrprogramms um. Die Geschwindigkeitsvorgabe und Beschleunigungsvorgaben werden entsprechend der gewählten Fahrdynamik (häufig parametrierbar) in

- die Solldrehzahl Vorgaben für die VKM (Drehzahl)

- Übersetzung und Verstellgeschwindigkeit des Getriebes

umgesetzt.

Der Fahrregler (FR) berechnet über die Kennliniefelder von VKM und Getriebe den Arbeitspunkt den optimalen Arbeitspunkt des Antriebsstrangs und kommandiert die Vorgaben an diese. Je nach verfügbarer elektrischer Energie und Leistung überlagert der FR die Leistungs- oder Drehmomentanforderung dem Antriebsstrang und kommandieret diese an den Energieregler. Dieser versorgt den Fahrregler stetig mit aktuellen Informationen bzgl. der verfügbaren elektrischen (mechanischen) Antriebsleistung zum Beschleunigen oder Abbremsen. Des Weiteren liefert der Energieregler die aktuellen Energiezustände der Speicherkomponenten an den Fahrregler, so dass dieser die Wirkungsdauer bzw. Disponierbarkeit der geforderten Leistung / Antriebsmoments in die Regelstrategie einrechnen kann.

Aus sicherheitstechnischen Gründen hat der FR die höchste Priorität bei der Regelung der Antriebskomponenten. Dieser kommandiert sämtliche Vorgaben im Antriebsstrang und schaltet die Komponenten u.U. sogar entsprechend ab. Der Energieregler erhält sämtliche Vorgaben für die Stellgrößen vom Fahrregler.

2.3.2 Anforderungen an den Energieregler

Der Energieregler koordiniert das Zusammenspiel der elektrischen Komponenten aus Abb.1. Alle relevanten Informationen (Leistungsaufnahme der Stromrichter, Spannungszustand der Speicherkomponenten sowie die Zwischenkreisspannung des Hochvoltbordnetzes) werden z.B. über den CAN Bus an den Energieregler übertragen.

Dieser

- berechnet somit das verfügbare Antriebsmoment sowie die Wirkungsdauer und meldet diese an den Fahrregler
- überwacht die Spannung im Zwischenkreis des Hochvoltnetzes und begrenzt diese u.U. durch den Einsatz des Bremswiderstandes, sofern keine Rückspeisung in die Speicherkomponenten möglich ist (Leistungsgradient)
- regelt die Zwischenkreisspannung des Hochvoltbordnetzes, um das Laden und Entladen des Kondensators sowie des Batteriespeichers zu unterstützen

- berechnet aus den Kenndaten der Speicherelemente, der Spannung und dem Spannungsgradienten der Speicherkomponenten den aktuellen Ladezustand dieser
- überwacht die Einhaltung der Mindestenergiereserve im Speichersystem zum Starten der VKM
- schaltet die einzelnen Stromrichter im Notfall / Fehlerfall ab
- überwacht das elektrische 12V Bordnetz (Monitoring Funktionen)

2.3.3 Anforderungen an die Leistungsregelung

Die Regelung der vom Fahrregler angeforderten Antriebsleistung muss vom Energieregler umgesetzt werden, sofern der aktuelle Zustand der Energieinhalte der Speicherelemente dies zulässt. Im motorischen Betrieb lässt sich der Sollwert für die in den Zwischenkreis eingespeiste Leistung aus den Speicherzuständen zu einem Sollwert

$$P_{PSM}^{*} = -\frac{E_{UC}(t) - E_{UC,Min}}{E_{UC,Max}} \gamma_{UC} P_{UC,Max} - \frac{E_{Bat}(t) - E_{Bat,Min}}{E_{Bat,Max}} \gamma_{Bat} P_{Bat,Max} + P_{V} \qquad [11]$$

berechnen, mit den Nebenbedingungen

$$E_{UC}(t) - E_{UC,Min} \geq 0$$
$$\wedge\, E_{Bat}(t) - E_{Bat,Min} \geq 0 \qquad [12]$$

Wobei Gleichung [11] P_V die Summe aller sonstigen Verbraucherleistungen enthält. Über die Gewichtsfaktoren γ_i erfolgt eine Verteilung der Last entsprechend des zulässigen Leistungsbeträge sowie des Wirkungsgrades. Für die Rückspeisung ins elektrische Bordnetz folgt analog

$$P_{PSM}^{*} = \frac{E_{UC,Max} - E_{UC}(t)}{E_{UC,Max}} \gamma_{UC} P_{UC,Max} + \frac{E_{Bat,Max} - E_{Bat}(t)}{E_{Bat,Max}} \gamma_{Bat} P_{Bat,Max} - P_{V} \qquad [13]$$

mit den Nebenbedingungen

$$E_{UC,Max} - E_{UC}(t) \geq 0$$
$$\wedge\, E_{Bat,Max} - E_{Bat}(t) \geq 0 \qquad [14]$$

2.3.4 Spannungsregelung im Zwischenkreis

Die Regelung der Zwischenkreisspannung lässt sich der Leistungs- resp. Energieregelung unterlagern, um den Energiefluss entsprechend der geforderten Flussrichtung zu unterstützen. Der vorgegebene Sollwert der Zwischenkreisspannung erzeugt somit einen Beitrag zur Leistungsvorgabe der Stellgröße für die in den Zwischenkreis fließende elektrische Leistung und kann als additiver Term in den Gleichungen [11] und [13] integriert werden.

$$P_{ZWK}^* = K_{Uzwk}\left(U_{zwk,soll} - U_{zwk,ist}\right) \tag{15}$$

2.4 Regelstrategien

2.4.1 Konstante Last der VKM

Die VKM wird in optimalen Lastbereichen betreiben. Die Lastschwankungen werden durch den elektrischen Antrieb ausgeglichen. Diese Strategie lässt sich bei Fahrzyklen mit häufigen Beschleunigungs- und Abbremsphasen mit einem begrenzten elektrischen Speichervolumen umsetzen.

2.4.2 Energieminimierung des elektrischen Speicher

Wird der Energiegehalt des elektrischen Speichers möglichst am unteren Limit gefahren, kann die zu rekuperierende Energiemenge maximiert werden. Im Gegensatz zur Glättung des Lastverlaufs der VKM, wird bei dieser Strategie nur elektrisch angetrieben, wenn genügend rückgewonnene Energie vorhanden ist. Somit entfällt das energieintensive Aufladen des elektrischen Speichers mit der aus der VKM gewonnenen Energie.

Aufgrund des nicht deterministischen Lastprofils führt diese Strategie u.U. zu Fahrzuständen ohne elektrisches Boosten, wenn z.B. für einen längeren Zeitraum keine Energie rekuperiert werden konnte und die Restmenge Energie für spätere Startvorgänge erhalten bleiben muss.

2.4.3 Reines elektrisches Boosten bei Beschleunigungsvorgängen

Bei dieser Strategie unterstützt die Synchronmaschine den VKM nur in der ersten Phase des Beschleunigens, um die energieintensiven Drehzahländerungen der VKM zu unterstützen. Somit entsteht ein energieeffizienter Antrieb.

3 Simulation

3.1 Dimensionierung der Parameter

3.1.1 Verbrennungskraftmaschine

P_{nenn} = 200 kW, n_{nenn} = 1700 U/Min

3.1.2 Synchrongenerator

P_{nenn} = 40kW, n_{nenn} = 1500 U/min, eta = 0,93

3.1.3 UltraCap

Typische Daten für die Zellen eines UltraCap Speichers sind [6] entnommen

U_{zelle} = 2,5 V, C = 1500 F, Q = C U = 1500 F * 2,5V = 3750 As, Anzahl Zellen = 240, U_{UC} = 600 V, C_{Uc} = 3750 As / 240 = 15,625 F

3.1.4 Li-Ionen Batterie

Aus den Angaben eines Herstellers für Lithium Ionen entnommene Daten [7]:

 U = 3,6V; Q = 40Ah; Anzahl Zellen = 60, W_{zelle} = 144Wh, W_{ges} = 60*144Wh = 31.104.000 Ws, U_{bat} = 60 * 3,6V = 216 V, C = Q / U = 2/3 40 * 3600 / 216V = 444,4 F

3.2 Simulationsergebnisse

Zum Zeitpunkt der Abgabe des Beitrags lagen noch keine Simulationsergebnisse vor.

4 Zusammenfassung und Ausblick

Die Simulation von Regelungs- und Optimierungsstrategien ist eine zentrale Aufgabe beim Einsatz der elektrischen Komponenten des Hybridantriebs einer mobilen Arbeitsmaschine. Zusätzlich zum Fahrregler mit seinen konventionellen Aufgaben, der Umsetzung des Fahrerwunsches zur Beschleunigung oder Verzögerung eines Fahrzeugs, ist bei einem Fahrzeug mit Hybridantrieb ein zusätzlicher Regler (Energie- oder Leistungsregler) erforderlich, der für den optimalen Einsatz der verschiedenen elektrischen Bordnetzkomponenten sorgt. Dabei darf der Energieregler nicht in die sicherheitsrelevanten Steueraufgaben des Fahrreglers eingreifen und muss bei notwendigen Abschaltungen die Leistungsflüsse unverzüglich stoppen (abschalten). Die in Abschnitt 2 aufgeführten Modellansätze zur Modellierung des elektrischen Hochvoltbordnetzes bilden einen einfachen Baukasten zur Simulation der Leistungsflüsse und Spannungszustände der relevanten elektrischen Komponenten.

Literaturverzeichnis

[1] T. Knoke, C. Romaus, J. Böker, K. Wittich, A. Dell'Aere. Energy Management for an Onboard Storage System Based on Multi-Objective Optimization, IECON 2006, Paris, Frankreich

[2] P. Rodatz, G. Paganelli, A. Sciaretta, L. Guzella. Optimal power management of an experimental fuel cell/supercapaciator-powered hybrid vehicle, Control Engineering Practice 15 (2005), pp. 41-53

[3] A. Brahma, Y. Guezennec, G. Rizzoni, Optimal Energy Management in Series Electric Vehicles, Proceedings of American Control Conference, Chicago, 2000

[4] Positionspapier zum Kolloquium Elektrische Antriebe in der Landtechnik, TU Dreseden, Lehrstuhl Agrarsystemtechnik, BMBF, VDI-Max Eyth Gesellschaft, HBLFA Francisco Josephinum, Dresden 2010

[5] D. Schröder, Elektrische Antriebe 1, Springer Verlag, 1994, ISBN 3-540-57517-0.

[6] MAXWELL Technologies, San Diego, USA, www.maxwell.com

[7] M. Gnann, Stand der Technik von Lithium-Ionen Zellen, Anwendung und Sicherheit, Li-Tec Battery, MobilTron 2008, Mannheim

Vergleich zwischen einer Hybridisierung und einer Elektrifizierung eines Traktors

Dr. Manuel Götz

ZF Friedrichshafen AG, Vorentwicklung Arbeitsmaschinen-Antriebe, Graf-von-Soden-Platz 1, 88046 Friedrichshafen, Telefon: +49 7541 77-7348, Email: manuel.goetz@zf.com

Dipl.-Ing. Martin Fellmann

ZF Friedrichshafen AG, Vorentwicklung Arbeitsmaschinen-Antriebe, Graf-von-Soden-Platz 1, 88046 Friedrichshafen, Telefon: +49 7541 77-960322, Email: martin.fellmann@zf.com

Dr.-Ing. Karl Grad

ZF Passau GmbH, Entwicklung Landmaschinen, Tittlinger Straße 28 , 94034 Passau, Telefon: +49 851 494 6006, Email: karl.grad@zf.com

Kurzfassung

In diesem Beitrag werden die Potentiale, die sich durch ein Hybridsystem für einen Traktor ergeben, mit denen, die durch eine Elektrifizierung mittels Generatorsystem erzielt werden können, verglichen. In einer ersten Ausprägung des Systems arbeitet dabei eine elektrische Maschine zwischen Verbrennungsmotor und Getriebe als Generator, um elektrische Nebenaggregate oder elektrifizierte Anbaugeräte zu versorgen. In einer erweiterten Ausführung mit einem zusätzlichen elektrischen Speicher kann das System zu einem kompletten Hybridsystem erweitert werden. Beide Systeme weisen je nach Einsatzfall unterschiedlich hohe Einsparungspotentiale gegenüber einem konventionellen Traktor auf. Durch den Einsatz eines Hybridsystems können jedoch im Vergleich zu einer

Elektrifizierung weitere Vorteile bei Verbrauch, Emissionen und Funktionalität erzielt werden. Entscheidend für die Höhe des Einsparpotentials bei Verbrauch und Emissionen ist neben dem Arbeitszyklus die Strategie, mit welcher der Starter/Generator und die elektrischen Nebenaggregate betrieben werden. Die Potentiale werden mit Hilfe einer Simulationsrechnung untersucht und zu einem nicht elektrifizierten System verglichen.

Stichworte

Elektrifizierung, Hybrid, Traktor, Landmaschinenantriebe, Generatorsystem, Elektrische Antriebe, Verbrauchssimulation

1 Motivation

Steigende Kraftstoffpreise und verschärfte Abgasrichtlinien zwingen die Automobilindustrie schon seit Jahren nach alternativen Antriebsmöglichkeiten zu suchen. Dieser Trend ist nun auch bei den Bau- und Landmaschinen zu erkennen. Ein Generator-/Hybridsystem bietet die Möglichkeit, den Verbrauch zu senken, die Emissionen zu reduzieren, und ermöglicht zusätzliche Funktionen wie zum Beispiel eine verbesserte Prozesssteuerung. Speziell sollen in diesem Beitrag die Vorteile einer Elektrifizierung für einen Traktor herausgearbeitet und der Mehrwert durch eine Hybridisierung untersucht werden.

2 Das Generator-/Hybridsystem für Traktoren

In Abbildung 1 ist die mögliche Struktur eines Generator-/Hybridsystems im Traktor dargestellt. Die permanenterregte Synchronmaschine (PMSM) ist am Getriebeeingang angebracht und kann je nach Anwendung im hauptsächlich generatorischen Betrieb (Generatorsystem) oder im generatorisch/motorischen Mischbetrieb arbeiten (Hybridsystem). Bei Erweiterung des Generatorsystems um einen elektrischen Speicher (z.B. Li-Ionen Batterie oder Supercap) ergibt sich ein paralleles Hybridsystem, bei dem die elektrische Maschine mechanische Leistung alleine oder zusätzlich (parallel) zum Verbrennungsmotor zur Verfügung stellen kann. Im generatorischen Betrieb wird der in den Wicklungen der elektrischen Maschine induzierte Drehstrom über die dann als Gleichrichter arbeitende Leistungselektronik in Gleichstrom gewandelt. Bei einer Ausführung als Hybridsystem wird die Leistung im motorischen Betrieb durch den elektrischen Speicher im Gleichstrom-Zwischenkreis zur Verfügung gestellt und die PMSM über die als Wechselrichter arbeitende Leistungselektronik angesteuert. In der in Abbildung 1 dargestellten Struktur sind elektrische Nebenaggregate bzw. eine elektrische Leistungsschnittstelle zu einem Anbaugerät nicht dargestellt.

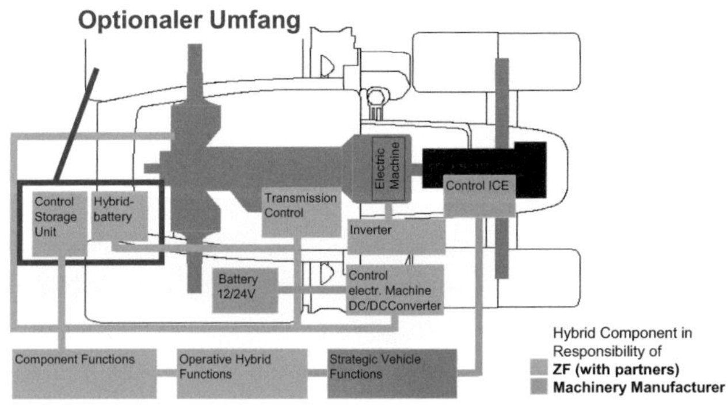

Abb. 1: Struktur des Generator-/ Hybridsystems im Traktor mit den einzelnen Hardwarekomponenten und Software

Zusätzlich zu den einzelnen Hybridkomponenten bietet ZF auch die Software für die Ansteuerung des Generator- oder Hybridsystems an. Die Software umfasst „hardwarenahe" Funktionen zur Ansteuerung der Komponenten bis hin zu operativen Funktionen (Start/Stopp, Rekuperation, etc.) und als übergeordnetes Softwareelement, die Hybrid-/Generatorstrategiesoftware (Leistungsmanagement zwischen Verbrennungsmotor und elektrischer Maschine und Verbraucher).

Eine Trennkupplung zwischen Verbrennungsmotor und elektrischer Maschine zur Abkopplung des Verbrennungsmotors ist in Abbildung 1 nicht dargestellt, kann aber in das System integriert werden, um z.B. ein elektrisches Fahren zu ermöglichen.

3 Generator- und Hybridsystemfunktionen

Wesentliche Anforderungen an zukünftige Antriebskonzepte für Arbeitsmaschinen sind zum einen die Reduktion von Verbrauch, Emissionen und Kosten und zum anderen die Steigerung der Produktivität und die Bereitstellung zusätzlicher Funktionen. Diese Anforderungen können durch das Generator-/ Hybridsystem erfüllt werden, wobei das Hybridsystem viele Zusatzfunktionen bietet.

Beide Systeme stellen die Basis für eine Elektrifizierung von Nebenaggregaten und für eine Bereitstellung von elektrischer Leistung zum Betrieb von elektrischen Antrieben auf dem Anbaugerät dar. Durch die Elektrifizierung wird es auch möglich, diese elektrischen Antriebe auf Fahrzeug und Anbaugerät bedarfsgerecht zu betreiben. Durch geschicktes Leistungsmanagement der elektrischen Verbraucher kann sogar eine gesteigerte Fahrleistung erreicht werden. Beispielsweise kann dies durch ein kurzzeitiges Abschalten von Verbrauchern, einen so genannten passiven Boost erreicht werden. Eine konventionelle Lichtmaschine kann entfallen, da auch das Bordnetz über einen DC/DC Wandler aus dem Hochvoltzwischenkreis durch den Generator versorgt werden kann, der so auch eine höhere Leistung für das Bordnetz zur Verfügung stellen kann (z.B. für eine Zusatzbeleuchtung). Zusatzfunktionen ergeben sich beim Hybridsystem durch eine mögliche Betriebspunktverschiebung des Motors sowie durch eine kurzzeitige Unterstützung des Verbrennungsmotors im motorischen Betrieb der elektrischen Maschine (aktiver Boost). Je nach Anwendung kann ein elektrisches Fahren sinnvoll sein, z.B. bei kurzen Fahrten über den Hof bzw. in der Scheune. Die Rückgewinnung der Bremsenergie (Rekuperation) ist vor allem bei Transportfahrten mit höherer Geschwindigkeit und hoher Ballastierung von Interesse.

Beim elektrischen System mit Hybridspeicher ist ein wesentlicher Vorteil im Betrieb der elektrischen Nebenaggregate während des Motorstillstandes (Start-Stopp-Betrieb) zu finden. Hierbei werden die Nebenverbraucher solange von dem Hybridspeicher gespeist, bis dieser seine untere SOC (state-of-charge) -

Schwelle erreicht hat. Danach muss der Verbrennungsmotor wieder für kurze Zeit betrieben werden, um den elektrischen Speicher zu laden. Dieses kurzzeitige Aufladen des Speichers kann allerdings bei hoher Last am Verbrennungsmotor und damit mit günstigem spezifischem Verbrauch erfolgen. Abbildung 2 zeigt diesen intermittierenden Betrieb des Verbrennungsmotors bei der Versorgung der Nebenverbraucher mit 5 kW elektrischer Leistung im Stillstand. Dabei ergibt sich aufgrund des Start-Stopp-Betriebs ein Verbrauchsvorteil von bis zu 22 % im Vergleich zum Motorleerlauf [2].

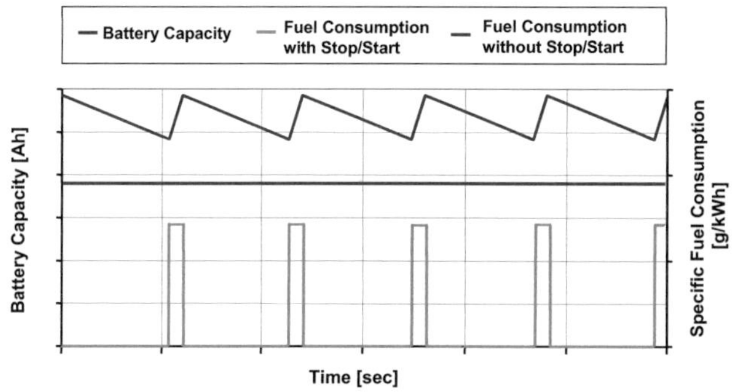

Abb. 2: Systemvergleich für den Betrieb eines el. Nebenverbrauchers mit und ohne Start-Stopp

4   Das ZF-Terra⁺ System

Bereits zur Agritechnica 2009 wurde das ZF-Terra⁺ System vorgestellt (siehe Abbildung 3). Die elektrische Maschine ist direkt an die Getriebeeingangswelle gekoppelt und verfügt über eine eigene Rotorlagerung. Sie ist im Gehäuse eines stufenlos hydrostatisch leistungsverzweigten Getriebes integriert. Dieses System ist in der gezeigten Ausführung mit einer elektrischen Maschine mit 85 kW Spitzen- und 50 kW Dauerleistung bei 2000 U/min ausgestattet und kann sowohl als Generatorsystem als auch, mit zusätzlicher Hochvolt-Batterie oder Supercap, als Hybridsystem arbeiten. Dieses Generator-/Hybridsystem steht selbstverständlich auch für andere ZF Getriebesysteme zur Verfügung und kann auch als eigenständiges Hybridmodul mit getrenntem Gehäuse ausgeführt werden. Weiterhin steht eine etwas baugrößere, aber leistungsfähigere elektrische Maschine mit 120 kW Spitzen- und 70 kW Dauerleistung zur Verfügung. Bei beiden elektrischen Maschinen handelt es sich um permanenterregte Synchronmaschinen, die sich vor allem durch eine hohe Drehmoment- und Leistungsdichte bei sehr hohen Wirkungsgraden auszeichnen.

Abb. 3: ZF-Terra+ (Stufenlos hydrostatisch leistungsverzweigtes Getriebe mit integriertem Generator-/Hybridsystem)

Die integrierte Bauweise hat den Vorteil der einfachen Nutzung des Getriebeölkreises zur Kühlung der elektrischen Maschine oder zur Schmierung bei Anbindung der E-Maschine über ein Planetengetriebe. Eine Anbindung über ein Planetengetriebe bietet eine erhöhte Leistungsausbeute, da die E-Maschinen eine größere Drehzahlspreizung als der Verbrennungsmotor besitzen. Auch eine Erweiterung des Systems um eine Trennkupplung (notwendig für elektrisches Fahren) kann bei der integrierten Bauweise besser gelöst werden.

5 Simulationsmodell eines elektrifizierten Traktors

In Folge wird das Simulationsmodell eines elektrifizierten Traktors beschrieben, mit dem der Vergleich zwischen einer Elektrifizierung und einer Hybridisierung an

Hand von Simulationsrechnungen durchgeführt wurde. Das Simulationsmodell umfasst die komplette Abbildung des Fahrzeugs inklusive Verbrennungsmotor, Wirkungsgradmodellen der Achsen, des Getriebes und die Modellierung der Nebenverbraucher (siehe Abbildung 4). Neben dem konventionellen Traktor wurden auch dasselbe Fahrzeug mit einem Generatorsystem sowie einem Hybridsystem jeweils inklusive elektrifizierter Nebenverbraucher untersucht.

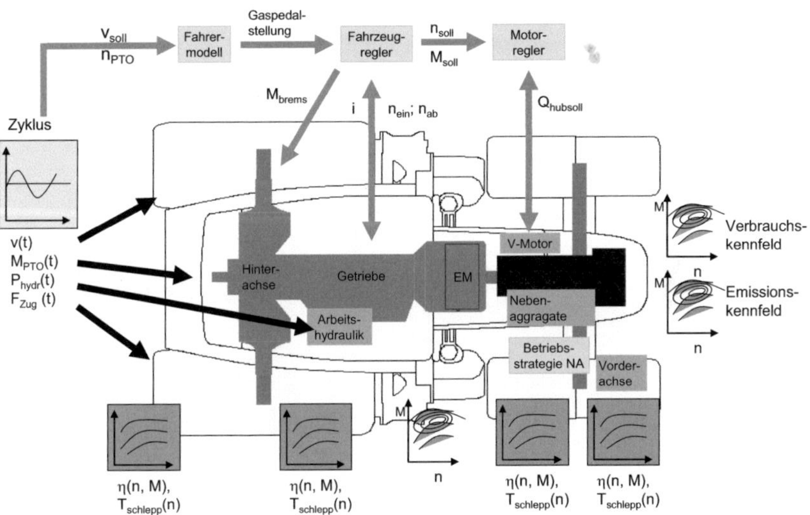

Abb. 4: Strukturbild des Simulationsmodells eines elektrifizierten Traktors

Bei der Ermittlung der Verbrauchsvorteile ist die Betriebsstrategie des Hybridsystems von großer Bedeutung. Sie entscheidet, wann es aus Sicht des Gesamtsystems günstig ist, den Hybridspeicher zu laden oder in Form eines Leistungsboosts zu entladen. Ferner entscheidet die Hybridstrategie, ob der Speicher durch Rekuperation oder Verschiebung des Betriebspunktes des Verbrennungsmotors geladen wird. Für einen belastbaren Vergleich müssen natürlich der Anfangs- und Endzustand des Ladezustands (SOC) des Hybridspeichers übereinstimmen.

Um eine Vergleichbarkeit bei allen Varianten zu gewährleisten, müssen die gleichen Arbeiten für Fahrantrieb, Arbeitshydraulik und Zapfwellenantriebe verrichtet werden. Hierbei ergeben sich neben dem Unterschied im

Kraftstoffverbrauch auch Unterschiede bei der Performance (z.B. durch den besseren Wirkungsgrad des Systems oder durch den Boostvorteil des Hybrids).

6 Ergebnisse und Ausblick

Abbildung 5 zeigt die Verbrauchsvorteile des Generatorsystems bei unterschiedlichen Arbeiten im DLG-Powermix [1] im Vergleich zu einem nicht elektrifizierten Traktor für unterschiedliche Lüfterkonzepte. Im Schnitt ergibt sich ein Verbrauchsvorteil von 6%.

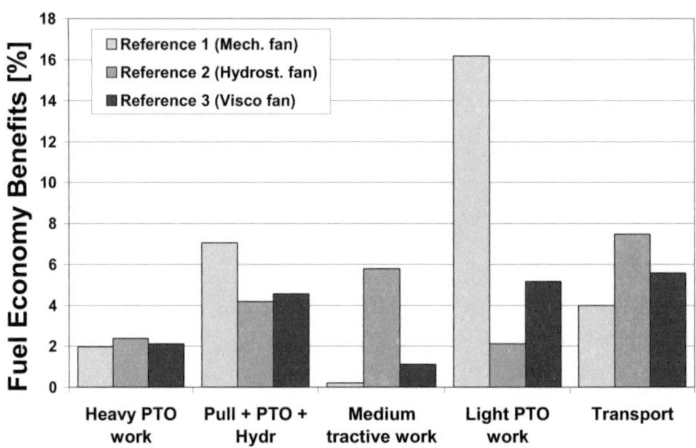

Abb. 5: Verbrauchsvorteile durch eine Elektrifizierung des Traktors im Vergleich zu einem nicht elektrifizierten Traktor für unterschiedliche Lüfterkonzepte und für unterschiedliche Arbeitszyklen

Bei Verwendung eines elektrischen Speichers mit eher geringerem Energieinhalt (z.B. Supercap) wird ein aktives Leistungsmanagement der elektrischen Nebenverbraucher möglich. Er kann sowohl Spannungsschwankungen im Zwischenkreis durch die Verbraucherlasten ausgleichen, als auch einen intermittierenden Betrieb des Generators im Stillstand ermöglichen. In der Simulation konnte bei ausgewählten Zyklen im Transportbetrieb bei einer geringen Leistungsanforderung durch die elektrifizierten Nebenverbraucher von im Mittel ca. 5 kW ein Verbrauchsvorteil von bis zu 3% gegenüber dem System ohne Leistungsmanagement dargestellt werden.

Erweitert man das Generatorsystem um einen elektrischen Speicher mit höherem Energieinhalt (z.B. eine Li-Ionen Batterie) können auch Hybridfunktionen wie z.B. Motorbetriebspunktverschiebung und Rekuperation voll ausgeschöpft werden. Bei Betrachtung von Transportfahrten auf verschiedenen Strecken zeigte sich im Mittel ein Verbrauchsvorteil von bis zu 12%, abhängig von der Strecke und dem Beladungszustand gegenüber einem nicht elektrifizierten Traktor (siehe Abbildung 6). Eine reine Elektrifizierung von Nebenaggregaten bringt im Vergleich bei Transportfahrten, wieder je nach Wahl der Strecke und Beladung, zwischen 2-6 % Verbrauchsvorteil gegenüber einem nicht elektrifizierten Fahrzeug (siehe Abbildung 6).

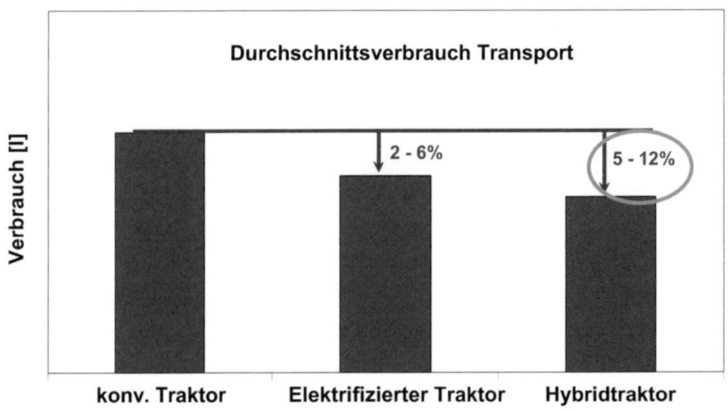

Abb. 6: Verbrauchsvorteile durch eine Elektrifizierung und Hybridisierung gegenüber konventionellem Traktor für Transportfahrt

Aus den hier vorgestellten Ergebnissen lässt sich ein teilweise deutlicher Verbrauchsvorteil eines Hybridsystems gegenüber einer reinen Elektrifizierung bei Transportfahrten erkennen. Selbst bei den Feldarbeiten ergibt sich ein Verbrauchsvorteil, da im Vorgewende bei sonst geringer Motorlast der generatorische Betrieb der elektrischen Maschine möglich ist, um den Motorbetriebspunkt in verbrauchsoptimierte Punkte zu verschieben. Bei Feldarbeiten fallen die möglichen Verbrauchvorteile eines Hybridsystems allerdings aufgrund der gleichmäßigeren Belastung geringer aus. Weiterhin ist aufgrund des hohen Rollwiderstands und der geringeren Fahrgeschwindigkeiten im Feld das Rekuperationspotential gering. Weitere Verbrauchsvorteile könnten bei Frontladearbeiten mit hohem Rangieranteil durch Rekuperation erzielt werden. Allerdings ist auch da eine starke Abhängigkeit von der Bodenbeschaffenheit (Rollwiderstand) gegeben. Demnach scheint eine Hybridisierung vor allem für Fahrzeuge interessant, die universell genutzt werden. Für Fahrzeuge höherer Leistungsklasse, die vornehmlich zur Bodenbearbeitung eingesetzt werden, kann die Hybridisierung ihre Vorteile nur in geringerem Maße ausspielen.

Literaturverzeichnis

[1] Degrell, O. Feuerstein, T. *DLG-PowerMix – Ein praxisorientierter Traktorentest,* *www.dlg-test.de/powermix*

[2] Mohr, M. Götz, M. Fellmann, M. Brehmer, U. *Hybridisierung von Antriebssträngen für Baumaschinen, ATZ offhighway, März 2010*

Energetische Gesamtfahrzeugsimulation als Werkzeug zur Entwicklung hybrider Arbeitsmaschinen

Möglichkeiten durch den Einsatz einer flexiblen Simulationsumgebung

Tobias Töpfer, Dr. Peter Eckert, Dr. Jörn Seebode, Kai Behnk

IAV GmbH, Fachbereich Nutzfahrzeuge, 10587 Berlin, Deutschland, E-mail: tobias.toepfer@iav.de, Telefon: +49(0)30/39978-9318

Kurzfassung

In dem vorliegenden Beitrag wird die Gesamtfahrzeugsimulation als Werkzeug für die Entwicklung von Hybrid-Antriebsstrukturen bei Nutzfahrzeugen und mobilen Arbeitsmaschinen vorgestellt. Die Simulationsumgebung wird durch ein von der IAV GmbH entwickeltes Simulationsprogramm auf Matlab/Simulink®-Basis dargestellt. Um die unterschiedlichen Anwendungen einfach modellieren zu können, wird eine Komponentenbibliothek verwendet, mit der es möglich ist, die Gesamtsystemsimulation schnell und modular aufzubauen. Grundlegend hierfür ist eine selbst entwickelte Busstruktur, die alle Ein- und Ausgangssignale der unterschiedlichen Modellblöcke verwaltet. Zur Verdeutlichung der möglichen Anwendungsgebiete werden einzelne Modellstrukturen und Simulationsergebnisse dargestellt.

Stichworte

Gesamtfahrzeugsimulation, Gesamtsystemsimulation, Velodyn, CO_2 Reduzierung, Hybrid

1 Einleitung

Nutzfahrzeuge (Nfz) und mobile Arbeitsmaschinen stellen einen bedeutenden Teil des weltweiten Wirtschaftskreislaufes dar. Den Primärantrieb für diese Anwendungen übernimmt im überwiegenden Teil ein Dieselmotor. Durch den hohen Leistungsbedarf, die langen Tageslaufzeiten und die dezentralen Einsatzgebiete von Nfz und mobilen Arbeitsmaschinen, ist auch in absehbarer Zeit keine flächendeckende Alternative zum Dieselmotor zu erwarten. Aus diesem Grund ist es erforderlich, den dieselmotorischen Antrieb in Verbindung mit der gesamten Energiestruktur des Fahrzeuges weiter zu optimieren, um somit den zukünftigen Herausforderungen zu entsprechen. Hierbei gilt es, nicht nur den Motor als Energiewandler zu optimieren, sondern vielmehr eine energetisch sinnvolle Kombination unterschiedlicher Antriebsformen zu finden. Diese Kombination von mindestens zwei Antriebsquellen wird allgemein als Hybridantrieb bezeichnet.

In der vorliegenden Veröffentlichung soll die Gesamtfahrzeugsimulation als Werkzeug für die Entwicklung von Hybrid-Antriebsstrukturen bei Nfz und mobilen Arbeitsmaschinen vorgestellt werden. Die Simulationsumgebung wird durch ein von der IAV GmbH entwickeltes Simulationsprogramm auf Matlab/Simulink®-Basis dargestellt. Um die unterschiedlichen Anwendungen einfach modellieren zu können, steht eine ständig wachsende Modellbibliothek zur Verfügung, mit der es möglich ist, die Simulation schnell und modular aufzubauen. Grundlegend hierfür ist eine selbst entwickelte Busstruktur, die alle Ein- und Ausgangssignale der unterschiedlichen Modellblöcke verwaltet.

2 Simulationsumgebung

2.1 Triebstrangsimulation mit IAV VELODYN

Der Haupttreiber in der Motorenentwicklung war in den vergangenen Jahren die Erfüllung der gesetzlichen Emissionsvorschriften. Im Gegensatz zu in kommerziellen Anwendungen eingesetzten Triebwerken, bei denen die Zertifizierung am Motorprüfstand erfolgt, werden Pkw-Dieselmotoren hinsichtlich ihrer Abgasemissionen mit dem Fahrzeug auf einer Abgasrolle zertifiziert. Im Pkw-Bereich besteht daher schon lange der Bedarf nach einer hochwertigen längsdynamisch geprägten Fahrzeugsimulation.

Durch die steigende Komplexität von Antriebs- und Fahrzeugkomponenten in Verbindung mit einem steigenden Kostendruck in der Entwicklung, wurde die Einsatzvielfalt der Gesamtfahrzeugsimulation zunehmend größer. Dadurch entstand in der IAV GmbH der Bedarf nach einer einheitlichen, flexiblen Simulationsumgebung und Komponentenbibliothek. Für diesen Zweck wurde in der IAV GmbH das auf Matlab/Simulink® basierende Tool VELODYN (Vehicle Longitudinal Dynamics) entwickelt [1]. Unter dem Namen VELODYN FOR

COMMAPS wurde eine Spezialisierung für die Simulation von Nutzfahrzeugen und mobilen Arbeitsmaschinen kreiert.

VELODYN stellt eine flexible Simulationsumgebung zur Verfügung und erledigt die Modell- und Datenverwaltung vollständig. Einzelne Untermodelle in einem Gesamtsystem sind über zwei Bussysteme verbunden, vgl. Abb. 3 und Abb. 4. Der erste Bus ist ein Signalbus, der als Träger von physikalischen Signalen dient. Der zweite Bus ist ein Steuerbus, in dem alle Größen zusammengefasst sind, die der Steuerung und Regelung des Modells dienen. VELDODYN stellt spezielle Tools zur Verfügung, die eine Analyse der Bussysteme, beispielsweise Informationen über Herkunft und Ziel einzelner Signale, ermöglichen.

Ein wichtiger Aspekt von VELODYN ist, dass Simulationsmodelle möglichst durchgängig im gesamten Entwicklungsprozess, d.h. von Konzeptuntersuchungen bis zur Serienbedatung und Überprüfung eingesetzt werden können. Dabei sind je nach aktueller Aufgabe im Prozess einzelne Teilmodelle mehr oder weniger stark zu detaillieren. In VELODYN steht eine umfangreiche Komponentenbibliothek mit Modellen zur Verfügung. Ist für bestimmte Aufgabenstellungen eine detailliertere Beschreibung einzelner Teilmodelle notwendig, können selbstentwickelte oder kommerzielle Simulationstools direkt oder als Co-Simulation in VELODYN eingebunden werden, siehe z.B. [6] und [7].

Im Entwicklungsprozess für Pkw und Nfz wird die Gesamtfahrzeugsimulation mit VELODYN bei der IAV GmbH aktuell verstärkt in folgenden Gebieten eingesetzt:

- Beurteilung und Vergleich von Fahrzeug- und Motorkonzepten hinsichtlich Längsdynamik, Emissionen und Verbrauch
- Analyse der Auswirkung bei Variation von einzelnen Antriebs- und Fahrzeugkomponenten
- Entwicklung und Test von Softwarefunktionen
- Applikation der Steuergerätefunktionen
- Steuergerätetest

Neben der klassischen HiL-Simulation zur Steuergeräteentwicklung gewinnt zunehmend auch die HiL-Simulation in der Motorprüfstandsumgebung an Bedeutung. Dabei wird der Verbrennungsmotor auf einem transienten Prüfstand betrieben, der die Vorgaben für Drehzahl und Last von einer echtzeitfähigen Gesamtsystemsimulation erhält. Die Simulation kann dabei z.B. die elektrischen oder hydraulischen Bauteile eines Hybridantriebsstranges umfassen. Diese Methode ist besonders interessant, da in Zukunft hybride Antriebstränge für Heavy-Duty Anwendungen über eine solche HiL-Simulation zertifiziert werden könnten [5].

2.2 Gesamtfahrzeugsimulation von mobilen Arbeitsmaschinen

Bei kommerziellen Anwendungen ist die Varianz an möglichen Hybridstrukturen maximal. Hier können sowohl hydraulische als auch pneumatische oder elektrische Komponenten eingesetzt werden. Je nach Anwendung sind diese Systeme auch heute schon Teil des Fahrzeug- oder Maschinenkonzeptes.

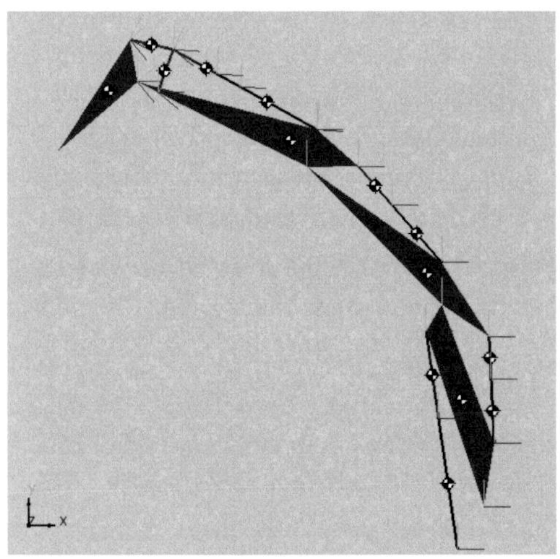

Abb. 1 Kinematische Kette eines
Verstellauslegers

Bei einer Vielzahl von Anwendungen ist zur Abbildung der mechanischen Arbeitseinrichtungen eine Mehrkörpersimulation erforderlich. Insbesondere diese Simulation von mechanischen Bewegungsabläufen und die Abbildung der Hydraulik stellen den größten Unterschied zwischen den Modellstrukturen von

On- und Off-Highway Fahrzeugen dar. Um den genannten Anforderungen gerecht zu werden, bietet die Modellbibliothek von VELODYN FOR COMMAPS auch Komponenten aus der Simscape Simulationssprache an [3], [4].

In Abb. 1 ist die 2D Visualisierung der kinematischen Kette eines Verstellauslegers dargestellt. Der dazugehörige Modellblock kann je nach Anforderung parametriert werden.

Neben der dargestellten Mehrkörpersimulation ist die numerische Abbildung von Hydraulikkomponenten essentiell für die Gesamtsystemsimulation von mobilen Arbeitsmaschinen und Nfz. Für eine exakte Modellierung sind detaillierte Kenntnisse über den Aufbau und die Eigenschaften des Hydrauliksystems nötig. Da diese Informationen nicht selten ein Alleinstellungsmerkmal bzw. ein schützenswertes Eigentum des Komponentenherstellers sind, ist die Beschaffung derselben nur in den wenigsten Fällen möglich.

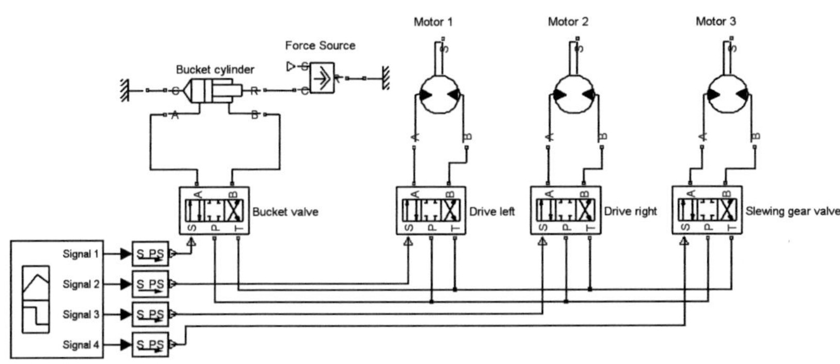

Abb. 2 Ausschnitt einer grundlegenden Systemhydraulik

Um eine ergebnisorientierte Gesamtsystemsimulation aufzubauen ist es häufig ausreichend, dass Betriebsverhalten der Hydraulikkomponenten durch entsprechende Kennfelder abzubilden. Die Untersuchungen von [2] haben gezeigt, dass dieses Vorgehen gute Ergebnisse liefert. Grundlage hierfür ist das Vorhandensein von entsprechenden Messdaten. Mit Hilfe dieser Daten können Systemveränderungen zeitnah untersucht und die Echtzeitfähigkeit der Simulation gewährleistet werden.

Um diese Art von Hydrauliksimulation darzustellen, wird bei VELODYN FOR COMAPPS erneut die Simscape Erweiterung von Matlab/Simulink® genutzt. Die Abb. 2 zeigt einen Ausschnitt einer grundlegenden Systemhydraulik. Deutlich wird, dass es möglich ist, in einem Modellblock sowohl Komponenten der Simscape- als auch der Simulink-Gruppe zu verwenden. Hierdurch kann für ausgewählte Anwendungen auf eine Co-Simulation mit mehreren Simulationstools verzichtet werden. Eine rechenzeitoptimale Nutzung von spezifischen Solvern ist dennoch möglich.

3 Modellierung unterschiedlicher Fahrzeug- und Maschinenarten

3.1 Grundlegende Modellunterschiede

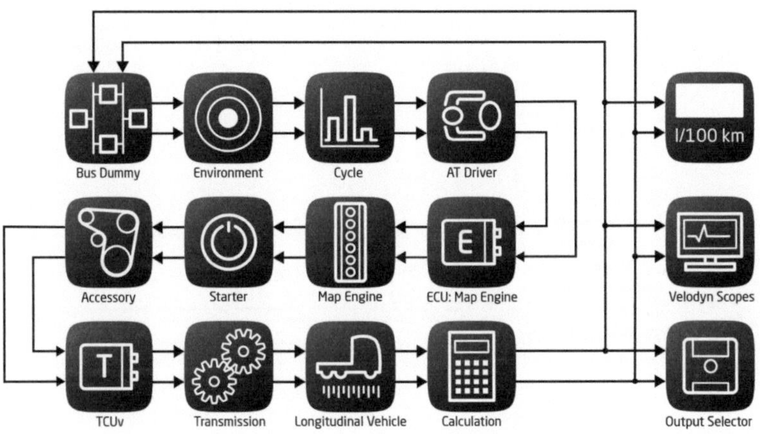

Abb. 3 Modellstruktur eines Lkw

In Abschnitt 2.2 wurde bereits auf die Vielzahl von unterschiedlichen Systemen bei mobilen Arbeitsmaschinen und Nfz eingegangen. Durch die Kombinierbarkeit und die hohe Varianz an Einzelkomponenten muss ein flexibles Tool zur Gesamtsystemsimulation eine weite Matrix an möglichen Modellstrukturen abbilden können. Dies gelingt nur, wenn diese Strukturen modular aufgebaut sind. Um einen breiten Anwendungsbereich darzustellen, werden im Folgenden zwei grundverschiedene Modellstrukturen vorgestellt.

In Abb. 3 ist die Modellstruktur eines Lkw abgebildet. Bedingt dadurch, dass das Betriebsverhalten maßgeblich von den Fahrwiderständen bestimmt wird, liegt der Fokus bei diesem Modell auf der längsdynamischen Abbildung des Fahrzeuges. Neben den Modellblöcken für die Umgebung, den Zyklus und den Fahrerregler enthält die Modellstruktur vor allem die Abbildung des Antriebstrangs (Motor, Starter, Nebentriebe, Getriebe). Die Modellstruktur kann durch die Singularität der verbauten energieführenden Systeme, das heißt abgesehen vom Verbrennungsprozess nur rein mechanische Energie, relativ einfach gehalten werden.

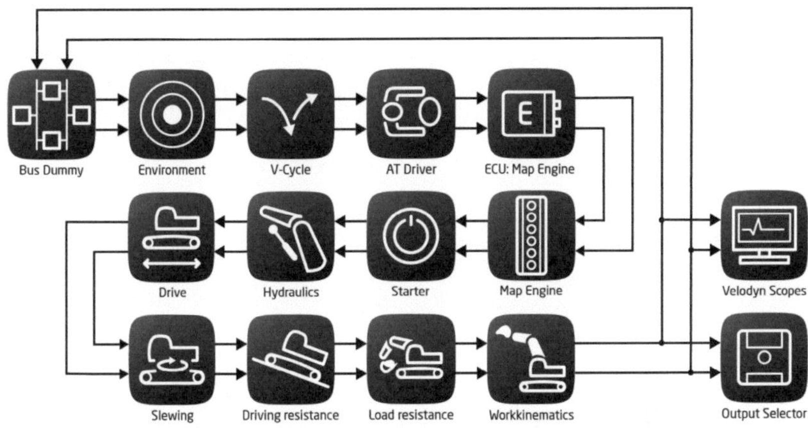

Abb. 4 Modellstruktur Hydraulikbagger

Einen extremen Gegensatz zur längsdynamisch geprägten Lkw Modellstruktur stellt der Modellaufbau eines Hydraulikbaggers dar. Bei dieser Anwendung wird das Betriebsverhalten vor allem durch die verrichte Arbeit des Löffels bestimmt. Neben dem reinen Fahrantrieb verfügt diese Maschine über zusätzliche hydraulische Komponenten und Antriebe, die eine komplexe Maschinenstruktur ergeben. Eine mögliche Art der Modellbildung ist in Abb. 4 dargestellt. Im

Vergleich zu Abb. 3 wird deutlich, dass die reine Abbildung des Antriebsstrangs nicht mehr den überwiegenden Teil des Modells einnimmt.

3.2 Simulationsergebnisse Gabelstapler

Zur Simulation eines hybridisierten Gabelstaplers wurde ein am Markt etabliertes Fahrzeug der 2,5 t Tragfähigkeitsklasse mit Dieselmotor modelliert. Der ursprünglich rein hydrostatische Antriebsstrang wurde als seriell elektrischer Antriebsstrang aufgebaut (vgl. Abb. 5). Der Dieselmotor treibt einen hauptanteilig als Generator (G) arbeitenden Elektromotor an, welcher einen elektrischen Speicher lädt. Mittels diesem wird ein Elektromotor (M) versorgt, der als Fahrantrieb dient. Um die Energie aus dem Hubvorgang rekuperieren zu können, wird der Antrieb der Hydraulikpumpe für das Hubgerüst ebenfalls durch einen Elektromotor (M) dargestellt (15 kW, 177 Nm). Der elektrische Speicher wird durch UltraCaps realisiert, bei deren Auslegung das rein elektrische Fahren eine untergeordnete Rolle spielt. Stattdessen wird das Hauptaugenmerk auf die elektrische Unterstützung (Boosten) des Verbrennungsmotors gelegt. Dadurch kann ein akzeptabler Anstieg der Fahrzeuggesamtmasse erreicht werden.

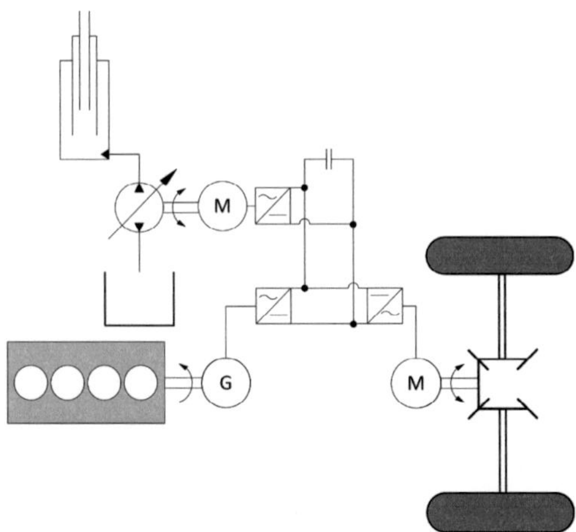

Abb. 5 Seriell elektrischer Antriebsstrang eines
Gabelstaplers

Als Testzyklen werden der VDI-Zyklus [8] sowie der Zyklus der Zeitschrift „Transport & Opslag" (T&O) mit unterschiedlichen Nennlasten abgebildet. Um den konkreten Einfluss des Hubvorgangs zu ermitteln, wird der letztgenannte zusätzlich als reiner Fahrzyklus ohne Heben nachgefahren. Die hybride Antriebsstruktur erlaubt einen vom Fahrzustand unabhängigen Betriebsmodus des Dieselmotors, so dass dieser in seinen wirkungsgradoptimalen Bereichen betrieben werden kann. Zur idealen Auslegung der Hybridstrategie müssen die folgenden Punkte optimal miteinander kombiniert werden:

- Start-Stopp
- Schwellenleistung rein el. Betrieb (maximale elektrische Fahrleistung)
- Limitierung des Verbrennungsmotormoments
- Lastpunkanhebung der VKM

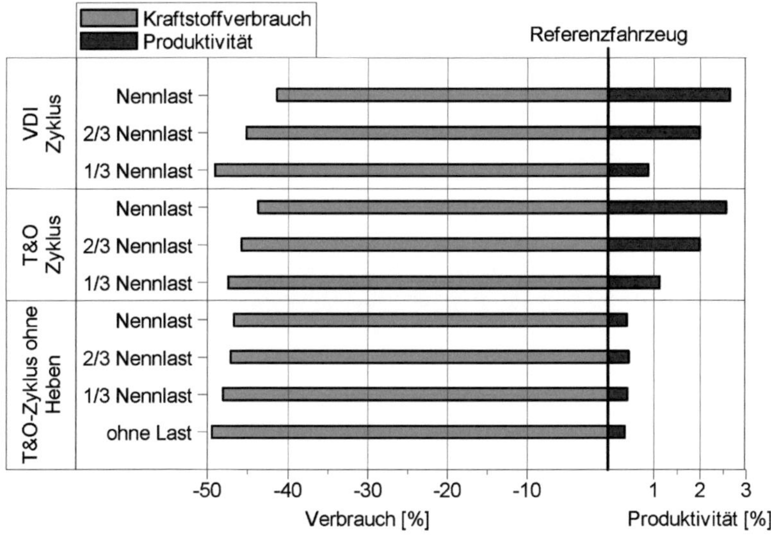

Abb. 6 Verbrauchs- und Produktivitätsdifferenz zwischen Hybrid- und Referenzfahrzeug

Abb. 6 zeigt die jeweils besten Verbrauchsergebnisse und die erzielte Produktivitätssteigerung in den Fahrzyklen bei unterschiedlichen Hubgerüstbeladungen als

Differenz zum Referenzfahrzeug. Die Produktivitätssteigerung beschreibt die Zeitersparnis im Zyklus für das Heben und die Beschleunigung auf die Maximalgeschwindigkeit, welche aus der Boostfunktion durch die elektrische Leistung resultiert. Dadurch kann die Anzahl der gefahrenen Zyklen innerhalb einer Stunde erhöht werden. In Abb. 6 wurden die oben genannten Parameter für jeden Punkt gesondert optimiert. Je nach Zyklus und Hubgerüstbeladung liegt die maximale Verbrauchsersparnis zwischen 40 und 52 Prozent und die Produktivitätssteigerung zwischen 2,6 und 5 Prozent im Vergleich zum konventionellen Fahrzeug.

4   Zusammenfassung und Ausblick

Die Hybridisierung von Antrieben von Nfz und mobilen Arbeitsmaschinen bietet ein großes Potential hinsichtlich der Verringerung des Kraftstoffverbrauchs und der gesetzlich limitierten Schadstoffe. Allerdings nimmt die Systemkomplexität mit steigender Hybridisierung deutlichen zu. Ein wesentlicher Baustein eines kostenoptimierten Entwicklungsprozesses, der diesem Anstieg der Komplexität gerecht wird, ist der durchgängige Einsatz modellbasierter Entwicklungsmethoden von der Konzeptphase bis zur Serienbetreuung. Zu diesem Zweck ist eine Hard- und Softwareumgebung notwendig, die ein hohes Maß an Konnektivität, eine einfache Adaptierung sowie eine flexible Modellierungstiefe erlaubt. Die Gesamtfahrzeugsimulation steht hierbei als verbindendes Element im Mittelpunkt der Betrachtung.

Im Entwicklungsprozess für Pkw und Nutzfahrzeuge setzt die IAV GmbH schon seit längerer Zeit das Tool VELODYN zur Gesamtfahrzeugsimulation ein. Für die Anforderungen bei Nfz und mobilen Arbeitsmaschinen wird intensiv eine Toolerweiterung unter dem Namen VELODYN FOR COMAPPS entwickelt und erprobt. Die Schwerpunkte der Entwicklung liegen dabei auf der numerischen Abbildung von mechanischen, hydraulischen und pneumatischen Komponenten. Aufgabenstellungen dieser Simulationsumgebung sind beispielsweise die Evaluierung verschiedener Antriebskonzepte, die Anpassung von Einzelkomponenten sowie die Optimierung von Betriebsstrategien sowie Regelungs- und Steuerungsansätzen.

Literaturverzeichnis

[1] Lindemann, M., Gühmann, C.: *VeLoDyn – Ein Werkzeug zur Triebstrangsimulation von Kraftfahrzeugen,* 1. Tagung Simulation und Test in der Funktions- und Software-entwicklung, 2003

[2] A. Schumacher, R. Rahmfeld, E. Skirde: *Simulation als essentielles Werkzeug zur Betriebskostenoptimierung mobiler Arbeitsmaschinen,* VDI-Berichte Nr. 2111, 2010

[3] The MathWorks, Inc.: *SimMechanics User's Guide,* Version 1.1, 2002

[4] The MathWorks, Inc.: *SimHydraulics User's Guide,* Version 1.7, 2010

[5] N.N.: *Proposal for an Emissions Test Procedure for Heavy Duty Hybrid Vehicles (HD-HV'S),* UNECE Working Paper No. HDH-01-03, 2010

[6] Friedrich, I., Buchwald, R., Stölting, E., Sommer, A., *Das virtuelle Fahrzeug – Transiente Simulation für den dieselmotorischen Entwicklungsprozess,* MTZ 12, 2009

[7] Kitte, J., Tietze, T., Jänsch, D., Bals, R., *Modellierung und Simulation in Dymola/ Modelica als Basis zur Entwicklung innovativer Wärmemanagementstrategien,* Wärmemanagement des Kraftfahrzeugs VI, Expert Verlag, 2008

[8] N.N.: *Typenblätter für Flurförderzeug,* VDI-Richtlinien 2198, 2002

Modellierung des Fahrers zur Untersuchung von Antriebssträngen in der 1D-Simulation am Beispiel eines Radladers mit Hybridantrieb

Dipl.-Ing. Phillip Thiebes

Cand. Ing. Thees Vollmer

Karlsruher Institut für Technologie, Institut für Fahrzeugsystemtechnik, Lehrstuhl für Mobile Arbeitsmaschinen, 76131 Karlsruhe, Deutschland, E-Mail: thiebes@kit.edu, Telefon: +49(0)721/608 48643

Kurzfassung

In der Antriebsstrangentwicklung wird vermehrt auf 1D-Simulations-Tools zurückgegriffen. Die übliche Modellierung des Fahrers in der Simulation als PI-Regler zeigt in verschiedenen Punkten Schwächen. Im vorliegenden Beitrag wird eine alternative Modellierung des Fahrers vorgestellt und mit dem PI-Regler verglichen. Der wesentliche Unterschied besteht in der gleichzeitigen Berücksichtigung von Weg- und Geschwindigkeitsabweichungen gegenüber der reinen Geschwindigkeitsregelung. Es ergeben sich signifikante Vorteile durch den Einsatz des aufgezeigten Fahrermodells, die sich besonders bei Überlastanforderungen an das Fahrzeugmodell zeigen. Solche Belastungen können vermehrt bei der Simulation von Hybridantrieben auftreten, wenn diese mit Messdaten konventioneller Antriebsstränge beaufschlagt werden.

Stichworte

Fahrermodell, Antriebsstrang, 1D-Simulation, Hybridantrieb, Geschwindigkeitsregelung

1 Einleitung

Bei der Entwicklung hybrider Antriebsstränge spielt die 1D-Simulation eine zentrale Rolle. Mit ihrer Hilfe lassen sich mit vergleichsweise geringem Aufwand unterschiedliche Antriebsstränge vergleichen sowie parametrieren. Auch die Entwicklung und das Testen von Betriebstrategien kann in 1D-Simulationen durchgeführt werden.

Die Abbildung des technischen Systems (Maschine/Fahrzeug) ist in der Regel unkompliziert. Zur Durchführung von Simulationen wird jedoch zusätzlich auch ein Modell benötigt, das die Rolle des Maschinenführers aus der realen Welt übernimmt. Verbreitet ist hierfür bisher die Verwendung eines PI-Reglers, der die Geschwindigkeit regelt (vgl. [1], S. 59ff). Gerät ein System während eines Durchlaufs an (Leistungs-) Grenzen, zeigen solche Reglerstrukturen jedoch Unzulänglichkeiten.

Problematisch bei der Geschwindigkeitsregelung durch einen PI-Regler ist die Regelung auf nur einen Parameter – falls die Abweichung (z.B. der Geschwindigkeit) zu stark ist und die Maschine in der Simulation aufgrund einer Leistungsgrenze eine Abweichung aufstaut, wird diese zwar ausgeregelt, die sich daraus ergebenden Abweichungen anderer Größen (z.B. gefahrene Strecke) allerdings nicht. Das Modell fährt also an der aktuellen Position eine Sollgeschwindigkeit, die an einer anderen Position hätte gefahren werden sollen. Dieses Problem tritt beispielsweise dann auf, wenn eine hybridisierte Maschine in der Simulation abgebildet wird, welche jedoch mit gemessenen Belastungsdaten einer konventionellen Maschine gespeist wird. Die hybridisierte Maschine kann auf Grund ihrer anderen Antriebsstrangkonfiguration bestimmte zusätzliche Betriebszustände einnehmen, die der konventionellen Maschine unmöglich sind, ebenso können manche Betriebszustände grundsätzlich nicht erreicht werden. Das veränderte Leistungsvermögen der hybridisierten Maschine kann dazu führen, dass Weg-, Zeit-, Zugkraftverläufe aus Messwerten prinzipbedingt nicht nachgefahren werden können.

Eine alternative Abbildung der regelnden Funktion des Fahrers ist Inhalt dieses Beitrags. Das entwickelte Fahrermodell ist heuristisch einstellbar und reagiert robust gegenüber typischen Störgrößen (äußere Zugkraft, Geländesteigung, Rollwiderstand...). Werden Leistungsgrenzen erreicht, wird die

Maschine durch das Fahrermodell so eingestellt, dass die ursprüngliche Arbeitsaufgabe, die hinter den Messwerten steht, nach wie vor erledigt wird. Im Vergleich mit einem konventionellen PI-Regler zur Abbildung des Fahrers zeigen sich dabei deutliche Vorteile.

2 Stand der Technik und der Wissenschaft

Modelle, die die Rolle eines Fahrers in Simulationen abbilden, kann man mit aufsteigender Komplexität in folgende Gruppen fassen:

- gesteuerte Modelle,
- geschaltete Modelle mit getriggerten Steuersignalen,
- geregelte Modelle mit einem Parameter,
- geregelte Modelle mit mehreren Parametern und
- ereignisbasierte bzw. aufgabenbasierte Modelle.

Die ersten drei sind, je nach Anwendungsfall, die derzeit gebräuchlich verwendeten. Geregelte Modelle mit mehreren Parametern, zu denen auch das Modell der vorliegenden Arbeit gehört, sowie ereignis-/aufgabenbasierte Modelle sind aktueller Forschungsgegenstand [2][3].

Fahrermodelle, wie die oben erwähnte PI-Regelung, sind der Gruppe der geregelten Modelle mit einem Parameter zuzuordnen. Dabei werden zumeist gemessene Belastungen, seltener Stellgrößen, als Soll-Werte vorgegeben, die durch den Regler eingeregelt werden.

3 Herangehensweise

In der Simulationsumgebung AMESim wurde das Modell eines konventionellen Radladers mit hydrostatischem Fahrantrieb aufgebaut. Anschließend wurde der Fahrantrieb um einen hydrostatischen Parallelhybrid erweitert. Aus der Literatur stehen Messdaten zur Geschwindigkeit und Zugkraft sowie zu den hydraulischen Größen von Radladern im realen Einsatz zur Verfügung (vgl. [4] S. 62ff). In Anlehnung an diese Daten wurden synthetische Zyklen entwickelt. Diese Zyklen wurden in ihren Leistungsanforderungen bewusst überhöht und dann als Eingangsgrößen für die Simulation verwendet, sodass dem modellierten Radlader ein exaktes Abfahren unmöglich ist. Es wurde ein Fahrermodell aufgebaut, dass über die Vorgabe der Gespedalstellung die Geschwindigkeit bzw. Position der Maschine beeinflusst. Parallel dazu wurde auch ein PI-Regler aufgebaut, der ebenfalls über die Vorgabe der Gaspedalstellung auf das System einwirkt, jedoch nur die Geschwindigkeit regelt. Die Simulationsergebnisse beider Fahrermodelle wurden untereinander und mit den Sollgrößen verglichen.

3.1 Fahrzeug

Im Modell wird ein Radlader simuliert. Das Simulationsmodell bildet den vorhandenen dieselhydraulischen Antriebstrang, ergänzt um einen hydrostatischen Parallelhybrid, vom Verbrennungsmotor bis zu den Rädern ab. Die Arbeits- und Lenkhydraulik wurden vereinfacht als Hydraulikpumpe mit gesteuertem Leistungsbedarf nachgebildet, auf eine detaillierte Abbildung des hydraulischen Systems jenseits des Fahrantriebs wurde verzichtet.

Die Verluste der Hydrostaten werden mittels hydraulisch-mechanischem und volumetrischen Wirkungsgrad ermittelt und als Verlustmoment und Verlustvolumenstrom in den Antriebstrang eingerechnet.

Eingangsgröße für den Antriebsstrang ist die Drehzahl des Verbrennungsmotors. Steuergrößen sind die Schwenkwinkel der Hydrostaten. Zugkraft, Geländesteigung und Rollreibung sind als Störgrößen modelliert. Ausgangsgröße ist die Geschwindigkeit (v) am Rad, sowie die gefahrene Strecke (s) bzw. die Position der Maschine.

3.2 Zyklusvorgabe

Bei der Modellierung des Fahreres als PI-Regler wird die Soll-Geschwindigkeit typischerweise als Funktioner Zeit vorgegeben. Für den Bewerter-Regler hingegen ist besonders zu erwähnen, dass die Soll-Geschwindigkeit als Funktion der Position vorgegeben wird (siehe Abb. 1). Dazu wird aus dem vorgegebenen Geschwindigkeitsverlauf durch Integration des Geschwindigkeitsbetrags die zugehörige zurückgelegte Strecke ermittelt. Von einem Funktionsblock mit der Position als Eingang wird über eine Look-Up-Tabelle die Soll-Geschwindigkeit ausgegeben. Dafür muss die Forderung der Simulationsumgebung nach strenger Monotonie bei den Eingangsgrößen einer Look-Up-Tabelle erfüllt werden.

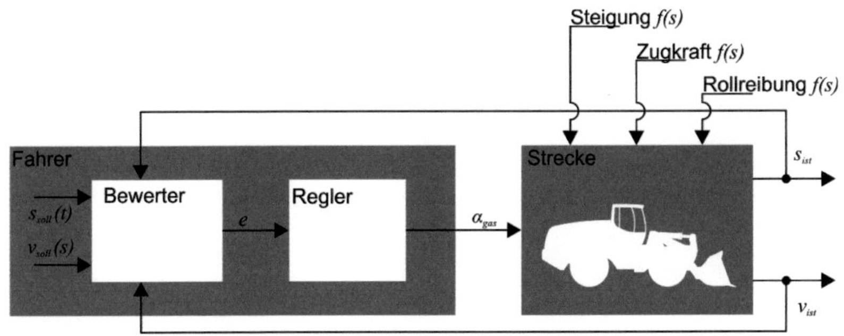

Abb. 1: Modell des Systems Fahrer-Fahrzeug.

3.3 Fahrermodell

Grundlegend lässt sich das Verhalten eines Fahrers durch die Interaktion mit seiner Umwelt und dem Fahrzeug beschreiben. Während die Kommunikation mit der Umwelt sich in erster Linie auf das Sammeln von Informationen wie Position, Orientierung, Wetter, Bodenbeschaffenheit oder andere Objekte beschränkt, interagiert der Fahrer mit dem Fahrzeug und dieses mit ihm. Der Fahrer gibt der Maschine über Positionsveränderungen der Pedale, des Lenkrades und Joysticks Steuerbefehle, die in Form von Beschleunigungen, Geschwindigkeiten, Kräften etc. zurückgemeldet werden. Die Umwelt und das Fahrzeug tauschen mechanische Größen aus (siehe Abb. 2). Die für den vorliegenden Fall gewählten Austauschgrößen sind in Abb. 3 dargestellt.

Der reale Fahrer steuert das Fahrzeug innerhalb eines Arbeitsprozesses, der Routen, Geschwindigkeiten und Arbeitsschritte vorschreibt. Der Fahrer entscheidet aber durch von ihm gesetzte individuelle Beschränkungen, wie seiner Wohlfühlgrenze, seinem Tagesablauf und seines Wissens über die Belastbarkeit der Maschine, wie der Arbeitsprozess tatsächlich abläuft.

Im Simulationsmodell wird dies auf die Interaktion des Fahrers im Bereich der Längsdynamik reduziert. Der Fahrer erfasst seine Position aus der Umwelt sowie die Geschwindigkeit des Fahrzeuges und entscheidet darüber, in welcher Form er diese durch das Gaspedal auf seine Wunsch-/Sollgeschwindigkeit und -position ändern muss.

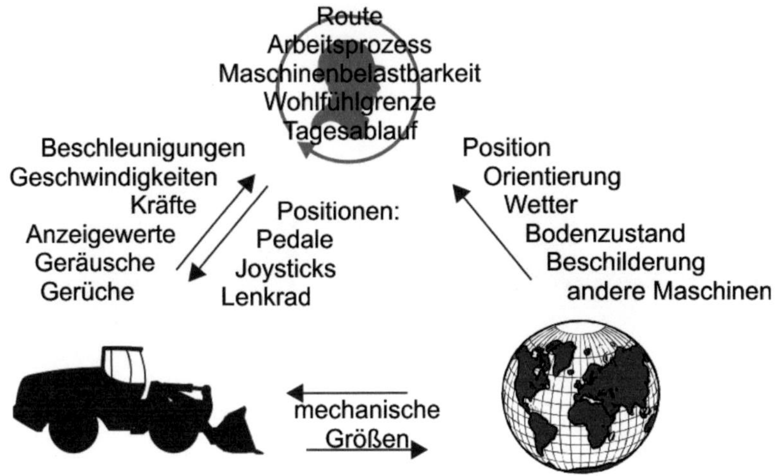

Abb. 2: Mögliche Austauschgrößen

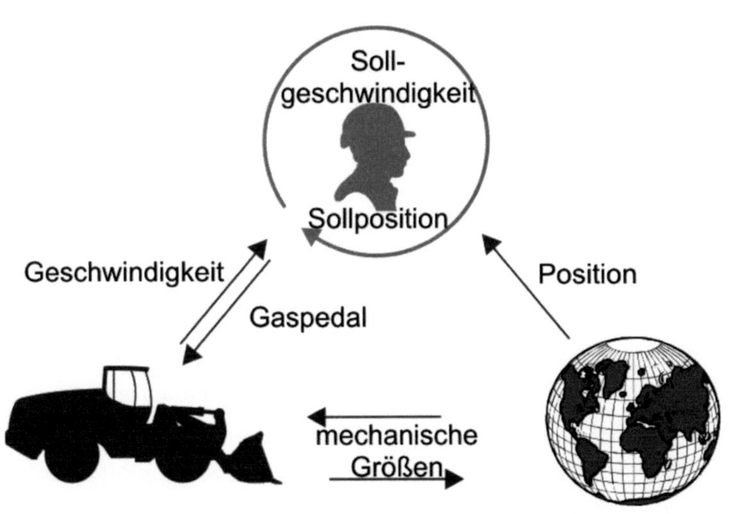

Abb. 3: Gewählte Austauschgrößen

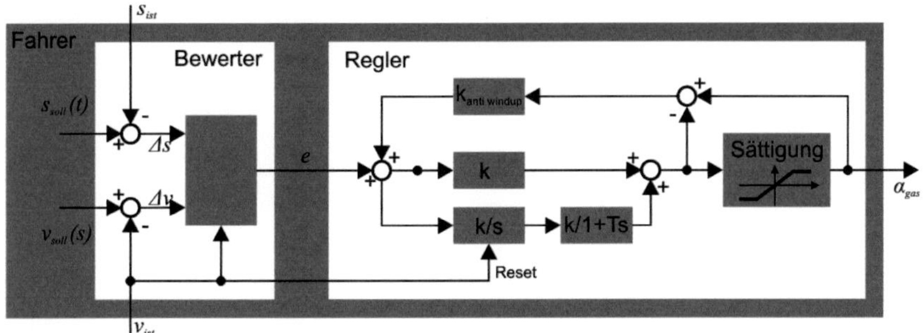

Abb. 4: Struktur des Fahrermodells.

Das in der Simulation verwendete Modell des Fahrers besteht aus dem konventionellen Regler, dem ein Bewerter vorgeschaltet ist (Abb 4). Das Fahrzeug bildet im Sinne eines Regelkreises die zugehörige Strecke. Der Bewerter vergleicht den zeitabhängigen Positionswunsch (s_{soll}) des Fahrers mit der tatsächlichen Position (s_{ist}), sowie den positionsabhängigen Geschwindigkeitswunsch (v_{soll}) mit der tatsächlichen Geschwindigkeit (v_{ist}). Aus den Differenzen zwischen Soll- und Ist-Werten wird per folgender Formel eine Regeldifferenz (e) für den nachgeschalteten Regler berechnet.

$$\mathrm{sgn}(v_{ist}) \cdot \left(\Delta v \cdot \frac{|v_{ist}|}{v_{\max}} + \Delta s \cdot \left(1 - \frac{|v_{ist}|}{v_{\max}} \right) \right) = e \qquad [3.1]$$

Die Formel [3.1] verknüpft Positionsabweichung ($\Delta s = s_{soll} - s_{ist}$) und Geschwindigkeitsabweichung ($\Delta v = v_{soll} - v_{ist}$) über einen geschwindigkeitsabhängigen Zusammenhang. Die Bezugsgröße $v_{\max}$ ist die maximale Geschwindigkeit der Maschine. Bei geringen Ist-Geschwindigkeiten wird verstärkt die Positionsabweichung berücksichtigt, bei hohen Geschwindigkeiten wird verstärkt die Geschwindigkeitsabweichung berücksichtigt. Dies ist dem Verhalten des Menschen nachempfunden, der sich bei langsamen Rangierarbeiten nicht an seiner Geschwindigkeit, sondern an seiner Position und deren Änderung orientiert. Bei hohen Geschwindigkeiten ist hingegen keine präzise Positionierung, sondern eine geschwindigkeitsorientierte Fahrweise festzustellen. Der dem Bewerter nachgeschaltete Regler ist als PI-Regler mit Anti-Windup und Reset ausgeführt. Dieser Regler gibt als Ausgangsgröße eine Gaspedalstellung

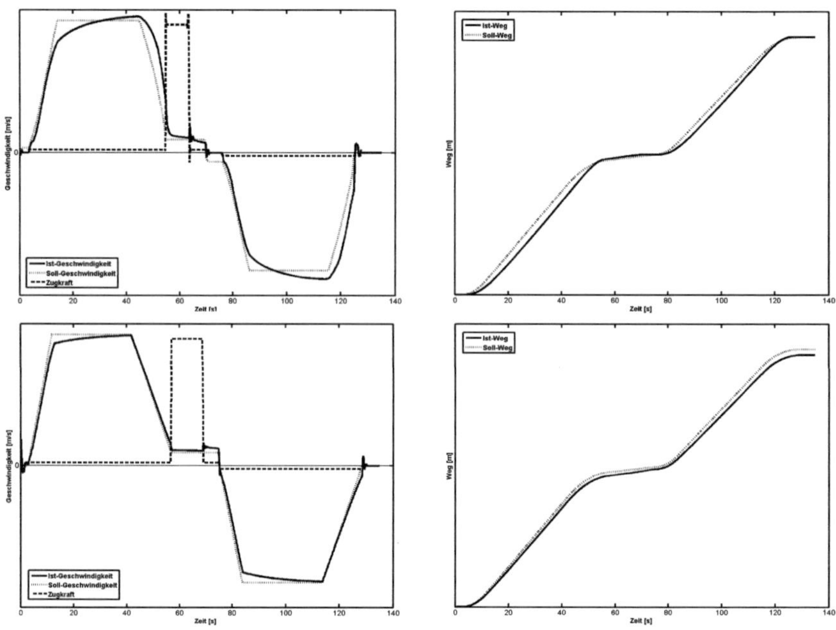

Abb. 5: Rampe + Sprung (oben Bewerter-Regler unten PI-Regler)

(α) vor. Die Anti-Windup-Funktion wird benötigt, da es sich mit $0 \leq \alpha \leq 100$ um ein bounded input-System handelt. Der Reset des Integrators tritt in Kraft, wenn die Ist-Geschwindigkeit ein schmales Band um $v_{ist} = 0$ erreicht. Die geregelte Gaspedalstellung bildet das Eingangssignal des Antriebsstrangs.

4 Ergebnisse

Die durchgeführten Untersuchungen haben ergeben, dass eine Kombination eines Weg- mit einem Geschwindigkeitsregler zielführend ist. Die Kombination der Weg- und Geschwindigkeitsvorgabe erfolgt über einen Bewerter genannten Funktionsblock.

Die Kombination von Bewerter und PI-Regler wird mit einem einfachen PI-Regler (zur Regelung von $v(t)$) verglichen. Dafür werden jeweils 4 Simulationen mit synthetischen Zyklen durchgeführt.

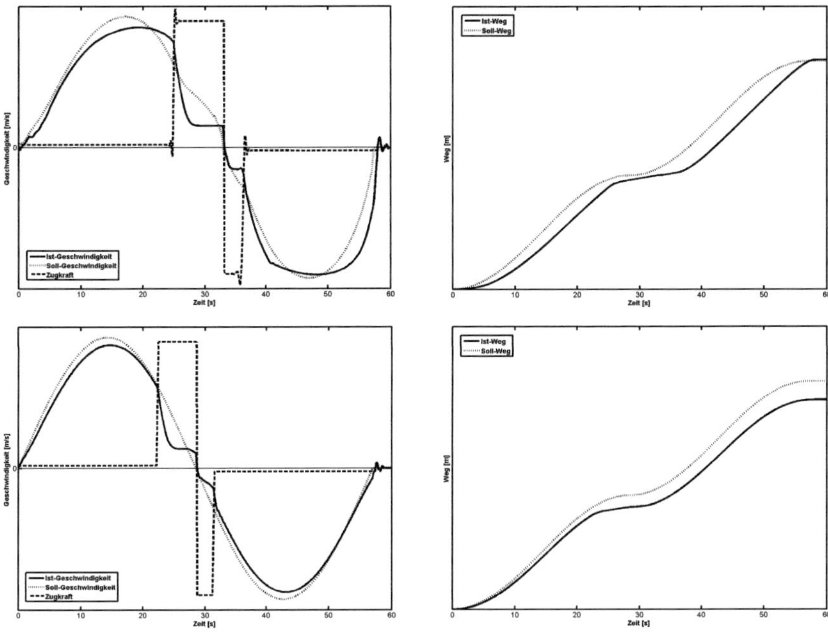

Abb. 6: Sinus + Sprung (oben Bewerter-Regler unten PI-Regler).

Die Zyklen unterscheiden sich im Verlauf der Geschwindigkeit und der Zugkraft. Die Geschwindigkeit wird entweder als Rampenfunktion oder Sinusfunktion variiert. Als Störgröße wird die Zugkraft in Fahrtrichtung beaufschlagt und tritt entweder als einzelner Sprung zu einem bestimmten Zeitpunkt oder als konstantes Rauschen über den gesamten Zyklus auf.

In den Abb. 5-8 sind die Geschwindigkeits- und Wegverläufe der einzelnen Zyklen dargestellt, die beiden oberen Diagramme zeigen jeweils das Ergebnis der Bewerter-Regler-Kombination, die beiden unteren das Ergebnis des einfachen PI-Reglers. An dieser Stelle sei noch einmal darauf hingewiesen, dass die Belastungen in den Zyklen vorsätzlich überhöht wurden. Die Leistungsanforderungen aus Geschwindigkeit und Zugkraft übertreffen das Leistungsvermögen der abgebildeten Maschine.

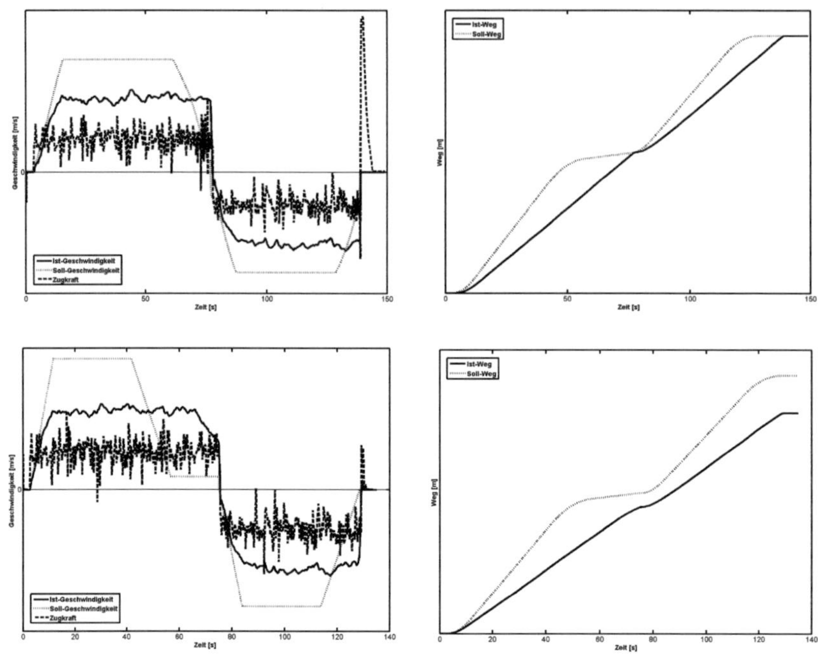

Abb. 7: Rampe + Rauschen (oben Bewerter-Regler unten PI-Regler)

Für die Geschwindigkeitsverläufe zeigen sich unterschiedliche Abweichungen bei den Fahrermodellen. Man erkennt, dass der PI-Regler teilweise besser auf die Geschwindigkeit regelt, speziell bei den Verzögerungen, allerdings grundlegend vom Wegverlauf abweicht. Sehr deutlich wird dies bei den Zyklen mit durchgehend verrauschter Zugkraft.

Der PI-Regler fährt nicht die komplette Wegstrecke ab. Da im Falle eines Zyklus die Zugkraft von der Position abhängig ist, wird nicht die vollständige Arbeit des Zyklus verrichtet.

Im Falle der Bewerter-Regler-Kombination tritt eine Verzerrung der Soll-Geschwindigkeitsverläufe auf, da die Geschwindigkeit ortsabhängig vorgegeben wird. Dies ist vor allem beim sinusförmigen Verlauf mit Sprung zu erkennen.

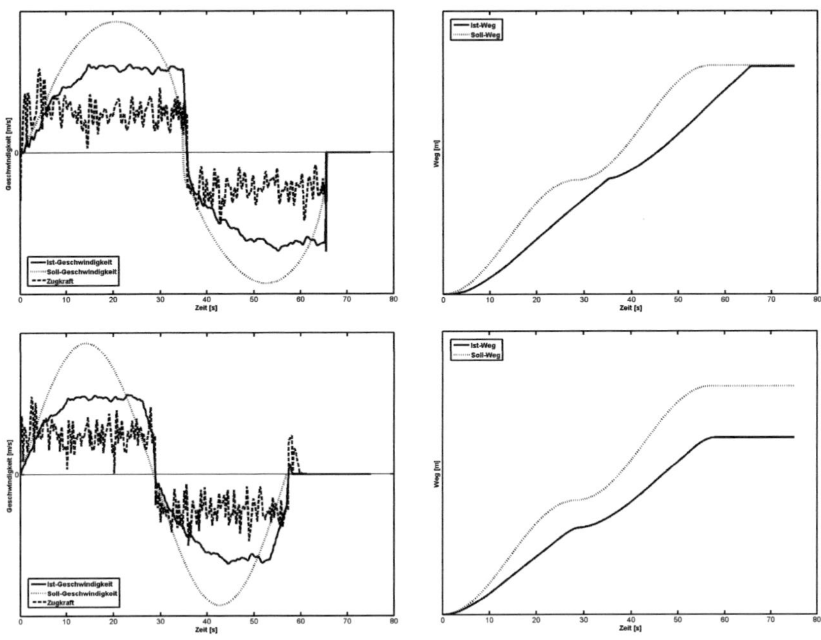

Abb. 8: Sinus + Rauschen (oben Bewerter-Regler unten PI-Regler).

5   Interpretation

Der PI-Regler kann durch das Ignorieren des zurückgelegten Weges zwar speziell bei der Rampenfunktion besser auf die Soll-Geschwindigkeit regeln, daraus resultiert aber auch die Abweichung vom Soll-Weg. In Anbetracht der Positionsabhängigkeit der Zugkraft könnte so nur ein unzulänglicher Vergleich zwischen zwei Simulationen vorgenommen werden. Im Falle der Bewerter-Regler-Kombination können aussagekräftige Vergleiche getroffen werden, was daran liegt, dass einerseits die gesamte Strecke abgefahren wird und andererseits die vorgegebenen Zugkräfte auch tatsächlich wegabhängig auftreten. Es wird also die tatsächlich in den Belastungsgrößen geforderte Arbeit verrichtet. Allerdings kann es aufgrund der Leistungsfähigkeit zu Abweichungen in der für die Durchfahrung des Zyklus benötigten Zeit kommen.

In den Zyklen mit rauschender Zugkraft verhindert diese das Erreichen der maximalen Geschwindigkeit des Fahrzeuges und verursacht somit im Falle des PI-Reglers eine sich integrierende Wegabweichung. Die Bewerter-Regler-Kombination reagiert auf diese Abweichung indem mehr Zeit in Anspruch genommen wird, um den Zyklus abzuschließen. Es gibt keine bleibende Wegabweichung.

Es kann allgemein beobachtet werden, dass die Bewerter-Regler-Kombination robuster als der PI-Regler auf Störgrößen wie die Zugkraft reagiert und eine nur geringfügig weniger gute Regelung der Geschwindigkeit vornimmt.

Da der Bewerter nur dem PI-Regler vorgeschaltet ist und dieser nicht verändert werden muss, kann er problemlos in bestehende Simulationsmodelle eingefügt werden.

Der Bewerter ist simpel in seiner Struktur und einfach zu realisieren. Er kann, einmal in einer Simulationsumgebung erstellt, als Blackbox wiederverwendet werden. Der Bewerter ist unabhängig von Änderungen der Antriebsstrangparameter, da diese sein Verhalten nicht beeinflussen. So können die Auswirkungen einer Hybridisierung des Antriebsstrang untersucht werden, da ein direkter Vergleich gezogen werden kann. Als einziger Parameter des Bewerters muss die Maximalgeschwindigkeit eingestellt werden.

6 Zusammenfassung

Ein neuer Ansatz zur Abbildung des Fahrers in der Simulation wurde hergeleitet und vorgestellt. Dieser basiert auf der Kombination eines Bewerters mit einem Regler. Diese Art der Fahrermodellierung wurde mit einem konventionellen PI-Regler verglichen. Es zeigten sich deutliche Vorteile des Bewerter-Reglers bei Maschinenanforderungen, die deren Leistungsvermögen übersteigen. Das entwickelte Fahrermodell ist einfach konzipiert und kann in bestehende Simulationsmodelle integriert werden. Die Parameterwahl kann heuristisch erfolgen.

7 Ausblick

Die Berechnung der Regeldifferenz im Bewerter ist in der vorliegenden Arbeit mit einer linearen Charakteristik realisiert. Es wäre denkbar, den Bewerter mit einer progressiven oder degressiven Kennlinie auszustatten, um das

Beschleunigungs- und Verzögerungsverhalten eines menschlichen Fahrers nachzubilden bzw. bessere Regelungen auf die Geschwindigkeit zu erhöhen.

Der Einfluss der Geschwindigkeitsabweichung wird derzeit in Abhängigkeit der maximalen Geschwindigkeit zwischen 0 und 100% variiert. So hat, wie oben beschrieben, die Sollgeschwindigkeitsabweichung im Stillstand keinen Einfluss auf die Regelung und bei v_{max} vollen Einfluss. Denkbar wäre es auch, Grenzwerte (z.B. 5%-95%) zu setzen, was eventuell die Reglergenauigkeit erhöht.

Darüber hinaus ist es möglich, den Leistungsbedarf der Verbraucher der Lenk- und Arbeitshydraulik nicht allein zeit- oder wegabhängig, sondern ereignisbasiert zu gestalten. Bei einer Triggerung des Bedarfes an bestimmten Positionen könnte so der Einfluss des Leistungsbedarfs in den Verbrauchern auf die Fahrhydraulik untersucht werden.

Literaturverzeichnis

[1]   Graaf, R.: Simulation hybrider Antriebskonzepte mit Kurzzeitspeicher für Kraftfahr-zeuge. Dissertation RWTH Aachen (2002).

[2]   Filla, R.: Operator and Machine Models for Dynamic Simulation of Construction Machinery. Master's thesis Linköpings Universitet (2005).

[3]   MacAdam, C. C.: Understanding and Modeling the Human Driver. In: Vehicle System Dynamics, 40 (2003), S. 101-134.

[4]   Deiters, H.: Standardisierung von Lastzyklen zur Beurteilung der Effizienz mobiler Arbeitsmaschinen. Dissertation TU Braunschweig (2009).

Maßnahmen zur Steigerung der Energieeffizienz in mobilhydraulischen Systemen

Substitution einzelner Steuerelemente als schnelle Lösung?

Martin Inderelst, Stephan Losse, Sebastian Sgro, Hubertus Murrenhoff

RWTH Aachen University, Institut für fluidtechnische Antriebe und Steuerungen, 52074 Aachen, Deutschland, E-mail: martin.inderelst@ifas.rwth-aachen.de, Telefon: +49(0)241/80-27490

Kurzfassung

Striktere CO_2-Richtwerte und steigende Energiepreise erfordern Maßnahmen zur Effizienzsteigerung mobilhydraulischer Systeme. Eine Möglichkeit, die ventilseitigen Drosselverluste in der Arbeitshydraulik eines mobilen Baggers zu reduzieren, besteht im Austausch einzelner Steuerventile durch alternative Steuerkonzepte. Infolgedessen kann die potenzielle Energie aus der Arbeitsaufgabe vergleichsweise einfach zurückgewonnen und wieder bereitgestellt werden. Zudem erlaubt diese Maßnahme, auch bestehende konventionelle Systeme hinsichtlich neuer Abgasrestriktionen mit vergleichsweise geringem Aufwand nachträglich zu verändern und zu optimieren.

Stichworte

Substitution, Steuerelemente, Mobilbagger, Primärsteuerung, Hydrotransformator, Energieeffizienz, Systemsimulation, Maßnahmen, Energiereduktion, Rekuperation

1 Einleitung

Strengere gesetzliche Richtlinien und Auflagen zum CO_2-Ausstoß sowie steigende Energiekosten machen den Einsatz energieeffizienterer Antriebslösungen für mobile Applikationen erforderlich. Dabei gilt es nicht nur den Antriebsstrang einer mobilen Arbeitsmaschine zu optimieren und die kinetische Energie der Fahraufgabe zurückzugewinnen.

Insbesondere Hebeaufgaben, wie zum Beispiel von Mobilbaggern oder Gabelstaplern, verfügen über ein hohes Potenzial zur Steigerung der

Energieeffizienz infolge einer Rückgewinnung der potenziellen Energie. Die Entwicklung hydraulisch betriebener Maschinen befasste sich in der Vergangenheit primär mit dem Ziel, Performance, Sicherheit der Maschine und ihres Umfelds, die Ergonomie für den Bediener sowie die Lebensdauer der Maschine zu steigern. Die Energieeffizienz der Maschinen belegte einen vergleichsweise geringen Stellenwert in der Entwicklung. Durch das wachsende Umweltbewusstsein sowie das politische Umdenken der letzten Jahre rückte die Energieeffizienz in den Forschungsfokus. Dabei gilt es, die Maschine bei für den Bediener nicht feststellbar verändertem oder gar identischem Betriebsverhalten energiesparender zu betreiben [1].

Es gibt viele Ansätze, um die Effizienz hydraulischer Systeme zu steigern. Der vorliegende Beitrag greift diese auf und bietet darüber hinaus einen simulativen Vergleich, der den Austausch vereinzelter Steuerventile durch eine individuelle Pumpensteuerung oder eine Sekundärsteuerung mittels Hydrotransformatoren vorsieht. Der Vergleich basiert auf einem konventionellen Load-Sensing-System eines 30t-Baggers und ermöglicht somit einen Eindruck über das Potenzial der betrachteten Optimierungsmaßnahme.

2 Maßnahmen

Zur Reduktion des Energieverbrauchs einer hydraulischen Maschine, wie z.B. in der Arbeitshydraulik eines Baggers, können verschiedene Ansätze verfolgt werden. **Abb. 1** gliedert diese in die vier Kategorien Optimierung, Substitution, Adaption sowie neue Systemlösungen. Im Folgenden werden diese Strategien detaillierter betrachtet.

Die am häufigsten umgesetzte und zugleich am längsten in der Praxis angewandte Maßnahme ist die Optimierung einzelner Komponenten sowie der Regelung bzw. Steuerung einer Maschine selbst. Exemplarisch sind hier bezüglich der Komponenten eine verlustärmere Gestaltung der Strömungskontur hydraulischer Ventile und seitens der Regelung die Reduktion des Regeldrucks in einem Load-Sensing-System zu benennen [2].

Die Maßnahme der Substitution von Steuerelementen, die im Rahmen dieses Beitrages näher betrachtet wird sowie der zu steuernden Verbraucher selbst, bietet eine weitere Möglichkeit zur Steigerung der Effizienz. Dabei werden beispielsweise einzelne Steuerventile von Verbrauchern mit hohem Lastdruck sowie der Möglichkeit, kinetische bzw. potenzielle Energie aus der Arbeitsaufgabe zurückzubeziehen, durch neue Steuerelemente, wie z. B. hydraulische Transformatoren oder Pumpen, ersetzt. Somit kann auf vergleichsweise einfache Art und Weise Energie zurückgewonnen und dem System wieder verfügbar gemacht werden, da die ventilbedingten Drosselverluste kompensiert werden. Durch das Entkoppeln eines lastdruckstarken Verbrauchers aus einem Load-Sensing-System können ggf. das Lastdruckniveau gesenkt und somit Drosselverluste über die Steuerventile, insbesondere über die Druckwaagen, reduziert werden. Weiterhin können verstellbare Verbraucher dazu verwendet werden, den Lastdruck eines einzelnen Verbrauchers an das Lastdruckniveau des lastintensivsten Verbrauchers im System anzupassen. Dies begünstigt ebenfalls eine Reduktion der Drosselverluste und ermöglicht zudem, den Lastdruck soweit zu erhöhen, dass eine Rückspeisung auf dem Druckniveau des Systems trotz der Drosselverluste am Steuerventil realisiert werden kann. Durch die Maßnahme der Substitution können auch kurzfristig energieeffizientere Lösungen auf Basis bestehender Systeme herbeigeführt werden.

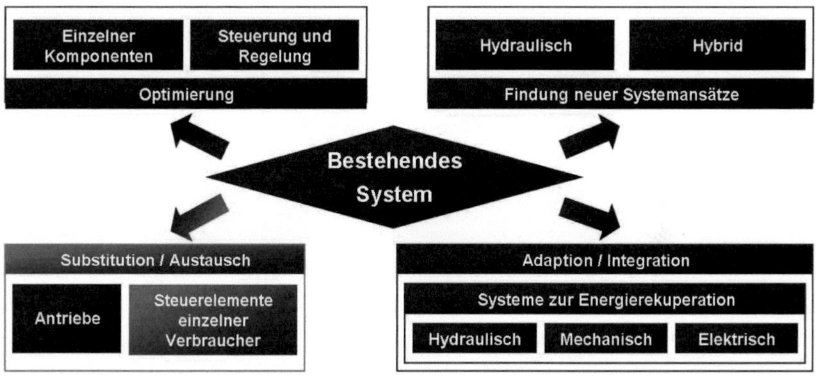

Abb. 1: Maßnahmen zur Steigerung der Energieeffizienz in hydraulischen Systemen

Derzeit im Fokus industrieller und öffentlicher Forschung und vielseitig diskutiert sind adaptive Maßnahmen zur Rückgewinnung der potenziellen sowie kinetischen Energie. Dabei wird ein Teil der in der Bewegungsaufgabe befindlichen Energie in einen hydraulischen Speicher zurückgeführt und für denselben oder einen anderen Verbraucher im System wieder bereitgestellt [3]. Die Schwierigkeit besteht in der Integration neuer Komponenten bei vergleichsweise geringer Veränderung des Gesamtsystems sowie der Findung einer geeigneten Steuerung, die ein konfliktfreies Zusammenspiel der Teilsysteme erlaubt. Diese Maßnahme birgt insbesondere aufgrund der derzeit im Prozess vernichteten Energie ein hohes Potenzial. Jedoch erschweren die Drosselverluste an den Steuerventilen und das gegenüber dem Versorgungsdruck geringere Druckniveau der zurückgewinnbaren Energie, dieses Potenzial auszuschöpfen [3].

Langfristig betrachtet gilt es, neue Systemlösungen zu finden, die bei gleicher Performance der Maschine den Betrieb verschiedener Verbraucher mit deutlich niedrigeren Verlusten ermöglichen. Dies kann zum einen durch neue, rein hydraulische Ansätze, zum anderen aber auch durch hybride Lösungen erzielt werden. Letztere können beispielsweise durch die Einführung elektrischer Antriebe oder einer mechanischen Schwungmasse realisiert werden, wie z.B. für das Drehwerk eines mobilen Hydraulikbaggers [4].

Rein hydraulische Ansätze bieten eine Steuerung aller Antriebe mittels primärer Pumpensteuerung [1], eine sekundäre Steuerung der Antriebe über Hydrotransformatoren aus einem Konstantdrucknetz [5], [6], aufgelöste Steuerkanten in einem Ventilgesteuerten System [7] oder digitalhydraulische Ansätze, wie beispielsweise eine Matrixschaltung [8].

3 Systemaufbau

Für die vorliegende Studie dient ein 30t-Kettenbagger mit einer installierten Motorleistung von 125 kW als Referenzsystem [9]. Die Arbeitshydraulik wird mit zwei separaten Arbeitskreisen für Ausleger- und Löffel- bzw. Stielzylinder und Drehwerksmotor betrieben, vgl. **Abb. 2**. Load-Sensing Ventile steuern die Hydromotoren und führen die jeweiligen Lastdrücke auf Lastwechselventile zurück, die wiederum diese vergleichen und das jeweils höhere Lastdruckniveau an die korrespondierende LS-Pumpe übertragen. Diese schwenken gemäß der Vorgabe aus. In den LS-Ventilen integrierte Druckwaagen drosseln den bereitgestellten Druck auf ein niedrigeres Lastdruckniveau ab, wenn ein Verbraucher nicht den höchsten Lastdruck an die Pumpe meldet. Infolgedessen bleibt die Druckdifferenz über den Steuerventilschieber und damit der

Volumenstrom bzw. die Verfahrgeschwindigkeit unverändert und entsprechen auch bei Druckänderungen im System der Vorgabe des Bedieners.

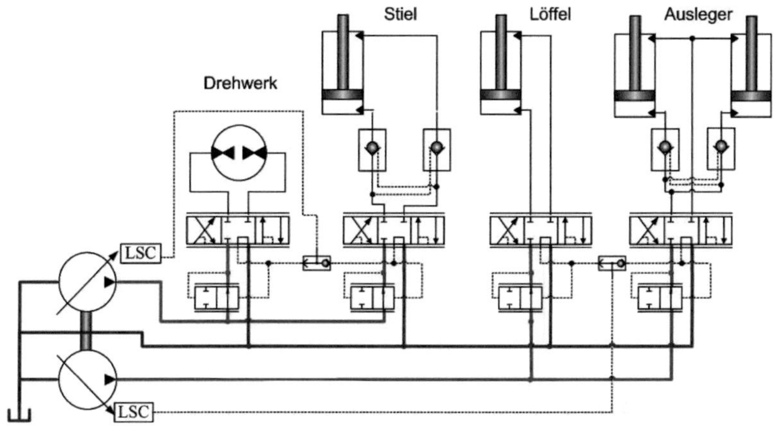

Abb. 2: Load-Sensing System eines Mobilbaggers

Aufgrund der richtungsunabhängigen Drosselverluste im ventilgesteuerten System wird die potenzielle Energie in den Auslegerzylindern bzw. die kinetische Energie des Oberwagens (Drehwerk) schwer zurückgewinnbar bzw. aufgrund des gegenüber dem Versorgungsdruck geringeren Druckniveaus kaum im Zyklus wieder nutzbar.

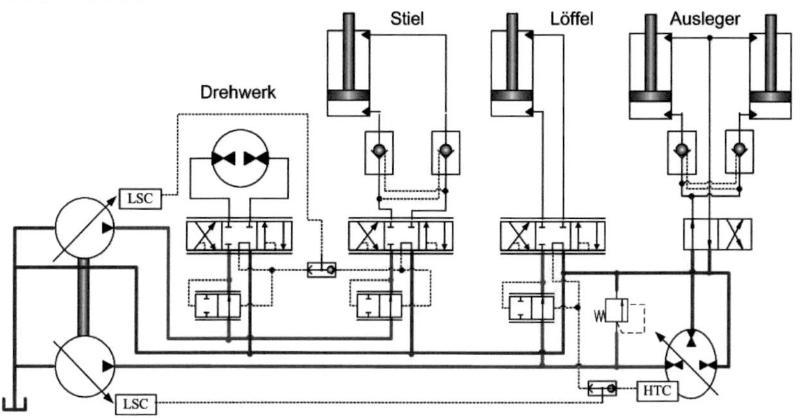

Abb. 3: Substitution des Steuerventils durch Hydrotransformator

Werden die LS-Ventilscheiben entsprechender Verbraucher durch Hydrotransformatoren ersetzt, vgl. **Abb. 3**, so wird eine Energierückgewinnung ermöglicht und Drosselverluste über Druckwaagen werden reduziert, da infolge der Möglichkeit zur Druckverstärkung des Hydrotransformators der lastdruckschwächere Verbraucher den Versorgungsdruck vorgibt. Zudem ermöglicht der Transformator eine Rückspeisung der hydraulischen Energie in die Versorgungsschiene und diese für andere Verbraucher nutzbar zu machen. Infolge dessen wird die LS-Pumpe zurückgeschwenkt und vom Verbrennungsmotor weniger Leistung abgefragt.

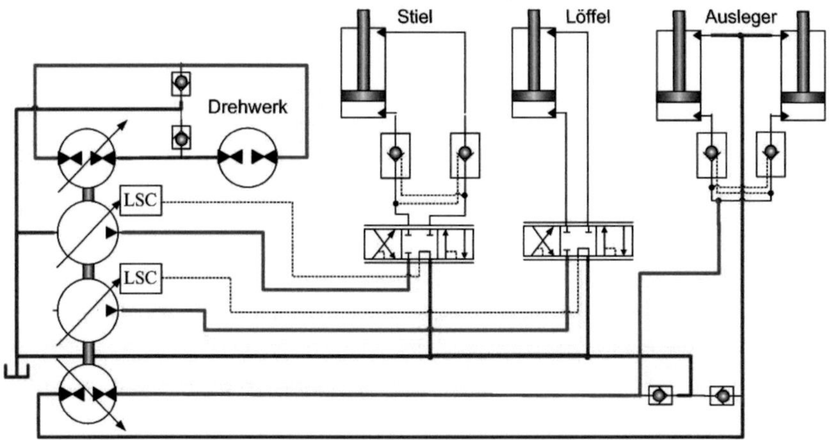

Abb. 4: Substitution der Steuerventile durch Verstellpumpen

Werden wiederum die Ventile durch eine Primärsteuerung im geschlossenen Kreislauf ersetzt, vgl. **Abb. 4**, so wird im vorliegenden Anwendungsfall jeder Verbraucher über eine eigene Pumpe versorgt. An den Druckwaagen der LS-Ventile entstehen somit keine Drosselverluste. Zudem ermöglicht die Primärsteuerung von Ausleger und Drehwerk eine Energierückspeisung, die durch Wandlung der hydraulischen in mechanische Leistung diese an andere Pumpen für zeitgleich betriebene Verbraucher überführt. So kann die erforderliche Motorleistung betriebspunktabhängig reduziert werden. Für den Betrieb von Differentialzylindern werden Rückschlagventile eingeführt, die über die Hochdruckseite des Systems geöffnet werden und die Niederdruckseite zum vorgespannten Tank hin zum Hinzu- bzw. Abführen des Differenzvolumenstroms verbinden.

4 Simulation

Im Rahmen von hydraulischen Systemsimulationen werden die vorgestellten Ansätze hinsichtlich ihres Energiebedarfs vergleichend betrachtet. Als Simulationsplattform dient dabei das dynamische Systemsimulationsprogramm DSH*plus*.

Für die Modellierung und Parametrierung der Simulationsmodelle wurde gemäß **Abb. 5** vorgegangen. Zunächst wurde ein Referenzsystem gewählt [9], analysiert und auf funktionale sowie energetisch relevante Komponenten reduziert. Analog fand das Vorgehen bei der Erstellung neuer Modelle für die jeweiligen Maßnahmen der Substitution statt. Die Abbildung der hydraulischen Systeme ist dabei analog zu den in Abb. 2, 3 und 4 gezeigten Systemen. Diese wurden um eine entsprechende Steuerung erweitert, die den Baggerfahrer abbildet.

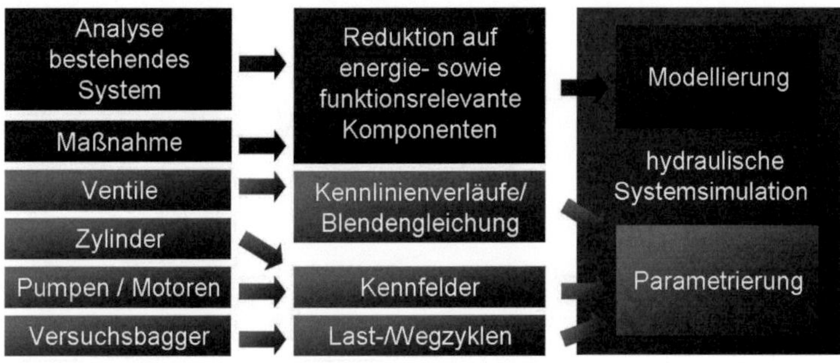

Abb. 5: Substitution der Steuerelemente

Für die energetische Betrachtung wurden die hydraulischen Pumpen, Motoren und Zylinder mit experimentell erfassten Kennfeldern bzw. Ventile mit Kennlinienverläufen und -werten der Hersteller parametriert. Infolgedessen kann eine hinreichend genaue Abbildung des realen Systems erzielt werden [10].

Um die Maßnahmen vergleichend betrachten zu können, wurden diese über gleiche Lastzyklen simuliert. Als Basis dienten die Zyklen, die in der Arbeit von [9] an einem 30t-Versuchsbagger ermittelt wurden. Dabei wurden die Wege bzw.

Drehwinkel der hydraulischen Motoren sowie die dabei jeweils vorliegenden Kammerdrücke für einen typischen Grabzyklus messtechnisch erfasst. Der Grabzyklus in **Abb. 6** beschreibt die jeweiligen Bewegungen der hydraulischen Einheiten bzw. die wirkenden Lasten für den Ausleger, den Stiel, den Löffel sowie das Drehwerk über der Zeit. Die resultierenden Lastkollektive wurden dabei aus den gemessenen Drücken und den aus [9] gegeben Dimensionen der Hydromotoren bestimmt.

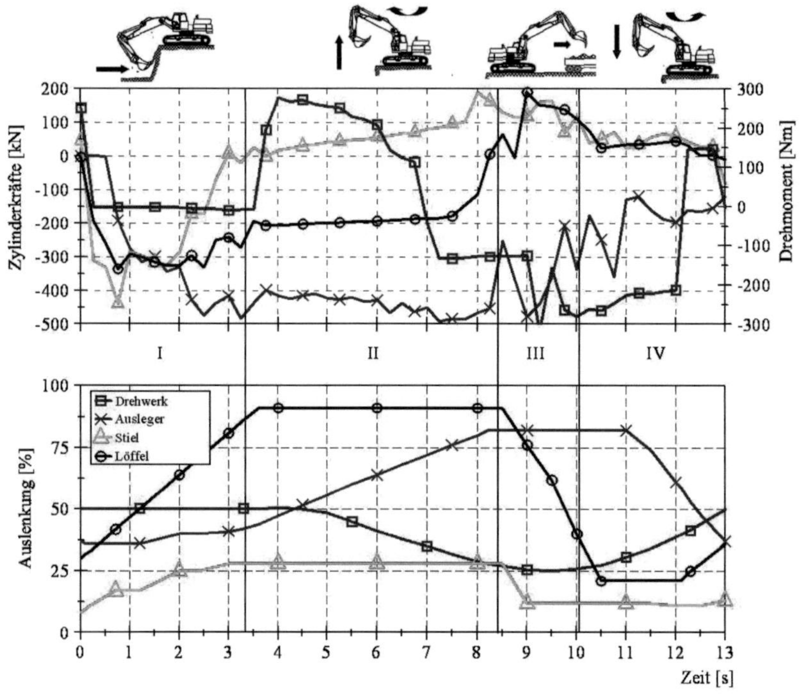

Abb. 6: Last- und Wegzyklen [9]

5 Ergebnisse

Die Ergebnisse der Simulationen werden im Folgenden mittels Sankey-Diagrammen visualisiert, vgl. **Abb. 7**. Dabei werden die Energieverluste durch Pfeile an ihrem jeweiligen Entstehungsort skaliert dargestellt. Die relativen Werte für die Verluste beziehen sich auf das eingängliche Energieniveau des jeweiligen

Systems, das zur Erfüllung der Arbeitsaufgabe an der Motorwelle bereitgestellt werden muss. Zur besseren Aussage über das Einsparpotenzial der betrachten Maßnahmen, wird zudem der relative Verbrauch bezogen auf das Referenzsystem angegeben.

Im Referenzsystem, dem Load-Sensing-System, werden zur Bewältigung der Arbeitsaufgabe 1578 kJ benötigt. 19% der vom Verbrennungsmotor bereitgestellten Energie werden in den LS-Pumpen inklusive deren Speisepumpe dissipiert, vgl. Abb. 7. Somit werden anteilig 31% des Gesamtbedarfs für den Ausleger, 25 % für den Löffel, 10% für den Stiel sowie 15% für das Drehwerk bereitgestellt. Insgesamt werden abzüglich der zurückgewinnbaren Energie (11%) nur 40% der Gesamtenergie für die Arbeitaufgabe umgesetzt. Die zurückgewinnbare Energie wird über die Ventile abgedrosselt. Weiterhin erfährt das System hohe Verluste über die LS-Ventile des Löffels (10%) und des Drehwerks (7%), die infolge geringerer Lastdrücke über die Druckwaagen hydraulische Leistung abdrosseln.

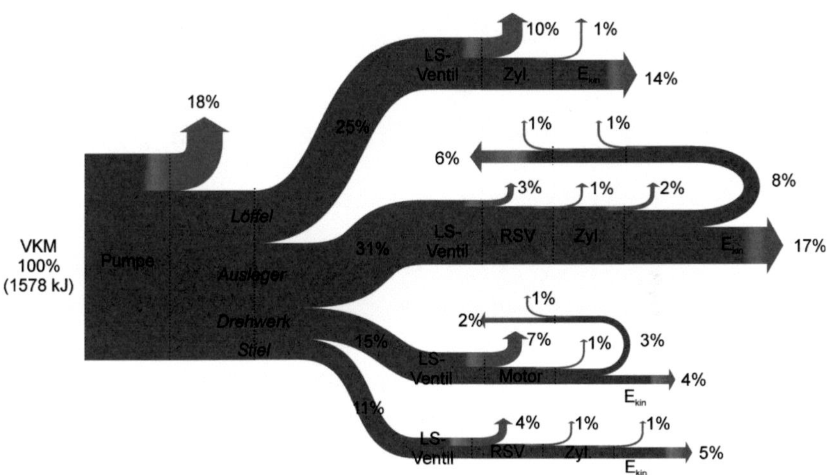

Abb. 7: Sankey-Diagramm: Load-Sensing-System

Wird die LS-Ventilplatte des Auslegers durch einen Hydrotransformator ersetzt, vgl. **Abb. 8**, der mit dem Lastdruck des Löffelzylinders versorgt wird, so können die Verluste über das Löffelventil nur um etwa 1% reduziert werden, da infolge der Rückspeisung der Energie aus dem Ausleger das erforderliche Lastdruckniveau für den Löffel temporär überschritten wird und somit die Druckwaage im LS-Ventil des Löffels entsprechend schließt. Jedoch wird während der Rückspeisung die LS-Pumpe zurückgeschwenkt und zudem weist der Transformator gegenüber dem ersetzten LS-Ventil geringere Verluste im Zweig des Auslegers auf, sodass insgesamt 10% der Energie über den Zyklus eingespart werden können.

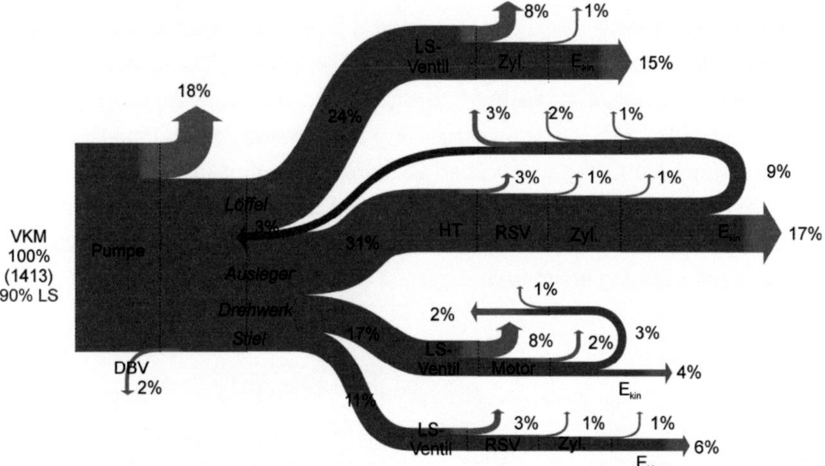

Abb. 8: Sankey-Diagramm: Substitution durch Hydrotransformatoren

Werden dagegen die Ventile für Ausleger und Drehwerk durch zusätzliche Verstellpumpen gemäß **Abb. 9** substituiert, so wird nur noch 81% der ursprünglichen Gesamtenergie des Referenzsystems benötigt. Dies liegt daran, dass die unveränderten Verbraucher durch die LS-Pumpen auf ihrem Lastdruckniveau versorgt werden. Darüber hinaus kann die zurückgewonnene auf die Motorwelle eingespeiste Energie größtenteils für parallele Arbeitsaufgaben umgesetzt werden.

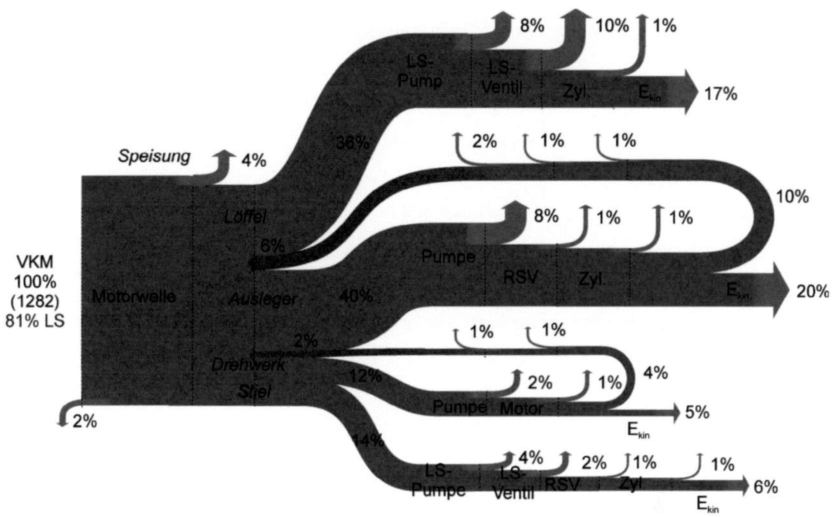

Abb. 9: Sankey-Diagramm: Substitution durch Verstellpumpen

6 Zusammenfassung und Ausblick

Im Rahmen des vorliegenden Beitrags wurde aufgezeigt, dass der Energieverbrauch eines Baggers über einen typischen Grabzyklus reduziert werden kann, wenn Steuerventile einzelner Verbraucher durch Hydrotransformatoren bzw. eine Verstellpumpe ersetzt werden. Infolgedessen können nicht nur potenzielle und kinetische Energien aus dem Zyklus zurückgewonnen werden, auch die Drosselverluste in den Druckwaagen konnten gegenüber dem Referenzsystem gesenkt werden. Durch diese Maßnahme sind auch kurzfristig und mittelfristig Energieeinsparungen möglich, die ohne Aufgabe der Systemkompetenzen der Hersteller umsetzbar sind. Gegenüber der Pumpensteuerung weist die Steuerung mittels Hydrotransformatoren den Nachteil auf, dass diese Komponenten aufgrund ihres Prototypenstatus nicht am Markt verfügbar sind. Darüber hinaus erfordern sie eine komplexe Steuerung. Weiterhin ist zu bedenken, dass durch die Reduktion der Drosselverluste eine geringe Ölerwärmung eintritt und folglich die Kühlleistung sinkt.

Für eine bessere Einstufung des Optimierungspotenzials durch die vorgestellte Maßnahme wird der direkte Vergleich zu den anderen vorgestellten Maßnahmen gesucht werden und der Betrachtungsbereich auf die Betriebspunkte des Dieselmotors und somit den Kraftstoffverbrauch erweitert. Zudem sollen die Systeme auf Basis andere Lastzyklen untersucht werden.

Literaturverzeichnis

[1] J. Zimmermann, M. Ivantysynova. Reduction of Engine and Cooling Power by Displacement Control", Proc. Of 6th FPNI-PhD Symp. West Lafayette, USA, 2010.

[2] A. Lettini. Improved Functionalities and Energy Saving Potential on Mobile Machines Combining with Flow Sharing Valve and Variable Displacement Pump, Proc. of 7th IFK, Aachen, 2010.

[3] K. Steindorff, T. Lang, H.-H. Harms. Betriebsstrategien zur Energierückgewinnung an einem hydraulischen Antrieb, 2. VDMA-Fachtagung Hybridantriebe für mobile Arbeitsmaschinen, Karlsruhe, 2009.

[4] S. Sgro, H. Murrenhoff. Energierückgewinnungssysteme für Baggerausleger, O+P, Vol. 10, 2010

[5] M. Inderelst, S. Sgro,. Energy recuperation in working hydraulics of excavators, 22nd FPMC, Bath, 2010.

[6] P. Achten, G. Vael. Cylinder Control with the Floating Cup Hydraulic Transformer, 8th Scandinavian International Conference on Fluid Power, Tampere, Finnland, 2003

[7] A. Shenouda, W. Book. Energy Saving Analysis Using a Four-Valve Independent Metering Configuration Controlling a Hydraulic Cylinder. SAE Commercial Vehicle Conf., Chicago, USA, 2005

[8] H. Theissen. Energie sparen mit der Matrixschaltung", O+P, Vol. 8, 2009

[9] C. Holländer. Untersuchungen zur Beurteilung und Optimierung von Baggerhydrauliksystemen, Fortschrittsberichte VDI Reihe 1 Nr. 307, VDI Verlag, Düsseldorf, 1998.

[10] T. Kohmäscher. Modellbildung, Analyse und Auslegung hydrostatischer Antriebsstrangkonzepte. Dissertation, RWTH Aachen, 2008

Energieeffiziente Antriebsstränge für Schwerlast-fahrzeuge

Branislav Lalik

*Gottwald Port Technology GmbH, Forststraße 16, 40597 Düsseldorf, Deutschland,
E-mail: branislav.lalik@gottwald.com, Telefon: +49(0)211/71023144*

Kurzfassung

Beim Umschlag von Containern in großen Seehäfen werden für den Transport innerhalb des Terminals unter anderem fahrerlose Schwerlastfahrzeuge, so genannte Automated Guided Vehicles (AGV) eingesetzt. Diese verfügen bereits über effiziente diesel-elektrische Antriebe. Die Forderung nach einer erhöhten Produktivität der Umschlagsanlagen bei gleichzeitig nachhaltiger Verbesserung ihrer Umweltverträglichkeit verlangt auf Seiten der Gerätehersteller eine stetige Optimierung der Energieeffizienz in den Antriebssträngen der eingesetzten Schwerlastfahrzeuge. Deshalb werden auch in diesem Bereich alternative Antriebstechnologien wie etwa Hybridantriebe intensiv untersucht. Stark unterschiedliche Randbedingungen, wie z.B. Fahrprofile und Lastanforderungen, machen es dabei erforderlich, die Machbarkeit einer breit angelegten Systemlösung für alternative Antriebe in Schwerlastfahrzeugen, zu erforschen.

Dieser Artikel beschreibt das Vorgehen im Rahmen eines Verbundprojekts zur Erforschung einer Systemlösung energieeffizienter Antriebsstränge für industrielle Schwerlastfahrzeuge mit den wesentlichen Projektzielen. Zudem werden Optimierungsansätze zur Verbrauchseinsparung am Beispiel eines diesel-elektrischen AGV aufgezeigt.

Stichworte

Energieeffizienz, Schwerlast, Hafen, Systemlösung, Hybrid.

1 Motivation

Der Containertransport über See- und Binnenhäfen ist ein unverzichtbarer Bestandteil für die globale Wirtschaft. Um das jährliche Transportvolumen von mehreren Hundertmillionen Containern umschlagen zu können, werden nicht nur Containerbrücken und Lagerkrane eingesetzt, sondern es werden auch zahlreiche Schwerlasttransportfahrzeuge für Transportvorgänge im Hafen benötigt. Je nach Umschlagstrategie werden verschiedene Fahrzeugkonzepte, wie z.B. Straddle Carrier, Reach Stacker, oder fahrerlose Transportsysteme (FTS) bzw. Automated Guided Vehicles (AGV), eingesetzt (siehe Abb. 1).

Abb. 1: Modernes Container Terminal mit Automated Guided Vehicles (AGV)

Containerterminals stehen derzeit vor großen Herausforderungen. Langfristig wachsende Umschlagszahlen und immer größere Containerschiffe verlangen eine erhöhte Produktivität der Umschlagsanlagen. Dem gegenüber stehen die sinkende Verfügbarkeit von Rohstoffen, steigende Energiepreise und die immer stärker werdende Forderung nach Umweltschutz. Derzeit streben führende internationale Seehäfen, wie z.B. Hamburg, Los Angeles/Long Beach und Rotterdam eine nachhaltige Verbesserung der Umweltverträglichkeit ihrer Terminals an. Zusätzlich werden durch nationale und internationale Gesetzgebungen immer strengere Schadstoff- und Lärmemissionsrichtlinien vorgegeben. So fordern beispielsweise die EU-Richtlinie „Euromot III/B" und die US-Richtlinie „Tier4 Interim" eine signifikante Verminderung des Partikel- und Stickoxidausstoßes ab dem Jahr 2014. Der Umweltaspekt hat bei Hafenanlagen eine große Bedeutung, da diese oftmals innerhalb oder in der Nähe von Städten oder von Naherholungsgebieten liegen. Die Anforderungen an die Antriebe in Schwerlastfahrzeugen hinsichtlich der Energieeffizienz und damit der Umweltverträglichkeit werden daher immer größer.

Obwohl moderne Schwerlasttransportfahrzeuge für den Einsatz im Freien bereits heute über effiziente diesel-elektrische Antriebe verfügen, die im Wesentlichen einen Dieselmotor, einen Generator und Elektromotoren für die Fahrantriebe, die über eine entsprechende Leistungselektronik mit Strom versorgt werden, umfassen, besteht bei dieser Antriebsart weiteres Optimierungspotenzial. Deshalb behandelt das Projekt alternative Antriebstechnologien, zu denen auch Hybridantriebe gehören. Aufgrund der hohen Betriebsstundenanzahl dieser Fahrzeuge und der großen Leistungen ist die Steigerung der Energieeffizienz und auch der Wirtschaftlichkeit besonders attraktiv. In der Automobilindustrie werden alternative Antriebe bereits seit Jahren intensiv untersucht und entwickelt und es sind einige PKW-Modelle und Busse mit Hybridantrieben einschließlich Energiespeichertechnologien am Markt verfügbar.

Da sich jedoch die Anforderungen an den Antrieb eines Schwerlastfahrzeugs wesentlich von denen eines PKW hinsichtlich Fahrzeugmasse, Last- und Geschwindigkeitsprofilen, Einsatzdauer, Lebensdaueranforderungen etc. unterscheiden, ist eine Übertragung von Technologien vom PKW auf Schwerlastfahrzeuge nur sehr eingeschränkt möglich. Die in vieler Hinsicht unterschiedlichen Randbedingungen erfordern folglich eine umfassende Erforschung auf dem Gebiet alternativer Antriebe für den Einsatz in Schwerlastfahrzeugen.

2 Projektaufbau

Das Projekt wird als Verbundprojekt zwischen den Partnern Gottwald Port Technology (Gottwald), REFU Elektronik GmbH (REFU) und dem Institut für Kraftfahrzeuge Aachen (ika) der RWTH Aachen University durchgeführt.

Das Ziel dieses Verbundprojekts ist die Entwicklung einer Systemlösung für energieeffiziente Antriebsstränge, die zukünftig sowohl für Transportfahrzeuge als auch für Umschlaggeräte im Schwerlastbereich eingesetzt werden kann.

Als Grundlage für die Systemlösung soll der dieselelektrische Antriebsstrang eines fahrerlosen Transportsystems (AGV) systematisch untersucht, optimiert und zu einem hybriden Antriebsstrang (mit Energiespeicher) erweitert werden (siehe Abb. 2). Der Fokus liegt dabei in der Erforschung der Leistungs- und Energieflüsse von Haupt- und Nebenverbrauchern des Fahrzeugs und deren Optimierung mit Hilfe leistungselektronischer Komponenten mit dem Ziel der Einsparungen beim Kraftstoffverbrauch. Dabei kann eine erhöhte Energieeffizienz des Antriebsstrangs einerseits durch eine Steigerung des Wirkungsgrades der Komponenten erreicht werden (Hardwareoptimierung). Andererseits kann über eine intelligente Ansteuerung der Leistungselektronik die Energieeffizienz der Fahrzeuge gesteigert werden, indem der Betrieb aller Komponenten in günstigen Kennfeldbereichen erfolgt (Softwareoptimierung).

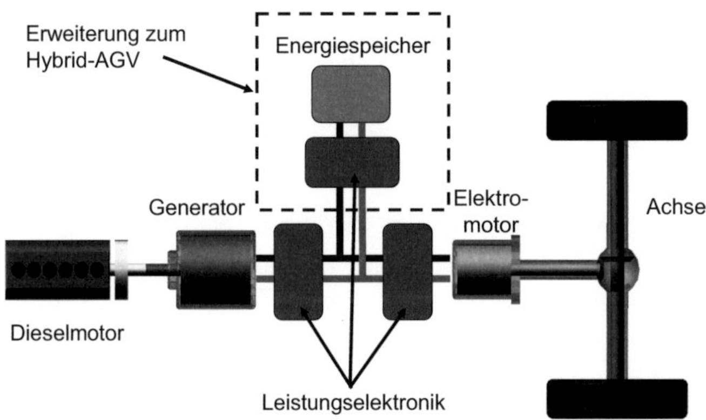

Abb. 2: Diesel-elektrischer Antriebsstrang eines AGV

Das Projekt lässt sich damit in drei Bereiche gliedern:

1. Optimierung des dieselelektrischen Antriebsstrangs

2. Erweiterung zum Hybridantrieb mit elektrischem Energiespeicher

3. Übertragung der Ergebnisse auf weitere Schwerlastkonzepte

Das Aufgabengebiet von Gottwald umfasst die Integration der neuen Komponenten des Antriebsstrangs in das Fahrzeug, inklusive des zusätzlichen elektrischen Energiespeichers für den Hybridantrieb. Die leistungselektronischen Komponenten werden durch REFU Elektronik entwickelt und gefertigt. Dabei wird zur Steigerung der Energieeffizienz sowohl die Hard- als auch die Software der Leistungselektronik optimiert. Die Potenziale zur Verbrauchseinsparung, die sich aufgrund einer Optimierung der Antriebsstruktur und der neuen Funktionalitäten ergeben, werden anhand von Simulationsrechnungen des Projektpartners ika quantitativ analysiert. Es ergibt sich eine aus Sicht des Gesamtsystems optimale Komponentenauslegung sowie eine Betriebsstrategie, die auf das Betriebsverhalten des Fahrzeugs abgestimmt ist. Mit Hilfe der neu gewonnenen Erkenntnisse soll eine variable Systemlösung für energieeffiziente Antriebsstränge von Schwerlastfahrzeugen systematisch untersucht und bewertet werden.

Das Projekt wird am Prototyp eines Lift-AGV durchgeführt. Das Lift-AGV ist eine Weiterentwicklung der AGV-Technologie. Das Fahrzeug verfügt zusätzlich über eine Hubplattform, mit der es in der Lage ist, Container selbstständig in ein fest installiertes Stahlgestell abzusetzen und von dort wieder aufzunehmen (siehe Abb. 3). Die Hubplattform besteht aus zwei Hubtischen. Die Hubtische können sowohl einzeln als auch synchron betrieben werden. Somit lassen sich alle gängigen Containergrößen mit dem Lift-AGV umschlagen. Die Hubplattform kann je nach Ausführung entweder hydraulisch oder elektrisch betrieben werden. Bei der hydraulischen Variante wird ein Hubtisch mit je zwei Hydraulikzylindern gleichzeitig betätigt. Die elektrische Hubplattform besteht pro Hubtisch aus einem Getriebeasynchronmotor, der die mechanische Bewegung auf zwei Gelenkwellen und zwei Rollengewindetriebe verteilt und somit den Hubtisch antreibt.

Abb. 3: AGV mit Hubplattform (Lift-AGV)

3 Optimierung des dieselelektrischen Antriebsstrangs

Der dieselelektrische Antriebsstrang des AGV ist ein komplexes mechatronisches System mit einem hohen Anteil an Leistungselektronik. Der Antriebsstrang ist aus mechanischen Komponenten (z.B. Dieselmotor, Getriebe), elektromechanischen Komponenten (Generatoren, Elektromotoren) und elektronischen Komponenten (Umrichter, Steuerung) aufgebaut, zwischen denen starke Wechselwirkungen herrschen.

Um die Energieeffizienz des Antriebsstrangs zu optimieren und eine entsprechende Systemlösung zu erarbeiten, muss das Gesamtsystem einheitlich betrachtet werden. Die Simulation ist dabei ein wichtiges Mittel, das bei der Konzeption und der Auslegung eines Antriebsstrangs unterstützt. Kraftstoffeinsparungen und Optimierungspotentiale können damit schnell abgeschätzt sowie neue Betriebsstrategien entwickelt werden. Dadurch können verschiedene Antriebsstrukturen ohne größeren Aufwand und den damit verbundenen hohen Kosten miteinander verglichen werden. Durch die einheitliche Betrachtung können das Gesamtsystem sowie einzelne Teile des Antriebsstrangs strukturiert ausgelegt werden [1].

Innerhalb des gesamten Projekts wird eine parallele Arbeitsweise angestrebt, bei der immer wieder die Ergebnisse von Simulationsrechnungen mit realen Testergebnissen des Fahrzeugs auf dem Testgelände abgeglichen werden (Modellvalidierung). Auf diese Weise kann frühzeitig das Potential von einzelnen Maßnahmen innerhalb des Modells untersucht werden, ohne sofort mit aufwändigen und zeitintensiven Versuchen beginnen zu müssen.

Bei der Optimierung des aktuellen dieselelektrischen Antriebsstrangs sollen neue Konzepte entwickelt werden, die eine bedarfsorientierte Ansteuerung der Dieselmotor-Generator-Einheit sowie der Haupt- und Nebenverbraucher (Elektromotoren mit Leistungselektronik, Hydraulikpumpe usw.) ermöglichen. Aufgrund ihres hohen Wirkungsgrads und ihrer guten Regelbarkeit sind elektrische Antriebe mit entsprechender Leistungselektronik dafür sehr gut geeignet. Durch die Entwicklung neuer Regelstrategien lässt sich bereits in dieser Phase des Projekts erhebliches Einsparpotential erzielen.

Die folgenden Punkte werden im Rahmen des Projekts untersucht und nach der simulationsgestützten Analyse und einer anschließenden Bewertung ausgewählt und umgesetzt:

- Kennfeldoptimierte Regelung der Dieselmotor-Generator-Einheit

- Kennfeldoptimierter Betrieb der Fahrmotoren

- Optimierung des Fahrverhaltens (z.B. lastabhängige Beschleunigung)

- Integration und Optimierung der elektro-hydraulischen Lenkanlage

- Optimierung der Leistungselektronik bezüglich Energieeffizienz und Bauraum.

Abb. 4 zeigt das Schema zur Vorgehensweise bei der Optimierung des diesel-elektrischen Antriebs des AGV.

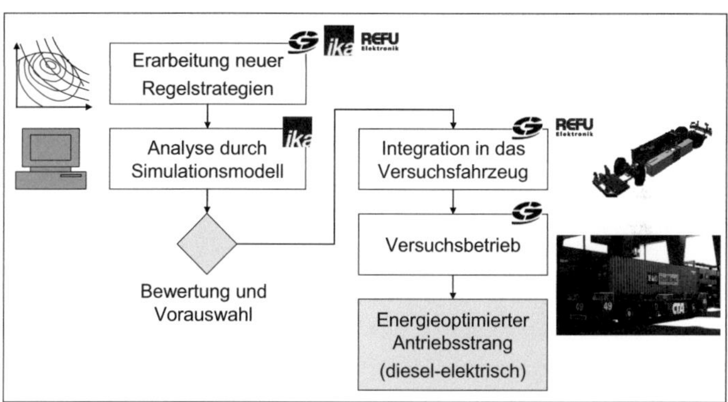

Abb. 4: Vorgehensweise zur Optimierung des dieselelektrischen Antriebs

4 Erweiterung zum Hybridantrieb mit elektrischem Energiespeicher

Der optimierte dieselelektrische Antriebsstrang bildet die Grundlage für den hybriden Antriebsstrang mit elektrischem Energiespeicher und dient als Referenzobjekt. Damit können belastbare Aussagen über die Vorteile eines Hybridkonzepts gegenüber einem Antriebsstrang ohne zusätzlichen Energiespeicher getroffen werden und es liegt ein objektiver Vergleich vor.

Aufgrund der vorherrschenden Betriebsbedingungen eines AGV mit einer Vielzahl an Beschleunigungs- und Verzögerungsvorgängen sowie häufigen Standzeiten und stark schwankenden Beladungszuständen ist eine punktuelle Auslegung des Antriebsstrangs nicht möglich. Für diesen Fall bietet der Einsatz von energetischen Zwischenspeichern eine Vielzahl von Vorteilen.

Ein typischer AGV-Zyklus zeigt, dass der Dieselmotor überwiegend im Teillastbereich betrieben wird. Er ist jedoch für die Maximallast ausgelegt, die im Betrieb nur selten und kurz benötigt wird. Beim Einsatz eines elektrischen bzw. elektro-chemischen Energiespeichers (Super-Caps oder Batterien) kann der Dieselmotor phlegmatisiert betrieben werden, da der Energiespeicher die Leistungsspitzen puffert und somit je nach Betriebsstrategie eine mittlere Auslastung des Dieselmotors ermöglicht.

Aufbauend auf dem optimierten dieselelektrischen Antriebsstrang wird in dieser Projektphase ein Hybridantrieb mit zusätzlichem Energiespeicher entwickelt und aufgebaut. Neben dem Energiespeicher muss auch zusätzliche Leistungselektronik entwickelt und in das Fahrzeug integriert werden, die den Energiefluss in den Energiespeicher und aus dem Speicher heraus übernimmt. Hierfür müssen zudem geeignete Betriebsstrategien entwickelt und implementiert werden, die eine optimale Ausnutzung sowohl des Energiespeichers als auch des gesamten Antriebsstrangs ermöglichen.

Im Einzelnen werden die Einsparpotentiale von folgenden Maßnahmen untersucht, mit Hilfe der simulationsgestützten Analyse bewertet und bei positiver Bewertung in die Praxis umgesetzt:

- Deckung von Leistungsspitzen bei Beschleunigungs- und Lenkmanövern

    → Betrieb der Dieselmotor-Generator-Einheit in optimalen Betriebspunkten

    → „Downsizing" der Dieselmotor-Generator-Einheit

- Rückgewinnung von Bremsenergie
- Start-Stopp-Betrieb.

Abb. 5 zeigt das Schema zur Vorgehensweise bei der Erweiterung zum Hybridantrieb mit elektrischem Energiespeicher.

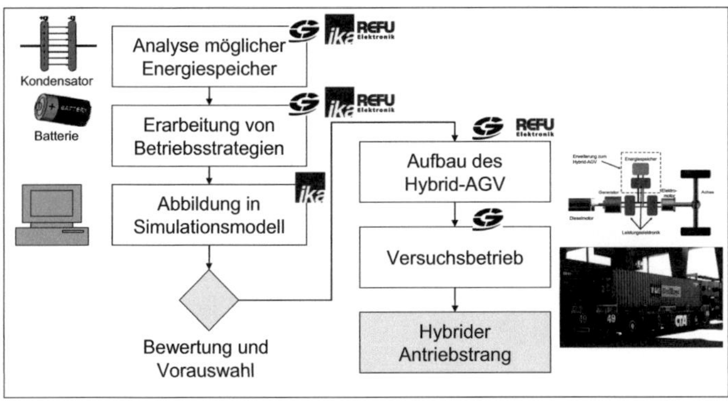

Abb. 5: Vorgehensweise zur Integration des Energiespeichers

Über die Einsatzmöglichkeiten hinaus müssen die besonderen, systembeding-ten Anforderungen an die Energiespeicher definiert werden. Hierzu zählen me-chanische Anforderungen wie Rüttel- und Schockfestigkeit, aber auch generelle Anforderungen wie Lebensdauer, Wartungsaufwand und das Verhalten unter maritimen Umgebungsbedingungen. Neben den reinen Speichereigenschaften sind dies wichtige Aspekte für die Auswahl von Energiespeichern.

5 Systemlösung

Nach der Optimierung des dieselelektrischen Antriebsstrangs und der Erweite-rung zum Hybridantrieb sollen die gewonnenen Erkenntnisse verallgemeinert und auf weitere Fahrzeugkonzepte aus dem Schwerlastbereich als Technologietrans-fer übertragen werden. Das Ziel ist es, eine variable Systemlösung für energie-effiziente Antriebsstränge von Schwerlastfahrzeugen systematisch zu untersu-chen und zu bewerten.

Dabei soll eine Baukastenstruktur für die Hauptantriebskomponenten (elektri-sche Motoren und Leistungselektronik) entwickelt werden, die möglichst für eine Vielzahl von Fahrzeugkonzepten anwendbar ist, die in vergleichbaren Schwer-lastanwendungen (Zuladung > 10 Tonnen) zum Einsatz kommen. Beispiele hier-für sind andere Fahrzeugkonzepte für den Containerumschlag, wie z. B. Terminal Trucks oder Reach Stacker. Aber auch außerhalb von Häfen finden sich zahlreiche Anwendungen, auf die die Systemlösung sinnvoll übertragen werden kann. Dies können Fahrzeuge zum innerbetrieblichen Transport schwerer Werkzeuge und Werkstücke (z.B. in Stahlwerken) oder Spezialfahrzeuge wie beispielsweise Flugzeugschlepper sein. (siehe Abb. 6).

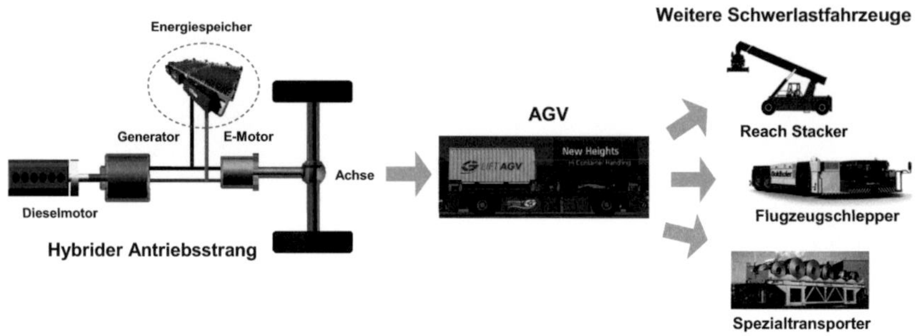

Abb. 6: Systemlösung für energieeffiziente Antriebsstränge

Die Arbeitsabläufe in dieser Projektphase stellen sich wie folgt in der Reihenfolge dar:

1. *Bestimmung der Anforderungen* und Klassifizierung anderer Fahrzeugkonzepte durch Analyse der Antriebsstrukturen und der Arbeits- und Fahrzyklen

2. *Definition von Schnittstellen* zur vereinfachten Systemintegration durch Gliederung in geeignete Teilsysteme und Aufstellung von Kenngrößen

3. *Entwicklung einer Baukastenstruktur* für die Hauptantriebskomponenten durch Definition von Modulen und Erarbeitung von Auslegungskennzahlen.

Neben dem Baukasten wird ein wichtiges Ergebnis die Erstellung eines Lastenhefts für die Systemlösung sein. Zur Überprüfung der Praxistauglichkeit der Anwendung der Systemlösung soll dazu ein Fallbeispiel für eine Antriebsstrangauslegung mit den erarbeiteten Werkzeugen durchgeführt werden. Das Fallbeispiel soll sich auf einen Fahrzeugtypen beziehen, der sich deutlich von der AGV-Anwendung unterscheidet.

6 Danksagung

Die Gottwald Port Technology GmbH (Gottwald), eine Tochtergesellschaft der Demag Cranes AG, beteiligt sich zusammen mit der REFU Elektronik GmbH und dem Institut für Kraftfahrzeuge (ika) der RWTH Aachen University an dem Verbundprojekt zur Erforschung energieeffizienter Antriebe im Schwerlastbereich. Das Projekt ist Bestandteil der Fördermaßnahme „Leistungselektronik zur Energieeffizienzsteigerung" und wird vom BMBF im Rahmen der Hightech-Strategie der Bundesregierung und des Programms „Informations- und Kommunikationstechnologie 2020" (IKT 2020) gefördert. Vielen Dank an das BMBF für die Unterstützung und vielen Dank an die Projektpartner für die gute Zusammenarbeit.

Literaturverzeichnis

[1] J.-W. Biermann und J. Hammer. *Jetzt auch noch Hybridantriebe bei Flurförderzeugen?, 15. Flurförderzeugtagung, Baden Baden, 2009.*

Elektrifizierung und Hybridisierung von Antriebssträngen für Baumaschinen

Dr.-Ing. M. Mohr, ZF Friedrichshafen AG
Dipl.-Ing. (FH) U. Brehmer, ZF Passau GmbH

Kurzfassung

Langfristig steigende Kraftstoffkosten und immer höher werdende Umweltanforderungen führen auch bei mobilen Arbeitsmaschinen zu einer wachsenden Bedeutung von Maßnahmen zur Verbrauchsreduzierung. Zusätzlich führt die Einführung der Abgasvorschrift Tier 4 mit den dafür notwendigen Abgasnachbehandlungssystemen zu deutlichen Veränderungen am Fahrzeug, die sich teilweise negativ auf den Kraftstoffverbrauch auswirken. Eine wichtige Basis für die zukünftigen Triebstränge von Arbeitsmaschinen sind die aktuellen und gerade in der Entwicklung befindlichen Getriebe und Achssysteme. Sie führen durch eine kontinuierliche Optimierung in Bezug auf Wirkungsgrade und das bestmögliche Zusammenspiel zwischen Verbrennungsmotor, Getriebe und Arbeitshydraulik zu deutlichen Verbrauchseinsparungen.

Um bei erhöhter Arbeitsleistung den Kraftstoffverbrauch und die Emissionen weiter zu reduzieren, müssen zusätzliche Freiheitsgrade geschaffen werden. Hier bieten die Elektrifizierung und die Hybridisierung gerade bei mobilen Arbeitsmaschinen große Potentiale. Damit sich diese Technologien auch bei den relativ geringen Stückzahlen in dieser Branche wirtschaftlich einsetzen lassen, müssen möglichst viele Synergien mit anderen Fahrzeugsparten, wie z.B. den Nutzfahrzeugen, genutzt werden.

Stichworte

Baumaschine, Radlader, Bagger, Hybrid

1 Hybridsysteme in der ZF

Bei ZF befinden sich Hybridsysteme für Nutzfahrzeuge und Pkw in der Serienentwicklung. Dazu gehört unter anderem der EcoLife-Hybrid für Stadtbusse und das Hy-Tronic für Lkw. Die dabei zum Einsatz kommenden elektrischen Maschinen weisen eine Leistung von 120 bzw. 85 kW auf und bieten die Funktionalitäten eines Vollhybridantriebs [1].

Zum Systemlieferumfang von ZF gehört nicht nur die im Getriebe integrierte elektrische Maschine sondern auch alle notwendigen Hybridkomponenten von der Lithium-Ionen-Batterie über den Wechselrichter bis zum Hybridsteuergerät. Weiterhin kann das System mit einem Spannungswandler zur Versorgung des Bordnetzes ausgestattet werden, wodurch die Lichtmaschine entfallen kann.

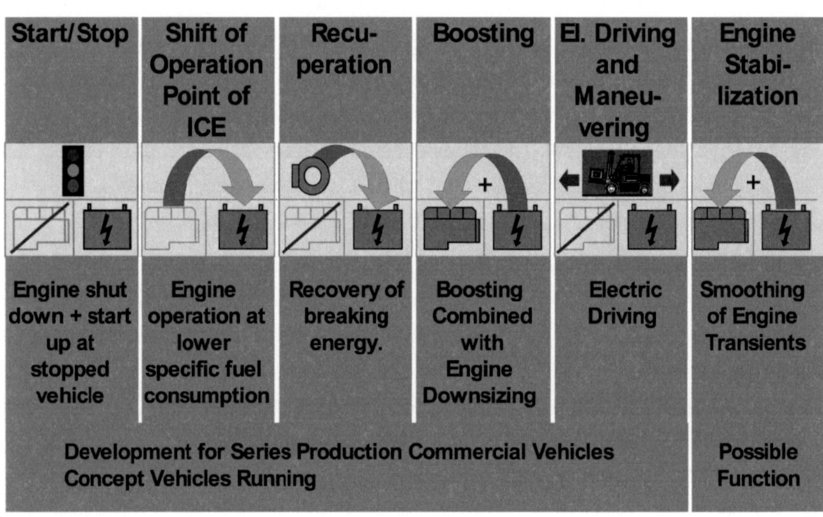

Abb. 1: Funktionen von Hybridsystemen bei unterschiedlichen Applikationen.

Abbildung 1 zeigt eine Übersicht der wesentlichen Hybridfunktionen aus dem ZF-Software-Baukasten für unterschiedliche Serienprojekte bei Pkw und Nkw. Dazu gehören typische Hybridfunktionen wie Start/Stopp des Motors, Rekuperation von Bremsenergie, Motorbetriebspunktverschiebung, elektrisches Fahren und auch eine Hybridstrategie für das Leistungsmanagement zwischen Verbrennungsmotor und elektrischer Maschine.

Dieser Hard- und Softwarekomponentenbaukasten dient als Basis für das Hybridsystem in mobilen Arbeitsmaschinen. Zusätzliche Funktionen wie Betriebspunktverschiebung zur Verbesserung der Fahrzeugemissionen, Motorberuhigung und bedarfsgerechter Betrieb von Fahrzeugnebenaggregaten werden mit Fokus auf Bau- und Landmaschinen entwickelt und auch für andere Fahrzeuge durch den Funktionsbaukasten zur Verfügung gestellt.

2 ZF Komponenten

Als elektrische Maschinen für die Hybridsysteme werden permanent erregte Synchronmaschinen mit Einzelzahnwicklung eingesetzt. Diese zeichnen sich durch Verschleißfreiheit, Robustheit, hohe Drehmoment- und Leistungsdichte sowie durch hohe Wirkungsgrade aus. Für den Einsatz in Bau- und Landmaschinen wurde die Kurzzeitleistung der elektrischen Maschine aus dem Hy-tronic auf 85 kW gesteigert und stellt neben der größeren elektrischen Maschine aus dem Ecolife mit 120 kW vor allem für kleinere Flanschdurchmesser (SAE2/3) eine leistungsfähige Variante dar. Die Dauerleistung beträgt je nach Größe der elektrischen Maschine 50 kW oder 70 kW.

Der Wechselrichter zur Erzeugung des Drehfeldes und zur Ansteuerung der elektrischen Maschine ist zur Erreichung der erforderlichen hohen Lebensdauer mit federkontaktierten IGBT's (insulated gate bipolar transistor) und Dioden aufgebaut und weist eine hohe Leistungsdichte auf. Diese Leistungselektronik ist optimiert für die Ansteuerung der elektrischen Maschine und bietet einen hohen Wirkungsgrad. Sie wurde von ZF speziell auf die mechanischen und elektrischen Anforderungen bei Nutzfahrzeugen entwickelt und weist daher eine robuste Bauweise und hohe Lebensdauer auf.

Bei der zusammen mit Continental speziell für die hohen Lebensdaueranforderungen bei Nutzfahrzeugen entwickelten Hybridbatterie handelt es sich um eine wassergekühlte Lithium-Ionen-Batterie mit integriertem Batteriemanagement. Der Aufbau der Batterie ist modular und kann so zwei Größen mit verschiedenen Energieinhalten darstellen.

Die in der Abbildung 2 dargestellten Komponenten bilden die Basis für die von ZF auch in den meisten mobilen Arbeitsmaschinen favorisierte parallele

Hybridarchitektur. Speziell bei der Hybridisierung von Fahrantrieben, welche relativ hohe Fahrgeschwindigkeiten und gleichzeitig sehr hohe Zugkräfte benötigen (z.B. Nutzfahrzeuge oder Radlader, Material-Handling-Maschinen, etc.), bietet dieses Systemlayout deutliche Vorteile. Jedoch können die vorhandenen Komponenten auch für ein serielles Hybridsystem, wie z.B. in einem Baggerschwenkantrieb oder bei kleinen Gabelstaplern, eingesetzt werden.

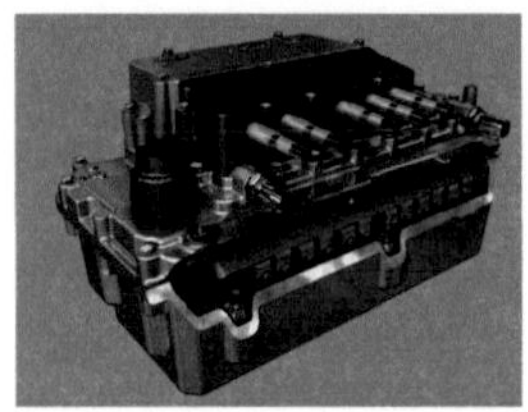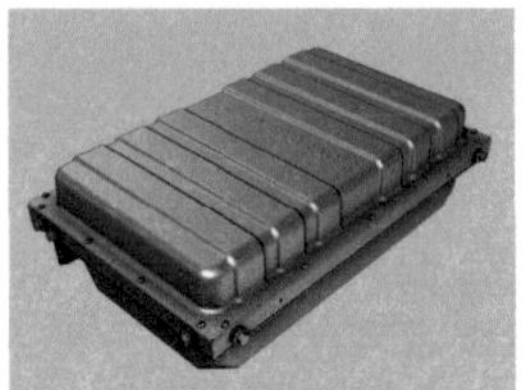

Abb. 2: Aus dem Nkw-Baukasten verfügbare Komponenten: Leistungselektronik, elektrische Maschinen und Batterie

3 Systemfunktionen elektrifiziertes System und Hybridsystem

Bei einigen Arbeitsmaschinen, wie z.B. einem Traktor, können elektrische Nebenaggregate oder elektrische Antriebe auf dem Anbaugerät zu einer deutlichen Verbesserung der Systemperformance und der Produktivität führen. Ein solches System besteht aus einer leistungsfähigen elektrischen Maschine und einem Wechselrichter die ein Hochleistungsbordnetz speisen. Aufgrund der hohen benötigten Leistung bei den Nebenaggregaten von bis zu 40 kW sollte dieses Hochleistungsbordnetz auf einem Spannungsniveau im Bereich von etwa 400 V arbeiten. Ein solches System wird im Folgenden mit Elektrifizierung bezeichnet. In der Abbildung 3 sind die Funktionen eines elektrifizierten Systems mit denen eines Hybridsystems verglichen. Durch die zusätzliche Energiequelle Batterie ergeben sich neue Freiheitsgrade, die für zusätzliche Funktionen genutzt werden können. Je nach Arbeitsmaschine haben diese Funktionen unterschiedliche Bedeutung, so dass sich die entsprechende Systemauslegung daran orientieren muss.

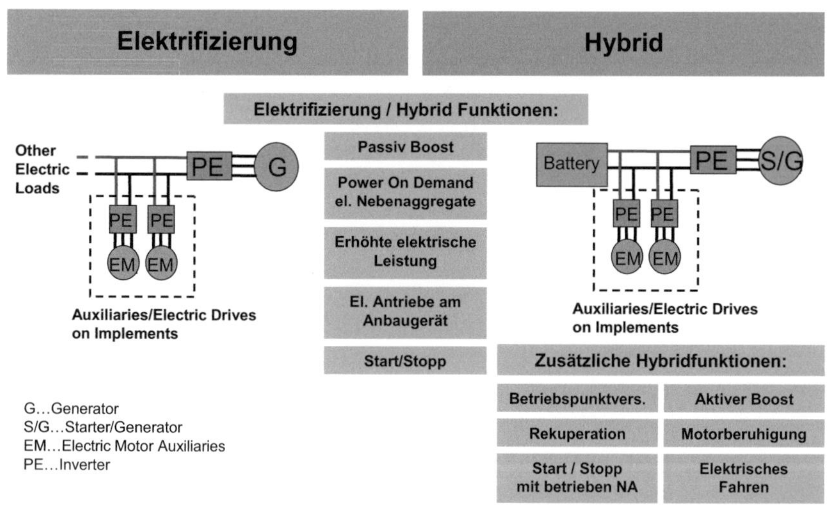

Abb. 3: Unterschied zwischen Elektrifizierung und Hybrid

Bei vielen Arbeitsmaschinen hat die Versorgung von Nebenverbrauchern, wie z.B. dem Klimakompressor, während des Fahrzeugstillstands eine hohe Bedeutung. Beim elektrischen Hybrid kann ein Wiederstart des Verbrennungsmotors komfortabel über die elektrische Maschine durchgeführt werden. Abbildung 4 zeigt den intermittierenden Betrieb des Verbrennungsmotors, wenn in der Stillstandsphase Nebenverbraucher mit 5 kW elektrischer Leistung versorgt werden müssen. Hierbei wird der Nebenverbraucher solange von der Batterie gespeist, bis diese ihre untere SOC (state-of-charge)-Grenze erreicht hat. Danach muss der Verbrennungsmotor wieder für kurze Zeit betrieben werden, um die Batterie zu laden. Bei diesem kurzen Ladevorgang mit hoher Last kann der Betriebspunkt in Regionen mit geringerem spezifischem Verbrauch angehoben werden. Dabei ergibt sich aufgrund des Start-Stopp-Betriebs ein Verbrauchsvorteil von bis zu 22%. Je geringer der Leistungsbedarf im Stillstand ist, umso höher ist das Einsparpotential. Die Häufigkeit des Motorstarts nimmt ab, da die in der Batterie gespeicherte Energie die Nebenverbraucher über einen längeren Zeitraum versorgen kann. Laut [2] liegt der Leerlaufzeitanteil bei Betrachtung des Lastkollektivs eines Radladers bei 14%.

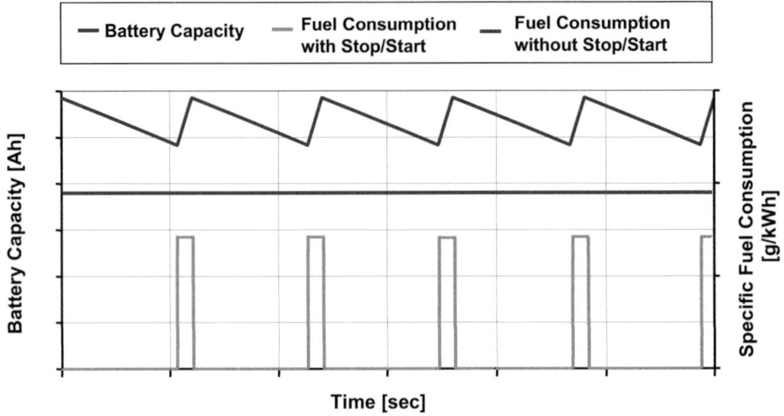

Abb. 4: Intermittierender Betrieb des Verbrennungsmotors bei langer Fahrzeug-
stillstandszeit und hoher Nebenaggregatelast [3]

Im Fahrbetrieb von Baumaschinen oder Materialhandling-Fahrzeugen, z.B. bei Transportarbeiten oder stetig wiederkehrenden Arbeitszyklen mit Bremsanteil, ist die Rückgewinnung von Bremsenergie (Rekuperation) interessant. Die so gewonnene Energie kann in der Batterie zwischengespeichert werden, um die elektrischen Nebenverbraucher zu betreiben oder den Verbrennungsmotor durch Wiedereinspeisung der Energie (Boosten) durch die elektrische Maschine zu unterstützen. Durch den zusätzlichen aktiven Leistungsboost ist eine Steigerung der Performance erreichbar. Weiterhin kann die Performance durch geschicktes Leistungsmanagement der elektrifizierten Nebenaggregate erhöht werden. Elektrische Verbraucher haben gegenüber hydraulischen oder mechanisch fix gekoppelten den Vorteil, dass sie bedarfsgerecht betrieben werden können. Durch kurzzeitige Abschaltung der Aggregate ist ein so genanntes passives Boosten möglich, wenn Fahrantrieb oder Arbeitshydraulik mehr Leistung benötigen, als der durch die Nebenaggregate belastete Verbrennungsmotor zur Verfügung stellen kann.

Mit Hilfe der Start-Stopp-Funktion sowie durch eine Beruhigung des Verbrennungsmotors können Abgasemissionen während des Motorleerlaufes oder bei transientem Motorbetrieb reduziert werden. In Bild 5 ist der Anstieg von Partikelrohemissionen bei einem sprungförmigen Drehmomentanstieg dargestellt. Sowohl durch eine Stabilisierung als auch durch eine Begrenzung des Moments am Verbrennungsmotor können die Emissionen positiv beeinflusst werden. Dabei erweist sich oft eine Kombination der beiden Strategien als sinnvoll. Der Hybridantrieb gleicht die reduzierte Motordynamik aus, so dass die Dynamik des Gesamtfahrzeugs bei Drehmomentänderungen unbeeinflusst bleibt.

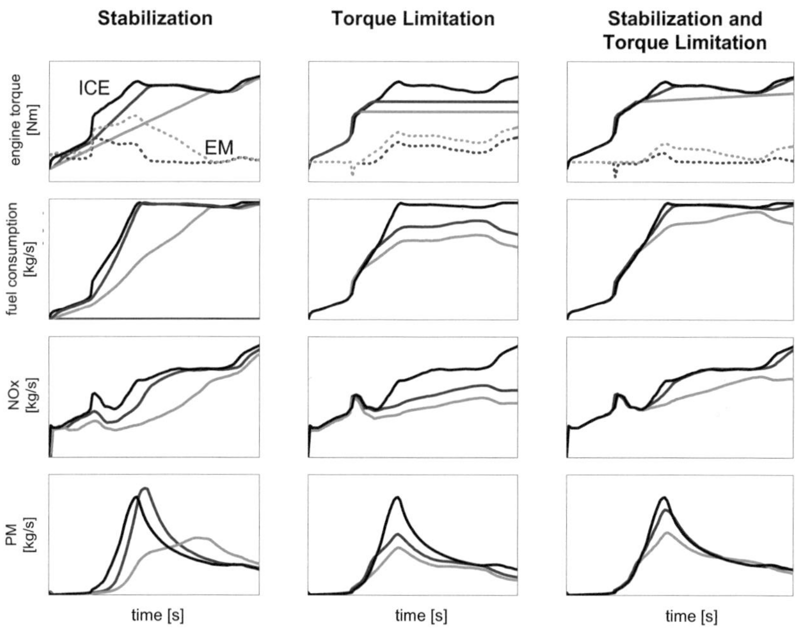

Abb. 5: Unterschiedliche Strategien zur Beruhigung des Motormomentverlaufs durch ein Hybridsystem

Neben den Vorteilen der Motorberuhigung ist mit Hilfe des Hybridsystems eine Betriebspunktverschiebung am Verbrennungsmotor möglich, womit das Regenerationsverhalten (aktives und passives) des Dieselpartikelfilters (DPF) und auch die notwendige Freibrennleistung zur DPF-Regeneration positiv beeinflusst werden kann.

Ein weiterer Ansatz zur Verbrauchs- und Emissionsreduzierung ist die Verringerung der Motorleistung (Motordownsizing). Das Leistungsdefizit durch den kleineren Verbrennungsmotor wird mit der elektrischen Maschine und der in der Batterie gespeicherten Energie durch die Boostfunktion ausgeglichen. Dies ist vor allem bei Anwendungen denkbar, die nur zeitweise die volle Motorleistung benötigen und häufig im Teillastbereich betrieben werden. Der Einsatz kleinerer Motoren reduziert die Anschaffungskosten und kann so die Hybridsystemkosten teilweise kompensieren. Aufgrund der Emissionsreduzierung könnten Abgasnachbehandlungssysteme ggf. vereinfacht werden, was sich ebenfalls positiv auf die Kosten auswirkt. Zusätzlich können Vereinfachungen bei den Abgasnachbehandlungssystemen zu Vorteilen beim Packaging führen.

Elektrisches Fahren erscheint für Arbeitsmaschinen auf den ersten Blick weniger interessant. Die Möglichkeit eines Zero-Emission Betriebs kann aber für einige Anwendungen (Flurförderzeuge) von Bedeutung sein, speziell wenn noch stärker reduzierte Emissionsgrenzen oder Emissionsfreiheit von lokalen Betreibern (Häfen, Flughäfen) gefordert werden.

4 Hybridsysteme für Baumaschinen

Der Aufbau des elektrischen Hybridsystems für Baumaschinen ist in Bild 6 dargestellt. Bei Hybridsystemen für den Fahrantrieb legt ZF den Fokus auf die parallele Architektur, bei dem die E-Maschine zwischen Verbrennungsmotor und Getriebe sitzt und Leistung zusätzlich (parallel) zum Verbrennungsmotor, oder alleine, zur Verfügung stellen kann. Dieses System kann in zwei Bauformen ausgeführt werden:

1. Integrierte Bauweise, d.h. die E-Maschine ist in das Getriebegehäuse integriert (siehe Bild 7)

2. Modulbauweise, d.h. die E-Maschine befindet sich in einem eigenen Gehäuse, das entweder am Getriebe oder am Motor befestigt ist.

Die E-Maschine (85 oder 120 kW) ist über einen Wechselrichter und einen 650 V Gleichstrom-Zwischenkreis mit der Li-Ionen Batterie verbunden. Das ZF Hybridsystem umfasst nicht nur die Hardware, sondern auch die Software für die Ansteuerung der Hybridkomponenten, die Funktionssoftware (operative Hybridfunktionen wie Start/Stopp, Rekuperation, etc.) und die Hybridstrategiesoftware (Leistungsmanagement).

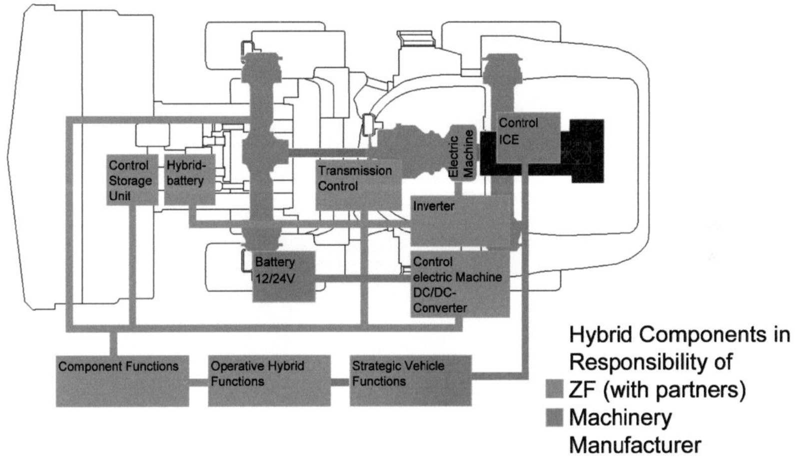

Abb. 6: Systemdarstellung eines Parallelhybrids für einen Radlader

Abb. 7 zeigt das ZF Hybridsystem mit dem Ergopower Getriebe in integrierter Bauweise mit einem vor dem hydraulischen Wandler angebrachtem Hybridmodul, bestehend aus einer E-Maschine mit eigener Rotorlagerung und einem Torsionsdämpfer. Diese Bauweise ist äußerst kompakt. Durch eine mögliche Nutzung des Getriebeölkreislaufes ist eine einfache Erweiterung um ein Planetengetriebe für eine erhöhte Leistungsausbeute der elektrischen Maschine, oder um eine Trennkupplung zur Abkopplung des Verbrennungsmotors darstellbar. Das Hybridmodul kann selbstverständlich auch mit anderen ZF-Getriebesystemen, wie dem neuen hydrostatisch leistungsverzweigten stufenlosen Getriebe cPower, kombiniert werden.

Abb. 7: In ein ERGOPOWER integriertes Hybridmodul

Durch die modulare Konstruktion kann dieses Hybridmodul auch für andere Fahrzeuge eingesetzt werden, wie z.B. in dem in der Abb. 8 dargestellten Aufbau eines Hybridsystems für Bagger. Dieses System kombiniert einen Parallelhybrid für Fahrantrieb und Arbeitshydraulik mit einem seriellen Hybrid für den Schwenkantrieb. Mit dem Hybridmodul zwischen Verbrennungsmotor und Pumpenantrieb können auch Parallelhybrid Funktionen wie Start/Stopp, Boost der Arbeitshydraulik und des Fahrantriebs umgesetzt werden. Die im Hybridmodul verbauten E-Maschinen mit Wechselrichter können auch für den elektrifizierten Schwenkantrieb eingesetzt werden. Kombiniert zum Beispiel mit der Li-Ionen Batterie kann aus der Schwenkbewegung rekuperiert und wieder zugeboostet werden. Das in Abb. 8 abgebildete Hybridsystem eignet sich sowohl für den Einsatz im Raupen- als auch im Mobilbagger.

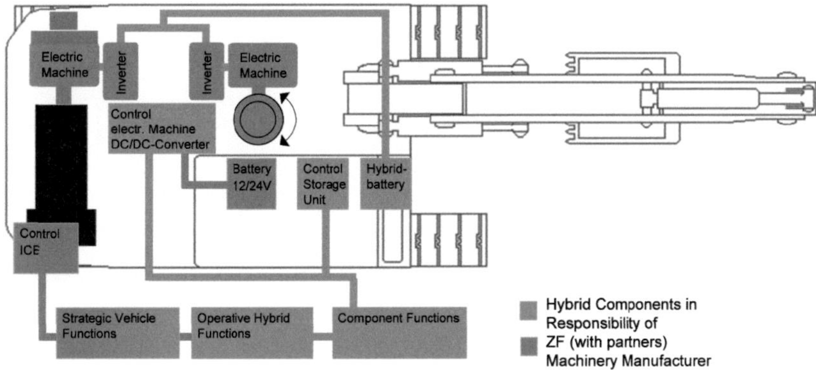

Abb. 8: Hybridsystem für einen Bagger

Literaturverzeichnis

1   Vahlensieck, B.; Gruhle, W.-D.; Grad, K.; Rebholz, W.: Elektrische Antriebe für mobile Arbeitsmaschinen – Ein methodischer Ansatz zur Übertragung existierender Lösungen. VDMA-Tagung Hybridantriebe für mobile Arbeitsmaschinen 2009, pp. 79-94

2   Burow, W.; Brun, M.; Schoulen, K.: Hybridantrieb für mobile Arbeitsmaschinen. ATZ-Offhighway März 2009

3   Götz, M.;Brehmer, U. .; Mohr, M.; Fellmann, M.: Hybridisierung von Antriebsträngen für Baumaschinen. ATZ-Offhighway April 2010.

STILL RX70 Hybrid

Dieselelektrischer Antriebsstrang mit bidirektionalem Wandler und Ultrakondensator-Speichermodulen

Dr.-Ing. Christian Rudolph, Dr.-Ing. Andreas Kwiatkowski

STILL GmbH, Berzeliusstr. 10, 22113 Hamburg, Deutschland,
E-mail: christian.rudolph@still.de, Telefon: +49(0)40/7339-1057,
andreas.kwiatkowski@still.de, Telefon: +49(0)40/7339-2299

Kurzfassung

Verbrennungsmotorisch betriebene Gegengewichtsstapler (V-Stapler) werden mit unterschiedlichen Antriebskonzepten realisiert. Neben der Kopplung zwischen Kurbelwelle und Antriebsachse über ein variables Getriebe mittels eines hydrodynamischen oder hydrostatischen Wandlers eignen sich hierfür besonders elektrische Maschinen in Kombination mit Leistungselektronik. Das verbrennungsmotorisch-elektrische Konzept zeichnet sich durch exzellente Regelbarkeit und leichte Erweiterbarkeit zu einem seriellen Hybridantriebssystem aus. Die für die Arbeitshydraulik des V-Staplers notwendige Pumpe kann direkt oder über ein mechanisches Getriebe mit der Kurbelwelle verbunden werden. Im vorliegenden Beitrag wird gezeigt, wie der Antriebsstrang der V-Stapler von STILL zum seriellen Hybridantriebssystem erweitert wurde. Der Aufbau der einzelnen Hybridkomponenten Energiespeicher und Gleichspannungswandler wird beschrieben, ein Abschnitt über Praxiserfahrungen mit dem System ergänzt die Ausführungen.

Stichworte

Gegengewichtsstapler, Hybridantrieb, DC-DC-Wandler, Ultrakondensator, Energiespeicher, Fahrzyklen

1 Einleitung

Verbrennungsmotorische Stapler werden in vielen Bereichen unter unterschiedlichen Betriebsbedingungen eingesetzt, z.B. in Industrie oder Lagertechnik. Um Emissionen zu reduzieren sowie Kraftstoff und Betriebskosten zu sparen, werden ihre Antriebssysteme stetig weiterentwickelt. Einen verbrennungsmotorisch-elektrischen Antrieb mit einem Energiespeicher auszurüsten, ist ein bedeutender Schritt zur Weiterentwicklung derartiger Antriebssysteme.

Beim verbrennungsmotorisch-elektrischen Antrieb, klassisch als ‚dieselelektrisch' bezeichnet, wird zentral zwischen den elektromechanischen Energieumformern - hier der permanentmagneterregten Synchronmaschine als Generator und einer Asynchronmaschine als Fahrmotor - der Frequenzumrichter angeordnet. Als leistungselektronisches Stell- und Regelglied wandelt der Umrichter elektrische Energie, die auf Seiten des Generators drehzahl- und belastungsabhängig mit bestimmter Spannungs-Stromamplitude sowie Frequenz und Phasenlage erzeugt wird, in das zur Speisung des Fahrmotors erforderliche Drehstromsystem um.

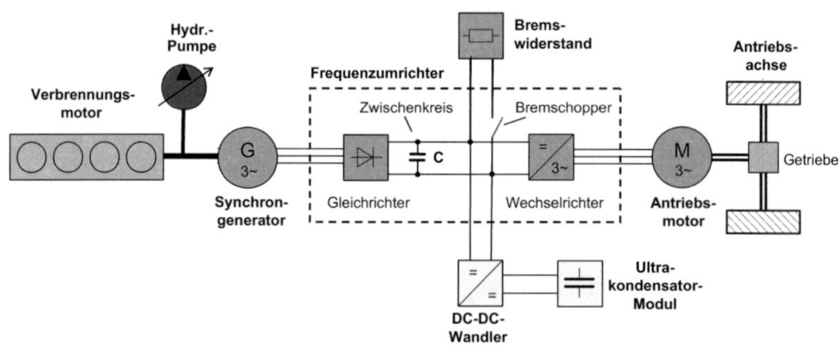

Abb. 1:   Serieller Hybridantriebsstrang des RX70 Hybrid von STILL mit Ultrakondensator-Speicher und Leistungselektronik

Um elektrisch zu bremsen, wird dem Gleichspannungszwischenkreis Leistung durch die fahrmotorseitige Wechselrichterstufe zugeführt; die Bremsleistung kann ohne zusätzliche Maßnahmen jedoch nicht zwischengespeichert werden. Meist wird sie bei mobilen Anwendungen ohne Netzanbindung daher durch einen zuschaltbaren Bremswiderstand als Wärme abgeführt. Rekuperatives Bremsen wird möglich, sobald ein Speicherelement mit elektrischer Energie gespeist werden kann. Der Speicher kann bereits direkt an den Zwischenkreis angeschlossen sein oder, wie bei der Realisierung im RX70 Hybrid nach Abb. 1, über ein leistungselektronisches Stellglied angekoppelt werden. Vorteilhaft wird der Gleichspannungswandler unterschiedliche Betriebsspannungsbereiche von Umrichter und elektrischem Energiespeicher aneinander anpassen. Gleichzeitig dient er der Entkopplung der Teilsysteme und regelt als Stellglied den Leistungsfluss zwischen Speicher und Umrichter-Zwischenkreis bedarfsweise.

2 Ultrakondensatoren als Energiespeicher

Die vielseitigen Einsatzbedingungen von Gegengewichtsstaplern können durch standardisierte Fahrzyklen beschrieben werden. Fahrspiele, die eine maximal erzielbare Umschlagleistung abbilden, wie z.B. die Lkw-Beladung, sind durch immer wiederkehrende Brems- und Beschleunigungsvorgänge bei hoher Antriebsleistung gekennzeichnet. Der Einsatz eines seriellen dieselelektrischen Hybridantriebsstrangs, der für die Rekuperation von Bremsenergie bestens geeignet ist, erschließt hier erhebliche Kraftstoff-Einsparpotentiale. Da bei Fahrspielen mit häufigen Bremsvorgängen aufgrund der großen bewegten Massen entsprechend hohe Bremsleistungen während kurzer Zeitintervalle auftreten, stellt dies an den Energiespeicher hohe Anforderungen hinsichtlich der Leistungsdichte bei für die Anwendung ausreichend hohen Energiedichten. Dieses Anforderungsprofil wird derzeit am besten durch Ultrakondensatoren erfüllt [1]. Der Quotient aus Energie- und Leistungsdichte liegt bei diesem Speichertyp im Sekunden- bis Minutenbereich. In diesem Zeitbereich finden die Brems- und Beschleunigungsvorgänge des typischen Staplereinsatzes statt. Hinzu tritt eine sehr hohe Zyklenfestigkeit des Bauelements. Geringe Selbstentladung sowie eine hohe Leistungsfähigkeit bei sehr tiefen Temperaturen ergänzen die positiven Eigenschaften des Ultrakondensators [2].

Demgegenüber erfordert die niedrige Betriebsspannung eines einzelnen Ultrakondensator-Bauelements von derzeit maximal 2,7 V die Zusammenfassung von Einzelkondensator-Zellen zu Kondensator-Modulen. Abb. 2 zeigt den Aufbau eines Ultrakondensator-Moduls. Um Kapazitätsunterschiede der Einzelzellen, z.B. aufgrund von Exemplarstreuung oder unterschiedlich voranschreitenden Alterungsprozessen, auszugleichen, sind eine Überwachung der Zellenspannungen sowie eine Spannungssymmetrierung erforderlich. Hierbei können integrierte Schaltkreise eingesetzt werden, die Balancierung und Monitoring unterstützen sowie über eine serielle Schnittstelle verfügen [3]. Ziel ist es, spannungsabhängige Alterungsvorgänge gleichmäßig auf die Modulzellen einwirken zu lassen.

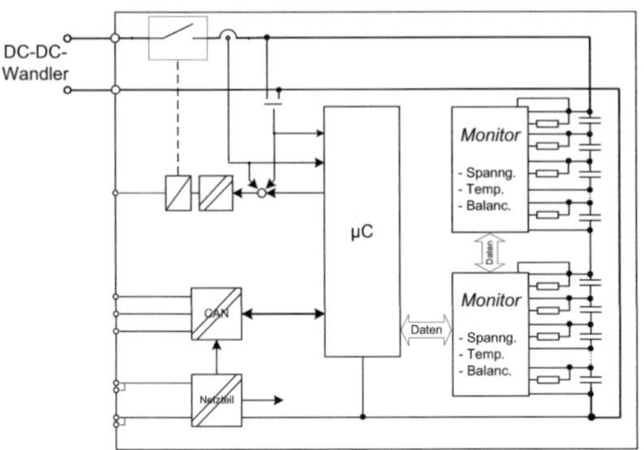

Abb. 2:   Blockschaltbild eines Ultrakondensator-Moduls

Um Alterungsprozesse zu beeinflussen, ist die Überwachung und ggf. eine Anpassung der Belastungszyklen erforderlich. Die Summe der Maßnahmen dient dazu, mit dem Speichersystem Ultrakondensator-Modul die im Industrie-anwenderbereich üblichen Systemlebensdauern zu erreichen. Bestehend aus einer Vielzahl von Einzelkondensatoren, bildet das Ultrakondensator-Modul einen Energiespeicher mit höheren Betriebsspannungen, der im Fehlerfall sicher vom übrigen Teil der elektrischen Anlage abgekoppelt werden muss. Diese sichere Trennung ermöglichen Schaltrelais.

3   Bidirektionaler Gleichspannungswandler

Der eingesetzte Gleichspannungswandler (DC-DC-Wandler) ist dreiphasig ausgeführt und entkoppelt die variable Zwischenkreisspannung im Arbeitsbereich des Umrichters vollständig vom Speicher. Bei moderater Schaltfrequenz wird auf diese Weise die Stromwelligkeit seines Ausgangsstroms reduziert. Des weiteren erlauben mehrphasige Schaltungstopologien, Filterkomponenten zu verkleinern sowie die Ausnutzung der Leistungshalbleiter zu verbessern. Insbesondere die dreiphasige Ausführung erscheint für den DC-DC-Wandler attraktiv, da vielfach in der Drehstrom-Antriebstechnik eingesetzte Leistungsmodule verwendet werden können. Die Art der eingesetzten Glättungsdrosseln beeinflusst eine Reihe von Eigenschaften des Wandlers. Sind die Schaltvorgänge der Phasen miteinander verkoppelt, kann die Spitzenstrombelastung der einzelnen Phase deutlich reduziert werden. Neben der Messung eines einzelnen Phasenstroms ist in diesem Fall der Einsatz von Stromsensorik für Differenzströme ausreichend. Im Gegensatz dazu kann beim magnetisch nicht gekoppelten System auf mehrere Sensoren, die jeweils den vollen, erheblich größeren Phasenstrombereich erfassen, nicht verzichtet werden. Den genannten Vorteilen des gekoppelten Systems steht ein erhöhter Aufwand bei der Regelung gegenüber [4], [5].

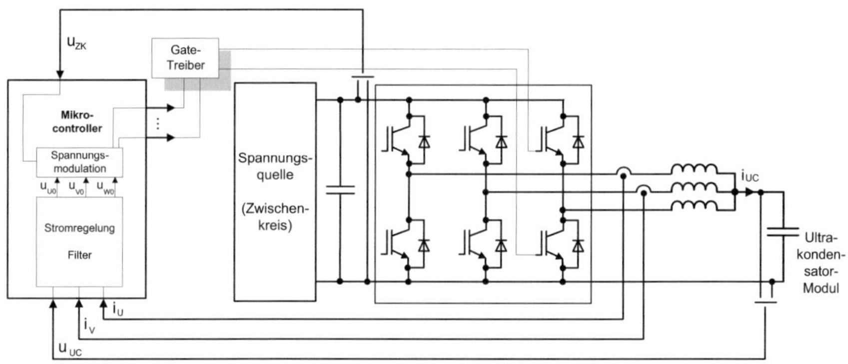

Abb. 3:   Mehrphasiger DC-DC-Wandler für den Hybridantriebsstrang

Abb. 3 zeigt das Blockschaltbild des entwickelten DC-DC-Wandlers zur Speisung des Ultrakondensator-Moduls. Die dargestellte Topologie ist, abgesehen von der Stromsensorik, unabhängig vom eingesetzten mehrphasigen Drosselsystem. Während des Betriebs des Fahrmotors ist die Zwischenkreisspannung stets höher als die Speicherspannung. Daher kann der Leistungsfluss zwischen Umrichter-Zwischenkreis und Speichermodul bei sonst beliebigen Ein- und Ausgangsspannungen mittels Stromregelung präzise und hochdynamisch verstellt werden. Das Laden des Ultrakondensator-Moduls entspricht Tiefsetzbetrieb. Bei Hochsetzbetrieb wird Strom in Gegenrichtung gespeist, um den Speicher zu entladen.

Die Zwischenkreisspannung kann nicht unter den Wert der Speichermodulspannung fallen, da der Speicher über die Freilaufdioden an den Zwischenkreis angekoppelt ist. Ein Mikrocontroller erzeugt die Ansteuersignale für die Leistungshalbleiter entsprechend der Ausgangsgrößen der digitalen Regelglieder der Stromregelung.

4   Betriebsstrategie und Fahrzyklen

Lade- und Entladevorgänge des Ultrakondensator-Speichers lassen sich über den DC-DC-Wandler steuern, das Spannungsniveau des Speichers ist vom Umrichter-Zwischenkreis entkoppelt. Die Kapazität des Ultrakondensators kann daher vergleichsweise gering sein und der Speicher durch einen hohen Spannungshub ausgenutzt werden. Einen ersten Hinweis für die Betriebsstrategie des Hybridantriebsstrangs sowie die Dimensionierung des Speichers liefert die bei einem Bremsvorgang aus Höchstgeschwindigkeit anfallende Energie. Um einen nachfolgenden Beschleunigungsvorgang weitgehend aus dem Speicher zu stützen, sollte die Energie des Bremsvorgangs, von unvermeidlichen Verlusten abgesehen, möglichst vollständig zwischengespeichert werden. Damit erhält der Soll-Ladezustand des Ultrakondensators als Funktion der Fahrzeuggeschwindigkeit die Form einer Parabel.

In Fahrspielen mit dem Hybridantrieb ermittelbare Kraftstoffeinsparungen hängen wesentlich von der geforderten Fahrdynamik sowie den damit verbundenen Anfahr- und Bremsvorgängen ab. Ein Verbrennungsmotor-Downsizing, das zusätzlich Verbrauchs- und Emissionsvorteile bei Einsätzen mit mittlerer durchschnittlicher Motorleistung und vereinzelten Lastspitzen erwarten lässt, ist mit dem dargestellten System möglich. Ohne dadurch zusätzlich entstehende Kosten- und Systemvorteile zu betrachten, sind zur Bewertung des Hybridantriebsstrangs jedoch zunächst Betriebsbedingungen mit häufig auftretenden Brems- und Beschleunigungsvorgängen interessant. Einsparungen, die ausschließlich durch rekuperatives Bremsen realisiert werden, liegen im Bereich von 10% bis 20%. Abb. 4 zeigt einen Vergleich ausgewählter Betriebsdaten eines Fahrspiels identischer Fahrzeuge, die mit herkömmlichem dieselelektrischen Antrieb (RX70) oder zusätzlich mit Gleichspannungswandler und Ultrakondensator-Modul (RX70 Hybrid) als Hybridantrieb ausgestattet wurden. Die Fahrdynamik beider Fahrzeugvarianten ist im Versuch identisch. Neben dem deutlich reduzierten momentanen Kraftstoffverbrauch des Hybridfahrzeugs wird auch eine erhebliche Absenkung der Verbrennungsmotor-Drehzahlen erreicht, wodurch der Betriebsgeräuschpegel sinkt. In vergleichbaren Einsatzfällen des Staplers lassen sich demnach deutliche Anwender- bzw. Kundenvorteile durch den Hybridantriebsstrang ableiten.

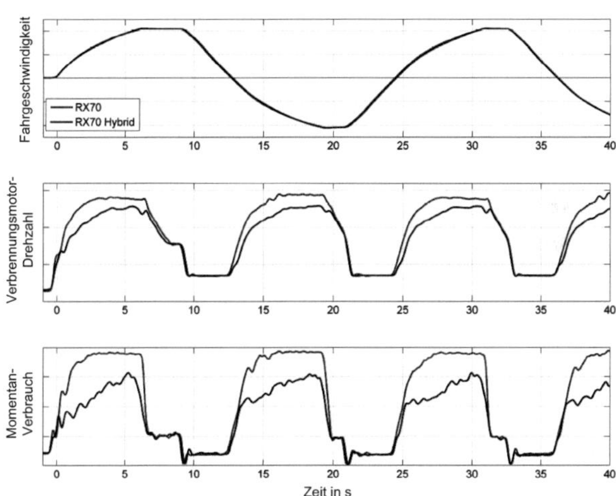

Abb. 4:   Vergleich von RX70 und RX70 Hybrid bei Reversiervorgängen

5   Ergebnisse aus der Felderprobung

Im Rahmen der Hybrid-Entwicklung bei der STILL GmbH wurden Feldtest-Stapler aufgebaut, die in unterschiedlichen Kundeneinsätzen mehrere tausend Betriebsstunden im Einsatz waren. Neben der mechanischen Langzeitstabilität des Gesamtsystems standen zwei Fragestellungen im Fokus:

1) Ermittlung der Kraftstoffersparnis in realen Kundeneinsätzen

2) Bestätigung der Lebensdauererwartung der Ultrakondensator(UC)-Zellen

Wie in [1] dargestellt, wurden die Fahrzeuge dafür mit Datenloggern ausgerüstet, die CAN-Bus-Nachrichten gespeichert haben. Durch eine Softwareerweiterung wurde dabei temporär zwischen den Betriebsarten „mit Hybridunterstützung" und „ohne Hybridunterstützung" hin- und hergeschaltet, um den Verbrauchsvorteil durch Rekuperation zu ermitteln. Die Kraftstoffersparnis durch Rekuperation variiert stark mit der „Schwere" des Einsatzes. In der Überlagerung der Maßnahmen „Hybridisierung" und „Downsizing" konnte jedoch ein Verbrauchsvorteil von bis zu 22% festgestellt werden.

Die Lebensdauer von Energiespeichersystemen ist ein zentrales Problem bei der Hybridisierung von Antrieben. Aufgrund der hohen Anforderungen an die Zyklenfestigkeit bei Gegengewichtsstaplern bieten Doppelschichtkondensatoren gegenüber elektrochemischen Speichern einen deutlichen Lebensdauervorteil. Dennoch „altern" Doppelschichtkondensatoren während des Einsatzes, die Kapazität nimmt ab und der Innenwiderstand nimmt zu. Die „Brauchbarkeitsdauer" von UC-Zellen hängt maßgeblich von zwei Faktoren ab, von der maximalen Betriebsspannung und von der Temperatur der Zelle.

Die Betriebsspannung ist ein Parameter, der in der Auslegung und der Betriebsstrategie einfach festzulegen ist. Die Zellentemperatur hingegen ist abhängig von

1) dem internen Wärmeeintrag, also der Verlustwärme, die die Betriebsströme über dem inneren Widerstand erzeugen

2) der Kühlsituation, also der thermischen Anbindung der Zelle an ein Kühlmedium und der Differenztemperatur zwischen Zelle und Kühlmedium

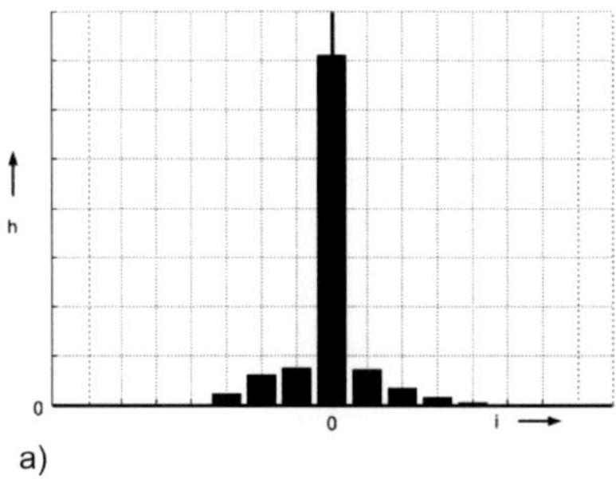

a)

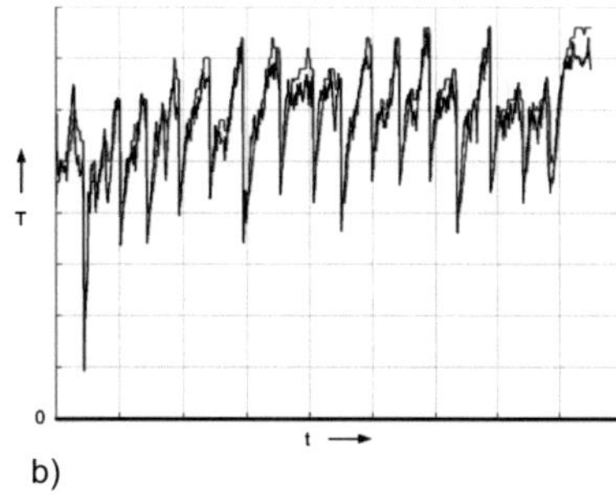

b)

Abb. 5: a) Histogramm der Lade- und Entladeströme
b) Temperaturverlauf von Speicherzellen und Gleichspannungswandler

Damit hängt die Zellentemperatur von der Einsatzhärte (Betriebsströme), dem Einsatzort (Umgebungstemperatur) und der konstruktiven Kühlsituation im Fahrzeug ab. Um diese Randbedingungen zu überprüfen, wurden in der Felderprobung die Betriebsströme und die Temperaturen der Zellen sowie des Gleichspannungswandlers gespeichert. Ein Ausschnitt der Ergebnisse ist in Abb. 5 dargestellt. Die linke Darstellung zeigt ein Histogramm der Lade- und Entladeströme, die in einem Felderprober dokumentiert wurden. Die hohen relativen Zeitanteile für sehr kleine Stromwerte sind dadurch begründet, dass das Fahrzeug relativ lange im Leerlauf in Betrieb war. Die geringen relativen Häufigkeiten bei großen Strömen legen nahe, dass der hier vorliegende Einsatz nur selten ein „ausbeschleunigtes" Fahrzeug erfordert. Die rechte Abbildung zeigt die Temperaturverläufe der Speicherzellen und des Wandlers. Man erkennt deutlich 8-Stunden Schichten und die Erwärmung der Komponenten im Laufe einer Schicht.

Um die Alterung der Zellen im Einsatz mit den theoretisch zu erwartenden Effekten zu vergleichen, wurden die Module vor und nach dem Feldeinsatz vermessen. Die Zellenalterung entspricht dem, was prognostiziert wurde.

6 Zusammenfassung

Der Beitrag beschreibt einen seriellen Hybridantriebsstrang für verbrennungsmotorische Gegengewichtsstapler, der ausgehend vom dieselelektrischen System entwickelt wurde. Es wird gezeigt, weshalb sich Ultrakondensatoren als Energiespeicher für diese Anwendung eignen und wie ein Ultrakondensator-Modul aufgebaut werden kann. Über einen regelbaren Gleichspannungswandler lassen sich Lade- und Entladestrom des Ultrakondensator-Speichers steuern und somit die anfallende Bremsenergie bedarfsgerecht zwischenspeichern und abrufen. Beim vorgestellten DC-DC-Wandler handelt es sich um ein mehrphasiges Stellglied, das die unterschiedlichen Spannungsebenen von Umrichter und Speicher aneinander anpasst. Exemplarisch werden an einem Fahrzyklus erreichte Anwender- und Kundenvorteile sowie Ergebnisse aus der Felderprobung einiger Fahrzeuge erläutert. Das vorgestellte serielle Hybridantriebssystem ist ein weiterer Schritt der STILL GmbH, Kraftstoffverbrauch und Emissionen sowie die Betriebskosten verbrennungsmotorischer Stapler stetig zu verringern.

Literaturverzeichnis

[1] P. Scheunemann, A. Kwiatkowski. *Hybridantrieb in Gegengewichtsstaplern - Technische Umsetzung und Erfahrungsbericht - VDI, Baden-Baden. 2009*

[2] B. Soucaze-Guillous, C. Wieser, J. Auer. *Ultrakondensatoren: Effiziente Hochleistungsspeicher im Fahrzeug, Elektrik/Elektronik in Hybrid- und Elektrofahrzeugen II - HdT, Essen. 2010*

[3] N.N. *Multicell Battery Stack Monitor LTC6802, Product Specification. Linear Technology Corporation. 2009*

[4] Rudolph, C. *Hybrid Drive System of an Industrial Truck Using a Three-Phase DC-DC Converter Feeding Ultra-Capacitors, EPE'09, Barcelona. 2009*

[5] P. Zumel, O. Garcia, J. A. Cobos, J. Uceda. *Magnetic Integration for Interleaved Converters, IEEE APEC. 2003*

Herausforderungen bei der Elektrifizierung von Geräten in der Landtechnik

Mirko Lindner, Wolfgang Aumer, Mike Geißler, Thomas Herlitzius

Technische Universität Dresden, Lehrstuhl Agrarsystemtechnik, 01069 Dresden, E-mail: lindner@ast.mw.tu-dresden.de, Telefon: +49(0)351-463 39793

Kurzfassung

In der Übergangsphase zum elektrifizierten Traktor ist der technologische Sprung mit einem modularen elektro-mechanischen System zu bewältigen. Geräte können so heute schon elektrifiziert und die Nutzensvorteile durch Funktionalitätserweiterungen, Antriebsstrangvereinfachung und Effizienzsteigerung erreicht werden. An der Technischen Universität Dresden finden Untersuchungen zur Konfiguration und Gestaltung der Antriebskomponenten für mobile Arbeitsmaschinen statt. Grundsätzliche Überlegungen zu Wirtschaftlichkeit, Funktionalität und Universalität der Systemkonfiguration sind erforderlich.

Stichworte

Elektrische Antriebe, Elektrifizierung von Landmaschinen, Landtechnik

1 Einleitung

Verschiedene Analysen zeigen, dass elektrische und elektro-mechanische Antriebskomponenten in mobilen Landmaschinen und Geräten im Zuge von Funktionalitätserweiterungen, Antriebsstrangvereinfachung und Effizienzsteigerungen zukünftig an Bedeutung gewinnen werden [1]. Zu den Hauptanwendungen gehören Anbaugeräte mit dezentralen elektrischen Antrieben. Die Reduzierung der Menge aktiver Antriebskomponenten und zusätzliche nutzbringende Maschinenfunktionen, wie Steuerung des Leistungsflusses aufgrund bekannter Drehmomente und Drehzahlen stehen im Mittelpunkt der Betrachtung und erlauben gesteigerte Verfahrensleistungen.

Steigert man mit den derzeit bekannten Maschinenkonzepten (A) Produktivität, Effizienz und Kundennutzen, so ergibt sich ein progressiv steigender Aufwand an

Kosten, Masse und Bauraumbedarf, wenn die Konzepte an ihre Grenzen geraten, wie in Abbildung 1 dargestellt. Neue Maschinenkonzepte (B) ermöglichen zum Teil jetzt schon eine höhere Produktivität und bieten auch mehr Kundenwert. Allerdings sind diese Maschinenkonzepte aufgrund der Kosten-Nutzen-Bilanz auf dem Markt nur teilweise durchsetzungsfähig. Solange mehr Aufwand bei gleichem Nutzen betrieben wird, kommen neue Konzepte nicht zur Anwendung (linksseitig vom Schnittpunkt). Beim konventionellen Maschinenkonzept A kann der progressive Anstieg durch Automatisierung gedämpft werden, infolgedessen der gemeinsame Schnittpunkt verzögert wird. Sobald sich die Linien von beiden Maschinenkonzepten jedoch schneiden, wird das ursprünglich aufwändigere Maschinenkonzept vorteilhafter, denn es weist nun bei gleichem Nutzen einen geringeren Aufwand auf (rechtsseitig vom Schnittpunkt).

Alternative Antriebe ermöglichen mit bisherigen Maschinenkonzepten weitere Möglichkeiten zur Steigerung von Produktivität und des Kundennutzens mit Funktionserweiterungen und Automatisierungsfunktionen bei beherrschbarem Aufwand.

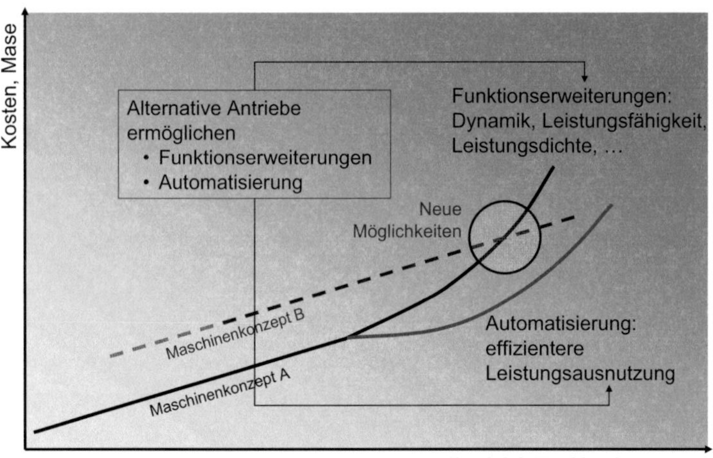

Abb. 1: Darstellung von Kosten und Masse von Maschinenkonzepten in Abhängigkeit der Produktivität und dem Kundennutzen [2]

In Zukunft werden Traktoren mit einer elektrischen Geräteschnittstelle angeboten, um elektrifizierten Anbaugeräten die benötigte Energie bereitzustellen und den Traktor-Geräte-Verbund mit mehr Funktionalität auszustatten [3]. Während der Übergangsphase zum elektrifizierten Traktor ist ein Zeitraum zu überbrücken, in der für ein elektrifiziertes Gerät noch kein entsprechender Traktor zur Verfügung steht. An der Technischen Universität Dresden wird dazu ein modulares elektro-mechanisches System entwickelt (in Anlehnung an die Bahntechnik Powerpack-System genannt), das für die Phase der Marktdurchdringung der elektrischen Antriebe und darüber hinaus die Bereitstellung von elektrischer Energie und elektro-mechanische Energiewandlung realisiert, siehe Abbildung 2.

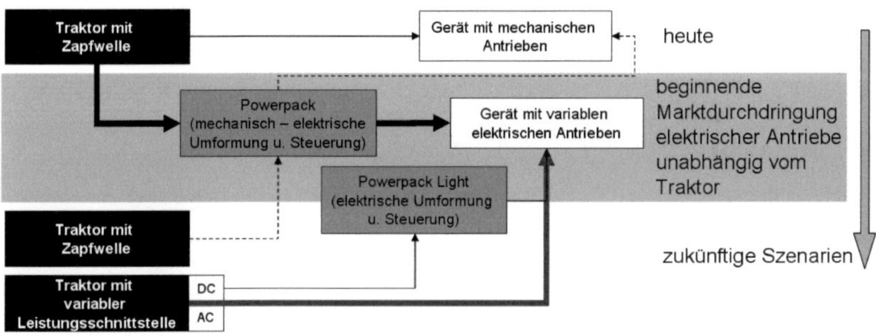

Abb. 2: Einsatzbereiche von Powerpack – Systemen

2 Modulare Energiebereitstellungssysteme

Modulare Powerpack-Systeme, siehe Abbildung 3, stellen ein Bindeglied zwischen konventionellem und elektrifiziertem Traktor dar, um eine unabhängige Entwicklung der Elektrifizierung von Traktor und Geräte zu gewährleisten. Das Energiebereitstellungssystem realisiert die elektro-mechanische Energiewandlung und stellt eine oder mehrere elektrische Schnittstellen steuerbarer Frequenz und Leistung zur Verfügung. Für die Wandlung der mechanischen Energie des Verbrennungsmotors ist eine serielle elektrische Übertragung zu Direkt- und Getriebeantrieben vorgesehen. Weiterhin ist eine Leistungsverzweigung für die Übertragung großer konstanter Leistung denkbar, bei der ein variabler Anteil mit elektrischen Maschinen realisiert wird.

Entsprechend der Abbildung 3 ist die mögliche Lage verschiedener elektrischer Systemschnittstellen bekannt. Im folgenden Kapitel werden zunächst alle technisch zweckmäßigen Varianten beschrieben.

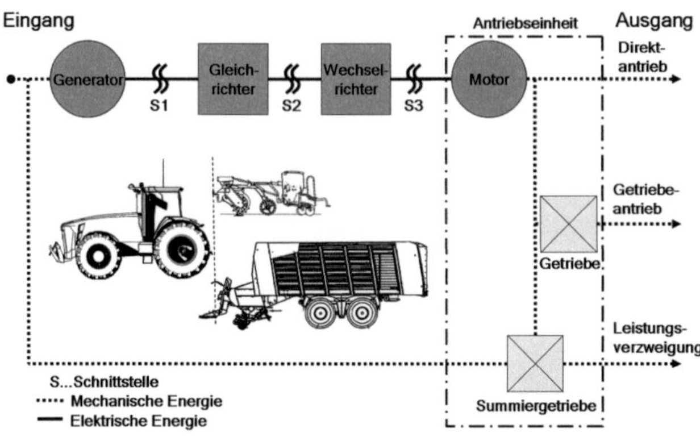

Abb. 3: Powerpack als modulares System

3 Systematische Darstellung der Einsatzmöglichkeiten von elektrischen Antrieben in Anbaugeräten

Der Einsatz von elektrischen Antrieben ist in vielen Anbaugeräten realisierbar. Jedoch ist eine genaue Kenntnis der jeweiligen Maschinen und Funktionen erforderlich, um das Nutzenspotenzial zu quantifizieren.

Werden alle Traktor-Geräte-Kombinationen betrachtet, dann stellt sich die Frage über die Aufteilung der elektrischen und elektro-mechanischen Komponenten zwischen Traktor und Gerät. Wenn nur wenige Antriebe und eine geringe jährliche Nutzungsdauer am Gerät existieren, können diese mit Wechselstrom einer Frequenz betrieben werden, woraus eine Antriebsdrehzahl am Gerät resultiert (Schnittstelle S3, Variante B, Kap. 4). Die Investitions- und Betriebskosten der Wechselrichter auf dem Traktor können sich entsprechend über weitere Anbaugeräte amortisieren. Bei komplexen Maschinen mit vielen verteilten Antrieben können abgeschlossene elektrische Systeme sinnvoller sein, bei denen die gesamte elektro-mechanische Energiewandlung auf dem Anbaugerät stattfindet (mechanische Zapfwelle, Variante D, Kap. 4). Weitere mögliche Varianten sind in Kapitel 4 dargstellt.

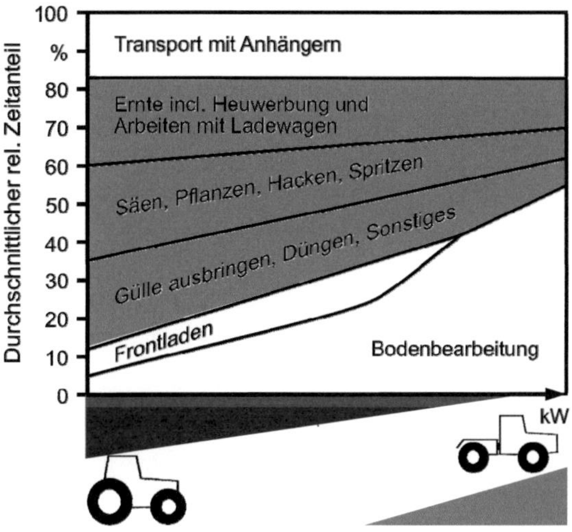

Abb. 4: Anforderungsprofil an Traktoren [4]

Ein zusätzlicher Faktor bei der Konfiguration des Powerpack-Systems spielen die Nutzungsdauer und Arbeitsaufgaben der Traktoren. Abbildung 4 zeigt die Zeitanteile für alle Arbeitsaufgaben eines Traktors in Abhängigkeit der Motorleistung. Grau hinterlegt sind die Arbeiten, für die eine Elektrifizierung der Traktoren in Frage kommt. Größere Traktoren verbringen einen großen Zeitanteil auf dem Feld zur Bodenbearbeitung und müssen demzufolge Zugleistung aufbringen. Entsprechend des Anwendungsfalles ist zu prüfen, inwiefern diese Traktoren eine elektrische Geräteschnittstelle benötigen oder mit einem portablen System ausgerüstet werden können. Hingegen werden kleinere Traktoren eher mit vielfältigen Aufgaben im Bereich der Saat, Ernte und Pflege eingesetzt, wo elektrische Antriebe zu besseren Arbeitsergebnissen führen. Eine Bereitstellung von elektrischer Energie über eine fest installierte elektrische Geräteschnittstelle ist notwendig. Traktor-Geräte-Kombination mit Potenzial für Elektrifizierung ist nach

Leistungsklassen und Variabilitätsanforderungen in Cluster zu gruppieren, um optimale Systemstrukturen festzulegen.

4 Konzepte von Systemen

Tabelle 1 zeigt die möglichen elektro-mechanischen Systemkonfigurationen für Traktor –Geräte – Kombinationen und stellt die Wesensmerkmale dar. Ebenso sind Mischformen mit den dargestellten Systemen vorstellbar.

Var.	Konfiguration	Merkmale
A	Traktor: Elektrische Energieerzeugung Schnittstelle: Zapfwelle Gerät: Mechanische Antriebe Generator–S1–Gleichrichter–S2–Wechselrichter–S3–Motor	• Weiterhin mechanische Schnittstelle zum Anbaugerät, aber mit variabler Drehzahl. • Das geschlossene elektro-mechanische System befindet sich auf dem Traktor. • Sehr hoher Aufwand für die Funktionalität der variablen und stufenlosen Zapfwelle.
B	Traktor: Elektrische Energieerzeugung Schnittstelle: AC Gerät: Elektrische Antriebe Generator–S1–Gleichrichter–S2–Wechselrichter–S3–Motor	• Die Energiebereitstellung befindet sich auf dem Traktor. • Die Schnittstelle ist ein Wechselstromstecksystem (Stecker+Steckdose). • Für 1 bis 3 Drehstromverbraucher • Amortisation der Wechselrichter auf mehrere Anbaugeräte übertragbar. • Realisierung einer sicheren Trennung von Wechselstrom im Fehlerfall.

Var.	Konfiguration	Merkmale
C	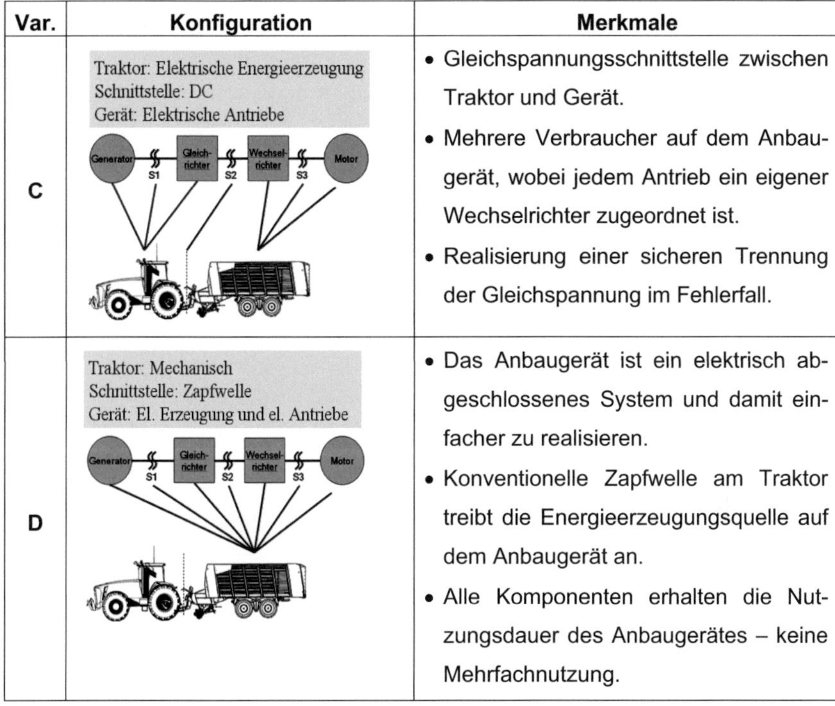Traktor: Elektrische Energieerzeugung Schnittstelle: DC Gerät: Elektrische Antriebe	• Gleichspannungsschnittstelle zwischen Traktor und Gerät. • Mehrere Verbraucher auf dem Anbaugerät, wobei jedem Antrieb ein eigener Wechselrichter zugeordnet ist. • Realisierung einer sicheren Trennung der Gleichspannung im Fehlerfall.
D	Traktor: Mechanisch Schnittstelle: Zapfwelle Gerät: El. Erzeugung und el. Antriebe	• Das Anbaugerät ist ein elektrisch abgeschlossenes System und damit einfacher zu realisieren. • Konventionelle Zapfwelle am Traktor treibt die Energieerzeugungsquelle auf dem Anbaugerät an. • Alle Komponenten erhalten die Nutzungsdauer des Anbaugerätes – keine Mehrfachnutzung.

Tab. 1: Realisierbare elektro-mechanische Systemkonfigurationen [5]

Die Variante A ist ein geschlossenes elektrisches System auf dem Traktor und wegen der doppelten Energiewandlung kosten- und gewichtsintensiv. Variante B ist ein System für den Betrieb von 1 bis 3 Drehstromverbrauchern auf dem Anbaugerät. Einfache Anbaugeräte können entsprechend flexibel vom Traktor gesteuert werden. Der Traktor in Variante C stellt Gleichspannung für das Anbaugerät bereit. Der auf dem Gerät befindliche Wechselrichter kann in dieser Version am besten auf die Geräteanforderungen ausgelegt werden. Variante D ist wiederum ein abgeschlossenes System auf dem Anbaugerät. Anbaugerätehersteller können das System unabhängig vom Traktor optimieren. Eine Automatisierung wird einfacher, da mehr Funktionen mittels Gerätecontroller und weniger über dem Traktor realisiert werden. Jedoch sind die Kosten nicht auf weitere Geräte aufteilbar.

Für die Varianten ist nach einem Bewertungsschema die Analyse für jede Traktor-Geräte-Kombination durchzuführen. Es wird vorgeschlagen, die bevorzugte Systemkonfiguration entsprechend nachfolgender Kategorien auszuwählen.

- Anzahl der Teile im konventionellen Antriebsstrang,
- Anzahl der Antriebe gleicher Drehzahl,
- Gesamte Anzahl der Antriebe,
- Regelbedarf am Wirkelement,
- Machbarkeit elektrisch anzutreiben,
- Automatisierbarkeit der Maschinenfunktionen,
- Leistungsdichte, Bauraumbedarf des Antriebssystems und
- Messdatenerfassung und Dokumentation

5 Elektro-mechanisch leistungsverzweigte Antriebe

Bei Antrieben mit hohen konstanten Leistungen und einfachen Antriebssträngen können mechanische Antriebe und Leistungsübertragungselemente kostengünstiger sein. Zur Abfederung der Lastspitzen können elektrische Antriebe eingesetzt werden. Es bietet sich somit eine elektro-mechanische Leistungsverzweigung an. Der mechanische Teil ist für die Grundlast und der elektrische Anteil für den variablen Leistungsanteil ausgelegt. Die Dynamik wird durch den elektrischen Teil in das Antriebssystem mit eingebracht. Es ergibt sich ein kostengünstiger Antriebsstrang, der den Anforderungen des Antriebes entspricht.

6 Energiespeicher im System

Zur Entkopplung von Energiequelle und Energieverbrauchern kann ein Energiespeicher zur Überbrückung kurzzeitiger Lastspitzen sinnvoll sein. Kurzzeitspeicher, wie Supercaps, ermöglichen eine größere Dynamik im Antriebssystem. Die dafür benötigte oder überschüssige Energie kann im Kurzzeitspeicher gepuffert werden. Langzeitspeicher, wie Lithium-Ionen-Batterien haben einen geringeren Energiegehalt sowie eine geringe Lade- und Entladeleistung. Zur Dynamik im System tragen sie nur wenig bei. Weitere Energiespeicher, die mechanische oder hydraulische Energie kurzzeitig speichern können sind je nach Gerät und Anwendungsspektrum in die Betrachtung mit einzubeziehen.

7 Zusammenfassung und Ausblick

Die Erzeugung und Wandlung von elektrischer Energie wird in Zukunft bei Landmaschinen eine wesentliche Rolle spielen. Mit voranschreitender Entwicklung geeigneter Speichertechnologien kann zudem die Rekuperation zur besseren Energieeffizienz beitragen.

Durch die Entwicklung eines modularen Systems zur Energieerzeugung und – bereitstellung wird an der Technischen Universität Dresden eine Grundlage geschaffen, um die Übergangsphase zum Traktor mit einer elektrischen Geräteschnittstelle zu realisieren. Grundlegende Untersuchungen finden zur Wirtschaftlichkeit, Kundennutzen, Funktionalität und Systemkonfiguration statt. Die Herausforderungen für die Umsetzung von elektrifizierten Geräten in der Landtechnik hängen von unterschiedlichen Faktoren ab. So wird es verschiedene Konfigurationen der elektro-mechanischen Systeme aus den Varianten A bis D aufgrund der Gerätevielfalt geben, deren Marktentwicklung und -etablierung gespannt erwartet werden darf.

Literaturverzeichnis

[1] Rauch, N.: *Mit elektrischen Antrieben Traktor-Geräte-Kombinationen optimieren.* Tagung Land.Technik für Profis, Marktoberdorf 22.-23.02.2010.

[2] Herlitzius, Th., Geißler, M., Aumer, W., Lindner, M.: Powerpack-Systeme und ihre Einsatzmöglichkeiten in mobilen Landmaschinen. 68. Internationale Tagung Landtechnik 2010, VDI-Berichte Nr. 2111, S. 357 – 362, Düsseldorf VDI-Verlag GmbH 2010.

[3] Hahn, K.: *High Voltage Electric Tractor-Implement Interface.* SAE International Journal of Commercial Vehicles, April 2009 Vol. 1 No. 1, S. 383-391

[4] Renius, K. Th.: *Trends in Tractor Design with Particular Reference to Europe.* J. agric. Engng Res. 57 (1994) Nr. 1, S. 3-22

[5] Herlitzius, Th.; Aumer, W.; Geißler, M.: *Potenziale der Hybridisierung in Landmaschinen.* Vortrag VDI-Seminar Landtechnik, Freising, 08. Juli 2010.

Hybrid-Antriebe bei Raupenbaggern – Konzepte und Lösungen

Daniel Boehm

Dr. Claus Holländer

Thomas Landmann

Liebherr-France SAS

2 Avenue Joseph-Rey – B.P. 90287

F-68005 Colmar Cedex

E-mail: claus.hollaender@liebherr.com

Abstract

Bagger sind universelle Arbeitsmaschinen mit zyklischen Arbeitsspielen. Eine Reduzierung des Dieselverbrauchs bei gleicher Baggerleistung ist mit Energierückgewinnung durch Hybridantriebe möglich. Es sind Hybridsysteme mit Energierückgewinnung aus Ausleger- und Drehwerksbewegung untersucht worden. Für die Kombination der zwei Verbraucher ist eine rein hydraulische oder eine hydraulisch-elektrische Lösung einsetzbar. Durch die Rückführung der Speicherenergie ist in einigen Arbeitsfasen eine hohe Steigerung der Antriebsleistung möglich, was schnellere Arbeitszyklen und mehr Umschlagsleistung trotz geringerer Motorleistung ergibt.

Stichworte

Raupenbagger, Energiewandlung, Energiespeicher, elektrischer Hybridantrieb, hydraulischer Hybridantrieb

1   Einleitung

Energierückgewinnungs-Systeme werden angesichts steigender Energiekosten an Bedeutung gewinnen. Eine detaillierte Analyse von Kosten und Nutzen ist aber unabdingbar. Der Kunde wird nur Systeme akzeptieren, die einen Return-On-Invest in kurzer Zeit generieren. Wirtschaftliche Lösungen mit Hybridantrieben erfordern einen hohen Entwicklungsaufwand – besonders bei universell eingesetzten Maschinen wie Hydraulikbaggern. Die Energierückgewinnung muss bei allen typischen Einsätzen funktionieren, ohne den Fahrer zu behindern.

Mögliche Systemkonzepte für einen Hybridantrieb werden am Beispiel eines Raupenbaggers nachfolgend erläutert.

2 Hybridantrieb für einen Raupenbagger

Der Arbeitsprozess eines Hydraulikbaggers ist von zyklischem Verhalten geprägt. Wiederkehrende Abläufe legen eine Antriebslösung mit einer Energierückgewinnung nahe. Aufgrund der recht kurzen Zykluszeiten von einigen Sekunden sind Batterien als Speicher nach heutigem Entwicklungsstand für diesen Einsatz ungeeignet. Deutlich wird dies, wenn man in einem Ragone-Plot die Isochronen der Entladung bezüglich Energie und Leistung berücksichtig (siehe Bild 1). Typische Speicher für Energierückgewinnungssysteme bei Raupenbaggern sind demnach Kondensatoren und Hydrospeicher.

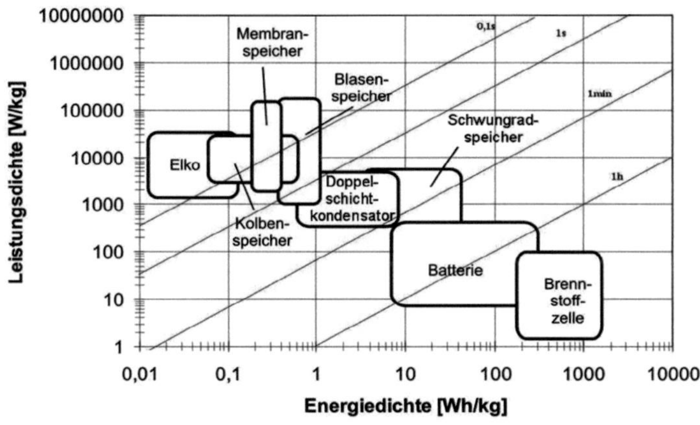

Bild 1: Ragone-Plot für verschiedene Energiespeicher mit eingetragenen Isochronen

Für eine wirtschaftliche Auslegung sind neben der richtigen Wahl des Energiespeichers auch die Anzahl der Energiewandlungen relevant. Jede Energiewandlung ist mit einer gewissen Dissipation verbunden. Bei Hybridantrieben wird jede Wandlung von Speicherenergie typischerweise zweimal durchgeführt: einmal auf dem Weg zum Speicher, einmal auf dem Weg vom Speicher zum Verbraucher/Aktuator.

Daher ist die Anzahl der Wandlungen so gering wie möglich zu halten. In Bild 2 sind beispielhaft die Verluste für einen elektrischen Hybrid dargestellt.

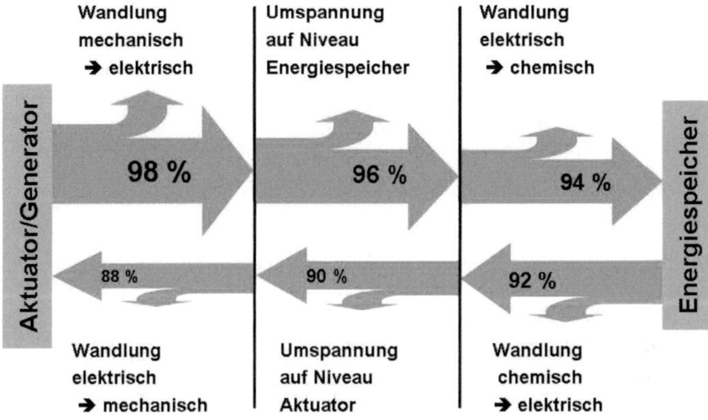

Bild 2: Energiewandlungen und beispielhafte Verluste bei elektrischen Hybridantrieben.

Energierückgewinnungssysteme auf der Basis von hydraulischen Lösungen können hier bei geschickter Systemgestaltung Vorteile verzeichnen, da z. B. sekundärgeregelte Einheiten den Betriebspunkt an den Druck im Speicher anpassen können. Damit sind keine zusätzlichen Wandlungen auf das Druckniveau des Speichers nötig. Das Beispiel in Bild 2 käme damit in einer hydraulischen Version auf vier statt sechs Energiewandlungen. Damit werden die tendenziell schlechteren Wirkungsgrade von hydraulischen gegenüber elektrischen Energiewandlern zum Teil ausgeglichen.

2.1 Vorstellung Hybridsysteme

Ein Bagger mit einer Monoblockausrüstung hat Hydraulikzylinder für Stiel, Löffel und Ausleger (Hub). Die Schwenkbewegung des Oberwagens erfolgt über das Drehwerk. Ein Bagger arbeitet beispielsweise bei Aushubarbeiten zyklisch. Die 4 Fasen sind:

- Graben mit Löffel füllen
- Oberwagen drehen und Ausrüstung heben
- Löffel entleeren

- Rückschwenken mit Ausrüstung senken.

In den Fasen mit Drehen beim Hinschwenken und beim Rückschwenken kann kinetische Energie jeweils beim Oberwagen abbremsen gespeichert werden. Bei der Fase Ausrüstung senken kann die potentielle Energie aus dem Ausrüstungsgewicht zurückgewonnen werden.

Das Bild 3 zeigt das vereinfachte Schema eines hydraulischen Hybridsystems für einen Bagger [1]. Der Stiel- und Löffelzylinder sowie die nicht im Schema dargestellten Fahrantriebe des Raupenunterwagens werden von der Doppelverstellpumpe (A1 und A2) versorgt. Die Pumpen werden vom Dieselmotor angetrieben. Bei bekannten Baggerhydrauliksystemen wird die Energie der Hubsenkbewegung durch entsprechende Androsselung des Rücklaufstroms der Hubzylinder vernichtet. Die Energie wird in Wärme umgesetzt. Diese Wärme muss durch die Ölkühlung mit Antriebsenergie an die Luft abgeführt werden.

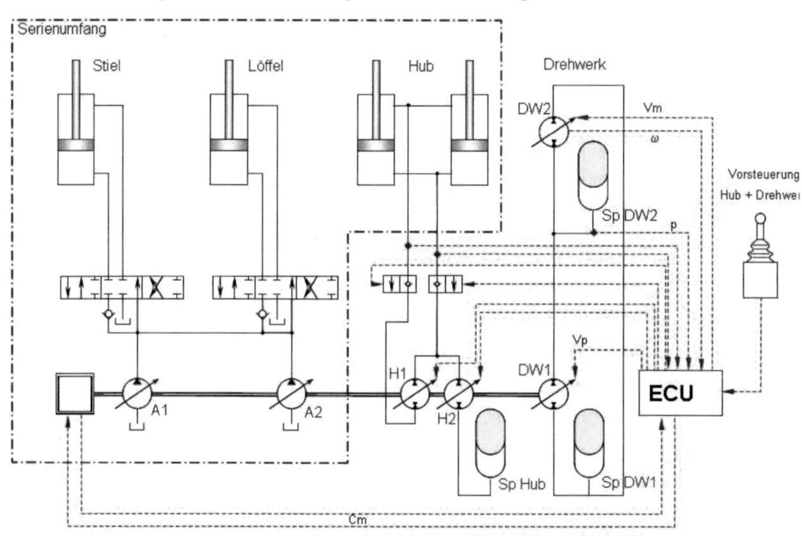

Bild 3: Energierückgewinnung Drehwerk und Hub als hydraulischer Hybrid

Für den Antrieb der Hubzylinder ist bei der Energierückgewinnung kein Steuerschieber vorgesehen. Die beiden Hydraulikeinheiten (H1 und H2) sind im Fördervolumen verstellbar. Durch eine entsprechende Einstellung des Fördervolumens wird der Volumenunterschied der Zylinderkolben- zur Zylinderstangenseite berücksichtigt. Diese beiden Einheiten des Hubkreises stellen hydraulische Transformatoren dar, die die nötige Druckübersetzung vom Hubzylinderdruck zum Speicherdruck möglichst verlustfrei durchführen. Durch diese Lösung kann die Senkgeschwindigkeit durch den Baggerfahrer gleich wie bei Baggern ohne Rückgewinnung gesteuert werden. Die beiden Lasthalteventile werden bei Bewegung des Hubs aufgesteuert. Sie unterbinden ein Absinken der Ausrüstung durch Leckage in den Verstelleinheiten. Bei der Senkbewegung wird der Speicher (Sp Hub) geladen und beim Heben entlädt sich der Speicher. Zusätzlich kann Energie vom Dieselmotor oder der Einheit DW1 des Drehwerkskreises zugeführt werden. Die Hubbewegungsgeschwindigkeit ist nicht von der installierten Motorleistung begrenzt, sondern wird durch die Speicherenergie (Sp DW2) erweitert.

Der Drehwerkskreislauf ist mit Sekundärregelung ausgeführt [2]. In sekundär-geregelten hydrostatischen Antrieben werden verstellbare Motoren am Konstant-drucknetz eingesetzt. Die Kopplung zwischen der Primäreinheit (DW1), die am Dieselmotor angeordnet ist, und der Sekundäreinheit (DW2), die die Beschleunigung und Abbremsung des Oberwagens durchführt, erfolgt nur über den Systemdruck und nicht über den Förderstrom. Das Wirkprinzip ist ähnlich wie bei elektrischen Antrieben durch die Energieübertragung mit eingeprägtem Druck. Die Beeinflussung von Drehmoment, Drehzahl und Leistung wird durch die Schluckvolumenveränderungen der Sekundäreinheit auf dem Drehwerks-getriebe ausgeführt. Beim Bremsen wird die Umkehr der Wirkrichtung des Drehmoments durch Verstellen DW2 über die Nulllage erreicht. Durch diesen Betrieb wird die Bremsenergie zurückgewonnen und der Druckspeicher Sp DW2 geladen. Der Niederdruckspeicher Sp DW1 dient als Tank und gleicht das schwankende Volumen des Hochdruckspeichers aus.

Die elektrische Steuereinheit (ECU) in modularer Ausführung erfasst die unterschiedlichen Signale des gesamten Antriebs und berechnet mit der entsprechenden implementierten Logik die Signale der Verstelleinheiten. Das Speichermanagement wird ebenfalls ausgeführt.

Wie in Kap. 2 beschrieben, sind die Lade- und Endladevorgänge mit Wirkungsgraden also Verlusten behaftet. Der Energiespeicher des Drehwerks (Sp DW2) wird vom Dieselmotor in Zyklusfasen, die nicht die maximale Dieselmotorleistung erfordern, zusätzlich geladen.

Das Bild 4 zeigt eine Ausführungsvariante mit einer elektrischen Lösung des Drehwerkantriebs. Die Hydraulikeinheiten im Drehwerkskreis sind durch

Elektroeinheiten (E1 und E2), die als Generator oder E-Motor arbeiten können, ersetzt. Der elektrische Speicher in Form von Utracaps nimmt die Energie von der E-Einheit durch den Dieselmotorantrieb E1 oder von der E-Einheit am Drehwerk E2 bei der Rückgewinnung auf. Die E-Einheit am Dieselmotor E1 kann in bestimmen Betriebszuständen dem Hubkreis Zusatzleistung liefern.

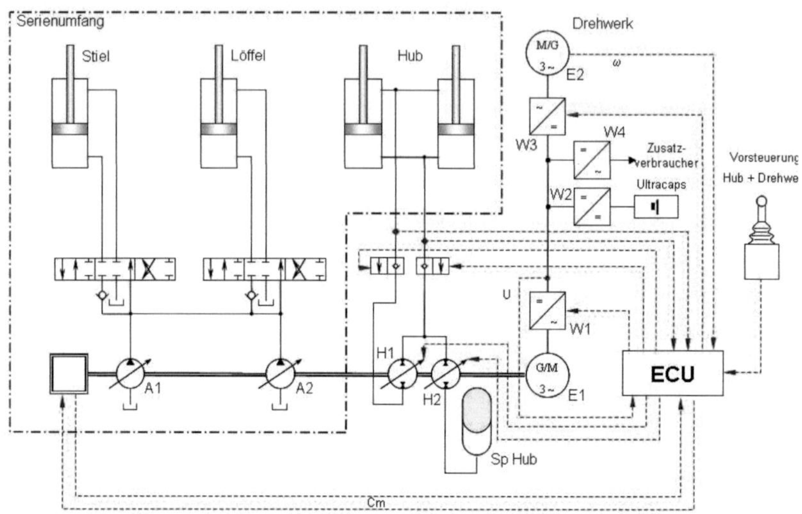

Bild 4: Energierückgewinnung Drehwerk und Hub als elektro-hydraulischer Hybrid

Die Spannungswandler W1 und W2 vor den E-Einheiten wandeln die Gleichspannung in die entsprechende Wechselspannung um. Je nach Auslegung kann der Wandler W2 vor den Ultracaps entfallen. Für Zusatzverbraucher, wie beispielsweise elektrische Antriebe von Klimakompressoren, Wasserpumpen und Kühlungslüftern, ist der vierte Wandler erforderlich. Hier kann auch eine Batterie für Langzeit-Energieversorgung angeschlossen werden. Die E-Speicher werden ebenfalls in den Fasen, in denen der Dieselmotor Leistungsreserven hat, geladen.

Die ECU erledigt prinzipiell die gleichen Aufgaben wie bei der hydraulischen Version. Der Speicher im Hubkreis ist nicht erforderlich. Die Energie kann auch über die E-Einheit E1 in Form von Strom gespeichert werden. Durch den hydraulischen Speicher können die Einheiten des Hubkreises kleiner ausfallen und der Wirkungsgrad der Energiespeicherung ist besser als ohne Speicher.

2.2 Umsetzung auf einem Raupenbagger

Die Auslegung der neuen Hybrid-Komponenten wurde an Hand von Systemsimulation durchgeführt. Hierbei wurden Lastzyklen mit verschiedenen Schwenkwinkeln bezüglich Leistungen, Energien, Geschwindigkeiten, Drücken, Energiemanagement und Komponentengrößen analysiert. Der Hub hat gegenüber dem Drehwerk das größere Gewinnungspotenzial. Die Auslegung wurde für einen Raupenbagger projektiert. Gegenüber der Serienausführung (siehe Bild 5) kann ein Dieselmotor-Downsizing um ca. 25% erfolgen. Die Ausnutzung des Dieselmotors wird gleichmäßiger und er kann in optimierten Betriebspunkten betrieben werden. Beim Drehen und Heben kann die Systemleistung bezogen auf die reine Dieselmotorleistung um bis zu 80% gesteigert werden, indem die Zusatzleistung aus den Speichersystemen zugeführt wird. Sowohl bei der hydraulischen Lösung (Einheit DW1) als auch bei der elektrischen Lösung (E-Einheit E1) kann ein schneller Dieselmotorstart oder eine schelle Beschleunigung des Diesels bei Lastaufschaltung erfolgen.

Bild 5: Raupenbagger beim typischen Arbeitseinsatz

Das Speichermanagement muss die erforderliche Energie für die Zyklen zur Verfügung stellen können. Einflüsse haben hierbei beispielsweise die Art des Arbeitszykluses, Speichergröße und Verluste.

Für den realen Aufbau der Systeme sind verfeinerte Aufbauten, wie beispielsweise Nachsaugungen, Ansteuerungen und Absperrungen, gegenüber den Schemata erforderlich, um die Realisierung zu ermöglichen. Voruntersuchen an stationären Systemaufbauten helfen die Regelstrategien und das Speichermanagement zu erarbeiten und beschleunigen die Inbetriebnahme der Versuchsträger. Die Optimierungsfase wird ebenfalls verkürzt. Wie auf dem Versuchsträger erfolgt die Entwicklung mit Rapid Prototyp Hard- und Software.

Bei dem elektrischen System ist die Kühlung der E-Komponenten (E-Einheiten, Wandler, Speicher) zusätzlich zu berücksichtigen.

3 Ausblick

Die Aufgabe zur Optimierung der Effizienz der bestehenden Antriebstechnik eines Baggers besteht weiterhin. Die zyklische Arbeitsweise bei Baggern stellt eine gute Basis dar, um Energie-Rückgewinnung mit Hybridsystemen durchzuführen.

Die zusätzlichen Komponenten eines Hybridantriebes müssen teilweise für diesen Einsatz beim Bagger entwickelt werden. Die Kostenbetrachtung für hydraulische und elektrische Systeme ergibt eine Verkaufspreissteigerung. Die Zusatzkosten für ein hydraulisch-elektrisches System sind derzeit noch deutlich höher als bei der rein hydraulischen Lösung. Die hydraulischen Komponenten sind größtenteils bereits am Markt verfügbar, was eine Ursache für die geringeren Zusatzkosten ist. Die elektrischen Komponenten hingegen sind in Entwicklung und daher derzeit nur mit höheren Kosten zu beschaffen. Zukünftig werden bei den elektrischen Komponenten die Preise sinken, weil Komponenten für Einsätze im Fahrzeugbau mehr und mehr in Serie zum Einsatz kommen. Für den harten Raupenbaggereinsatz ist ein entsprechend robustes System, um die erforderliche Verfügbarkeit zu erreichen, aufzubauen.

Literaturverzeichnis

[1] Offenlegungsschrift Deutsches Patent- und Markenamt DE 10 2010 009 713 A1 2010.09.30, Anmelder: Liebherr-France SAS

[2] Fan Ji u. Wang Zhilan: Energierückgewinnung am Drehwerksantrieb eines Hydrobaggers. O+P 37 (1993) 3, S. 190 -194

HPB – Hydraulischer Power Boost in kostensensitiven Anwendungen

Flexible Integration in bestehende Hydrauliksysteme

Dr. Torsten Kohmäscher, Stephan Grüttert, Eckard Skirde

Sauer-Danfoss, E-mail: tkohmaescher@sauer-danfoss.com

Kurzfassung

Die Hybridtechnologie des „Hydraulischen Power Boost" (HPB) erhält die Produktivität und Spitzenleistung einer Maschine mit reduzierter Dieselleistung. Das Unterschreiten der „magischen" Emissionsgrenze von 56 kW wird durch das kostengünstige HPB Realität. Die flexible Integration unterstützt eine schnelle Umsetzung auf der Maschine.

Der „Hydraulische Power Boost" ist dafür ausgelegt, die Leistungsabgabe des Dieselmotors für einen definierten Zeitraum zu unterstützen. Dazu wird Energie bei geringer Auslastung hydraulisch zwischengespeichert und bei hoher Auslastung wieder freigegeben. Die Kombination aus HPB und Dieselmotor fühlt sich für den Maschinenbediener kurzfristig wie ein „stärkerer" Dieselmotor an.

Stichworte

Systemintegration, Power Boost, Hybridisierung, Steuerung, Emissionsrichtlinien

1   Einleitung

Bereits heute definieren die Emissionsrichtlinien Tier 4 interim & Stufe IIIB deutlich geringere Grenzwerte für den Ausstoß von Stickoxiden (NOx) und Partikeln (PM). Dieselmotoren unterschiedlicher Leistungsklassen von 37 bis 560 kW folgen dabei unterschiedlichen Zeitplänen. Vor allem die Wärmeabgabe der Dieselmotoren steigt durch die gekühlte Abgasrückführung deutlich über das Niveau der Vorgängermotoren. Enge Toleranzen für die Einhaltung der Temperaturen dieser Rückführung machen proportional regelbare Lüfterantriebe für diese Maschinen erforderlich.

Abbildung 1 zeigt die Veränderungen der Emissionsrichtlinien für die Dieselmotoren mobiler Arbeitsmaschinen für die Jahre 1995 bis 2015. Die Grenzwerte für Partikel (PM) und Stickoxide (NOx) werden durch die Blöcke repräsentiert.

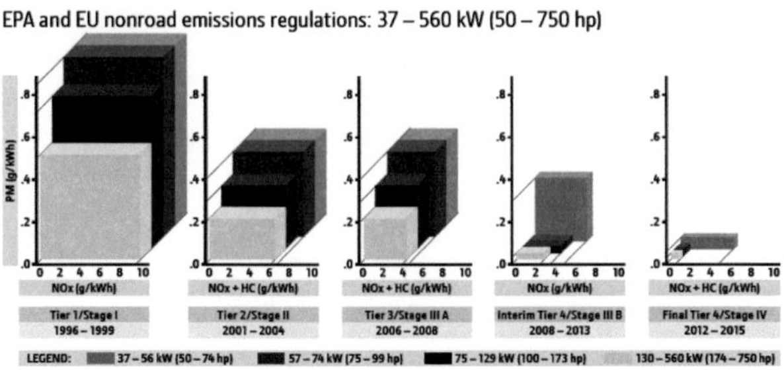

Abbildung 1 - Emissionsrichtlinien für die Dieselmotoren mobiler Arbeitsmaschinen [1]

Die vier unterschiedlichen Farben kennzeichnen die Leistungsklassen der betroffenen Dieselmotoren (braun: 37 – 56 kW, grün: 57 – 74 kW, schwarz: 75 – 129 kW, gelb: 130 – 560 kW). Die Größe der braunen Blöcke in den Phasen von 2008 bis 2015 zeigt deutlich höhere Grenzwerte für die Leistungsklasse bis 56 kW. Mit dem Erreichen dieser Leistungsklasse können Maschinenhersteller Einsparungen bei der Abgasnachbehandlung realisieren.

<u>Unsere Annahme</u>: „Viele unserer Kunden werden versuchen, mit ihren Maschinen unter die ‚magische' Grenze von 56 kW zu kommen, ohne deren Leistungsfähigkeit zu opfern!" Gleichzeitig müssen die Systemkosten auf einem niedrigen Niveau gehalten werden, weil sich die Maschinen dieser Leistungsklasse zumeist in einem sehr kostensensitiven Umfeld befinden.

<u>Unsere Aufgabe</u>: „Unsere Kunden auf diesem Weg zu unterstützen durch 1) höhere Systemwirkungsgrade von Fahrantrieb und Arbeitsfunktion sowie 2) die kurzzeitige Unterstützung des Dieselmotors während Spitzenleistung durch einen Hydraulischen Power Boost (HPB)!" Der HPB macht ein Downsizing des Dieselmotors möglich, ohne dass die Maschine an Leistungsfähigkeit einbüßt.

Die Systemkosten für den Maschinenhersteller stellen das Kernelement dieser Entwicklung dar. Die Kosten für das hydraulische System müssen unterhalb der Kosten für die Abgasnachbehandlung und den größeren Dieselmotor liegen.

Das Ersetzen bestehender Systeme durch effizientere Systeme stellt prinzipiell eine gute Lösung für die Problemstellung dar. Es ist zu erwarten, dass sich ein solches System über die Produktlebensdauer unter Einbeziehung laufender Kosten innerhalb von 2 Jahren rentieren würde. Allerdings führt dieses 1) zu

einer Neukonstruktion der kompletten Maschine und 2) zu höheren Systemkosten, die von diesem kostensensitiven Markt nicht getragen werden.

Mit dem Kompaktlader wird in Abbildung 2 eine Maschine aus dem kostensensitiven Bereich von Maschinen bis 56 kW Dieselleistung vorgestellt. Die Zulieferer würden den Herstellern der Maschinen gerne die besten Systeme zur Verfügung stellen, aber der Markt lässt heute noch keine Entwicklung basierend auf den Kosten über die Produktlebensdauer zu – zumindest in Teilen dieser Welt. Der grüne Gedanke und die gestiegenen Dieselpreise haben dieses Denken noch nicht nachhaltig verändert. Die Hersteller benötigen günstige Systemlösungen in diesem kostensensitiven Markt.

Abbildung 2 – Kompaktlader, die Beispielplattform für den Hydraulischen Power Boost (HPB)

Der HPB ist einfach und schnell auch in bestehende Systeme integrierbar und unterstützt auf diese Weise eine schnelle Markteinführung. Systemintegration und geringer benötigter Bauraum reduzieren die Kosten und passen sich diesem kostensensitiven Markt an. Diese Hybridtechnologie ist darauf ausgelegt, die Produktivität und Spitzenleistung einer Maschine mit reduzierter Dieselmotor-leistung zu erhalten. Positive Einflüsse auf den Kraftstoffverbrauch und den Maschinenwirkungsgrad sind abhängig von der jeweiligen Anwendung möglich.

2 Systemlösung

Das Konzept des HPB sieht vor, dass während Phasen geringer Auslastung das überschüssige Leistungspotential des Dieselmotors genutzt und in einem hydro-pneumatischen Speicher gesammelt wird. In Situationen hoher Last wird der Dieselmotor anschließend durch ein zusätzliches Drehmoment aus der gespeicherten hydrostatischen Energie unterstützt.

Abbildung 3 zeigt die bestehende Systemintegration bei der Realisierung eines Kompaktladers. Der Speisekreislauf des hydrostatischen Fahrantriebs wird durch den Rücklauf des hydraulisch-proportionalen Lüfterantriebs versorgt.

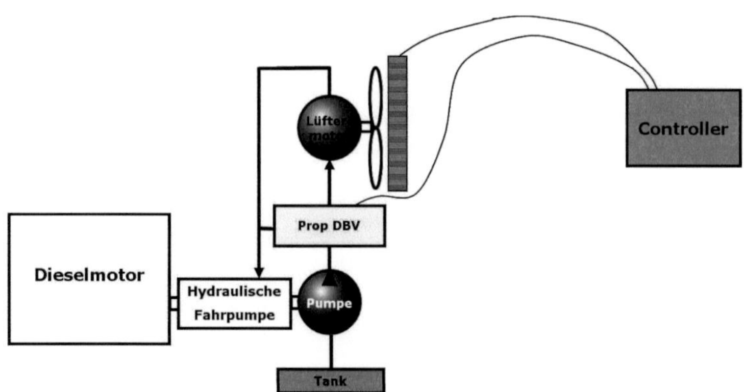

Abbildung 3 – Bestehende Systemintegration mit hydraulischem Lüfter- und Fahrantrieb

Die Lüfterdrehzahl wird über die Druckdifferenz des proportionalen Druckbegrenzungsventils stufenlos eingestellt und an die aktuell erforderliche Kühlleistung angepasst. Daher fließt der Volumenstrom zum Teil durch den Lüftermotor, während der Rest über das Druckbegrenzungsventil abgedrosselt wird.

Dieses Beispiel zeigt, dass im Bereich der Maschinenklasse bis 56 kW Dienstleistung bereits Systemintegration betrieben wird. Durch den HPB wird lediglich ein zusätzlicher Verbraucher in das bestehende System integriert (Abbildung 4).

Der Pumpenvolumenstrom wird so dimensioniert, dass der Speisevolumenstrom unter allen „extremen" Bedingungen zur Verfügung steht. Die Funktion des hydrostatischen Fahrantriebs muss zu jedem Zeitpunkt gewährleistet sein. Unter „normalen" Bedingungen stellt dieser erhöhte Volumenstrom einen zusätzlichen Verlust dar. Dieser steht der Maschine nicht als Arbeitsleistung zur Verfügung und muss aufwendig aus dem Öl heraus gekühlt werden.

Abbildung 4 zeigt eine schematische Übersicht der Integration des HPB in den Lüfterantrieb der Beispielmaschine Kompaktlader. Diese Integration ist bei der Umsetzung des HPB in kostensensitiven Anwendungen von großer Bedeutung. Bestehende Komponenten bekommen in diesem erweiterten System zusätzliche Aufgaben.

Für den Füll-Vorgang wird ein überschüssiger Volumenstrom des Lüfterkreislaufes über das Füllventil in den Speicher gefördert. Mit ansteigendem Druck im

Speicher steigt die Last auf den Dieselmotor, so dass dieser in seiner Drehzahl gedrückt wird. Für den Boost-Vorgang wird der Speicher über das Boost-Ventil mit der Saugseite der Zahnradpumpe verbunden. Im normalen Betrieb des Systems besteht weiterhin eine Verbindung zum Tank. Ein geringer Druckabfall zwischen Tank und Zahnradpumpe soll Kavitation am Pumpeneingang verhindern. Der Ladezustand des Speichers und die Drehzahl des Dieselmotors werden durch die Steuerung überwacht und als Eingangsgrößen verwendet. Der Mikrocontroller übernimmt die Entscheidung wann „Füllen" und „Boosten" gestartet und gestoppt werden müssen.

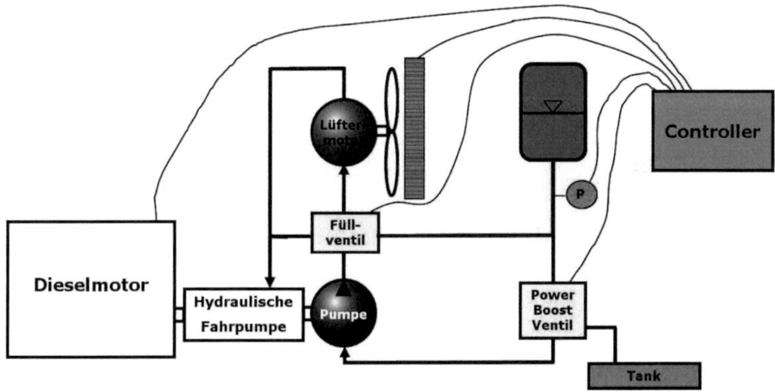

Abbildung 4 – Systemintegration des „Hydraulischen Power Boost" in den Lüfterantrieb

Unterschiedliche Auslegungen und Systemanbindungen sind möglich und müssen individuell abgestimmt werden. Zusätzliche Komponenten können erforderlich sein, um die Systemsicherheit der Maschine zu gewährleisten.

3 Steuerungsansatz

Die Steuerung des „Hydraulischen Power Boost" übernimmt die Entscheidung wann das „Füllen" und „Boosten" gestartet und gestoppt werden muss. Während beim „Boosten" der richtige Startzeitpunkt von Bedeutung ist, um den Dieselmotor nicht abzuwürgen, ist beim „Füllen" das Stoppen wichtig, um den Dieselmotor nicht „künstlich" zu überlasten. Die Steuerung benötigt Daten des

Systems, um zu entscheiden in welchem Zustand sich das System befindet –
„Füllen", „Boosten" oder „Leerlauf".

Tabelle 1 zeigt die Entscheidungskriterien für das Starten und Stoppen von
„Boosten" und „Füllen". Das „Boosten" kann nur gestartet werden, wenn die
Drehzahl unter 2.000 U/min sinkt und der Druck im Speicher oberhalb von
160 bar liegt. Ein „Boosten" bei geringerem Druck würde lediglich zu einer kurzen
und schwachen Drehmomentunterstützung führen. Steigt die Drehzahl oberhalb
von 2.200 U/min oder fällt der Druck im Speicher unter 120 bar wird der Boost
gestoppt.

Entscheidung	Kriterium	„Boosten"	„Füllen"
„Start"	Drehzahl	< 2.000 U/min	> 2.300 U/min
	Druck	> 160 bar	< 180 bar
„Stop"	Drehzahl	> 2.200 U/min	< 2.100 U/min
	Druck	< 120 bar	> 210 bar

Tabelle 1 – Beispielwerte für Starten & Stoppen von „Boosten" & „Füllen"

Das „Füllen" kann gestartet werden, wenn die Drehzahl über 2.300 U/min steigt
und der Druck unterhalb von 180 bar liegt. Bei Drücken oberhalb von 180 bar gilt
der Speicher als aufgeladen. Fällt die Drehzahl unterhalb von 2.100 U/min oder
steigt der Druck auf 210 bar wird das „Füllen" gestoppt. Ein direkter Übergang
von „Füllen" auf „Boosten" ist nach dieser Logik nicht möglich. Die vorgestellten
Drehzahl- und Druckwerte sind die einzige Möglichkeit, die Steuerung des HPB
an die Maschine anzupassen. Die Grenzwerte für die Drehzahl des Dieselmotors
werden an die jeweilige Solldrehzahl angepasst.

Die benötigte Zeit für das „Füllen" hängt von der Maschinenauslastung ab,
während das „Boosten" ausschließlich von der Pumpengröße und Dieseldrehzahl
abhängt. Dies ist ein Nachteil den man durch den Einsatz einer kostengünstigen
konstanten Zahnradpumpe akzeptieren muss. Während des „Füllens" berechnet
die Software kontinuierlich den überschüssigen Volumenstrom, der für den
Speicher verwendet werden kann. Das Füllventil regelt die Aufteilung des
Volumenstroms zwischen Speisekreislauf und „Füllen" des Speichers. In der

Beispielanwendung wurde die Software auf dem bestehenden Controller für den hydraulisch proportionalen Lüfterantrieb implementiert und in den bestehenden Code integriert.

4 Auslegung und Skalierbarkeit

Bei der Auslegung des „Hydraulischen Power Boost" können die Größen von Pumpe und Speicher sowie der maximale Systemdruck verändert werden. Die Menge an gespeicherter Energie limitiert die Dauer und Höhe der Drehmomentunterstützung durch den HPB. Die Anforderungen an die Systemleistung bestimmen die Komponentenauswahl.

In der Beispielanwendung soll der Dieselmotor für 5 Sekunden mit 10 kW Leistung unterstützt werden. Da der HPB jedoch keine Leistung, sondern ein Drehmoment überlagert, muss die Auslegung für eine bestimmte Drehzahl durchgeführt werden. Für 1.800 U/min gedrückter Dieseldrehzahl und 22 cc Verdrängungsvolumen der Pumpe ergibt sich nach Gleichung [1] ein mittlerer erforderlicher Systemdruck von 152 bar. Für eine Drehmomentunterstützung von 5 Sekunden Dauer wird nach Gleichung [2] ein hydraulisches Austauschvolumen von 3,3 Liter benötigt. Für die Beispielanwendung wurde ein 10 Liter Blasenspeicher mit einem maximalen Druck von 210 bar ausgewählt.

$$p[bar] = \frac{P[kW] \cdot 600.000}{n[U/\min] \cdot V[cc]} = \frac{10kW \cdot 600.000}{1.800\,U/\min \cdot 22cc} = 152\ bar \tag{1}$$

$$V[l] = \frac{n[U/\min] \cdot V[cc] \cdot \Delta t[s]}{60.000} = \frac{1.800\,U/\min \cdot 22cc \cdot 5s}{60.000} = 3,3\ l \tag{2}$$

Entsprechend dieser Gleichungen kann der HPB anhand der unterschiedlichen Anforderungen von Maschinengrößen und Anwendungen skaliert werden. Neben der Pumpengröße bestimmen das Speichervolumen und der mittlere Systemdruck das HPB-Verhalten. Verluste in den Komponenten können zu Abweichungen zwischen der Auslegung und Messungen am Fahrzeug führen.

	HPB Grundsystem	HPB – Skalierung 1		HPB – Skalierung 2	
		Wert	Änderung	Wert	Änderung
Leistung Dieselmotor	56 kW	149 kW	+266%	149 kW	+266%
Zeitdauer „Power Boost"	5 s	6,8 s	+136%	5 s	-
Speisepumpe	22 cc	29 cc Lüfterantrieb mit Tandempumpe (29 cc & 10 cc)	+132%	39 cc Lüfterantrieb mit Tandempumpe (29 cc & 10 cc)	+177%
Hydraulisches Speichervolumen	10 Liter	18 Liter	+180%	18 Liter	+180%
Maximaler Systemdruck	210 bar	210 bar	-	210 bar	-
Mittlerer „Power Boost"	10 kW	13,2 kW	+132%	17,7 kW	177%
HPB Leistungsanteil	18%	8,9%	-50,5%	11,9%	-33,9%

Tabelle 2 – Skalierbarkeit des Prinzips "Hydraulischer Power Boost"

Tabelle 2 zeigt die Skalierbarkeit des Systems an zwei Beispielen für ein Fahrzeug mit 149 kW Dieselleistung und einem Lüfterantrieb, in dem eine Tandempumpe von 29 cc plus 10 cc Verwendung findet. Diese Tandempumpe wird nachfolgend in einem HPB-System mit 18 Liter Speichervolumen und 210 bar maximalen Systemdruck eingesetzt.

In einer ersten Skalierung wird lediglich die größere der beiden Lüfterpumpen eingesetzt. Die 18 Liter Speichervolumen führen auf diese Weise zu einem HPB von 6,8 Sekunden Dauer und 13,2 kW mittlere Leistung. In einer zweiten Skalierung werden beide Lüfterpumpen für den HPB eingesetzt. Die 18 Liter Speichervolumen führen auf diese Weise zu einem Power Boost von 5 Sekunden Dauer und 17,7 kW Leistung.

Bei dieser Auslegung könnte der HPB entsprechend der Arbeitssituation unterschiedlich eingesetzt werden – entweder ein langer HPB bei geringerer Leistung oder mehr Leistung über eine kürzere Zeit. Der Anteil der HPB-Leistung relativ zur Leistung des Dieselmotors kann abhängig vom bestehenden System sehr unterschiedliche Werte annehmen – 18% im Anwendungsbeispiel und lediglich 11,9% (-33,9%) oder 8,9% (-50,5%) in den vorgestellten Skalierungsbeispielen.

Aufgrund der begrenzten Zeitdauer des HPB sollte sich dessen Einsatz auf Maschinen konzentrieren, die die Spitzenleistung des Dieselmotors nur für einen

Zeitanteil <15% benötigen. Zusätzlich muss eine Volumenstromquelle bestehen, die für das „Füllen" des Speichers verwendet werden kann. Walzenzüge, Feldspritzen, Kompaktlader und kleine Radlader wurden als mögliche Maschinentypen identifiziert.

5 Messergebnisse

Der untersuchte Kompaktlader mit 56 kW Dieselleistung verwendet einen hydrostatischen Fahrantrieb, hydraulisch proportionalen Lüfterantrieb und hydraulische Arbeitsfunktionen. Das umgesetzte HPB-System entspricht der Darstellung in Abbildung 4 mit den Werten des Grundsystems in Tabelle 2. Abbildung 5 zeigt die Funktion des „Hydraulischen Power Boost" für eine Spitzenlast am Beispielfahrzeug. Der HPB reduziert den Drehzahleinbruch und erhöht die Leistungsabgabe der Maschine. Das zusätzliche Drehmoment des HPB kann für die Arbeitsfunktionen oder den Fahrantrieb eingesetzt werden.

Der gleiche Belastungszyklus wird einmal ohne HPB (rot) und einmal mit HPB (blau) durchgeführt. Dieseldrehzahl (linke y-Achse) und Dieselleistung (rechte y-Achse) sind über der Zeit dargestellt.

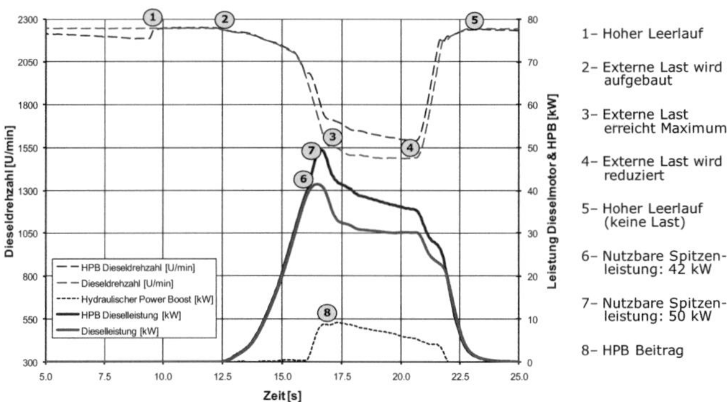

Abbildung 5 – Drehzahleinbruch unter Last ohne und mit „Hydraulischem Power Boost"

Die rote gestrichelte Linie repräsentiert die Dieseldrehzahl für die Maschine ohne HPB. Zu Beginn befindet sich der Diesel in hohem Leerlauf ohne Last (1). Die Belastung wird aufgebaut (2), bis zu einem Maximum erhöht (3) und für mehrere

Sekunden konstant gehalten (4). Der Diesel wird entlastet und wieder in den lastfreien Zustand versetzt (5). Während dieses Belastungszyklus fällt die Drehzahl des Dieselmotors auf 1.500 U/min ab.

Die blaue gestrichelte Linie repräsentiert die Dieseldrehzahl für die Maschine mit HPB. Es wird der gleiche Belastungszyklus abgefahren. Zu Beginn wird der Speicher bis zum maximalen Druck gefüllt (1), so dass der Dieselmotor leicht gedrückt wird. Die zusätzliche Dieselleistung wird durch den Speicher in Form von hydrostatischer Energie aufgenommen. Die Last wird aufgebaut (2) und die Drehzahl gedrückt. Bei etwa 2.000 U/min Drehzahl wird der Power Boost aktiviert und unterstützt den Dieselmotor, so dass die Drückung relativ zum ersten Durchlauf geringer ausfällt. Die Last wird reduziert (4) und der Diesel kehrt in den hohen Leerlauf zurück (5). Während der Belastung fällt die Drehzahl des Dieselmotors auf 1.600 U/min ab – 100 U/min über dem Ausgangssystem.

Die durchgehenden Kurven repräsentieren die Leistungsabgabe des Dieselmotors während der Belastung. Die blaue Kurve zeigt die gewonnene Leistungsfähigkeit des Systems durch den „Hydraulischen Power Boost". Das System ohne HPB erreicht in der Spitze 42 kW (6) während das System mit HPB 50 kW erreicht (7). Dieser Leistungsvorsprung von 8 kW fällt während der Drückung der Dieseldrehzahl leicht ab (8). Die Kombination aus Dieselmotor und HPB verhält sich wie ein „größerer" Dieselmotor – allerdings zeitlich begrenzt. Durch die höhere Dieseldrehzahl im System mit HPB wird auch dessen Leistungsabgabe erhöht, so dass der Leistungsgewinn der Maschine aus dem HPB und zu einem kleineren Teil aus dem Dieselmotor selbst resultiert.

6 Kosten-Nutzen-Rechnung

Die Hersteller von Maschinen in der 56 kW Leistungsklasse bewegen sich in sehr kostensensitiven Märkten. Daher müssen die Kosten für die Umsetzung des „Hydraulischen Power Boosts" deutlich unterhalb der Kosten für die alternative Abgasnachbehandlung in der höheren Dieselmotorklasse liegen.

Die eingesparten Kosten für die Abgasnachbehandlung der Klasse bis 74 kW und den größeren Dieselmotor werden mit ca. 2.000 € angenommen. Die zusätzlichen Kosten für den Einsatz des HPB auf der Beispielmaschine Kompaktlader wurden bei der Serienproduktion mit ca. 1.000 € angenommen. Diese Schätzung enthält Ventile, hydro-pneumatischen Speicher, Software und Controller. Je mehr Systemintegration möglich ist, desto geringer werden die Kosten für das HPB.

Bereits dieser simple Vergleich der alternativen Systemlösungen zeigt die Vorteile des HPB auf. Bei geeigneter Auslegung des HPB kann eine Einsparung von ca. 1.000 € erreicht werden, ohne dass die Leistungsfähigkeit der Maschine bei richtiger Auslegung verringert wird. Je mehr über die Maschine und deren Einsatz bekannt ist, desto besser kann das HPB abgestimmt werden.

7 Zusammenfassung und Ausblick

Der „Hydraulische Power Boost" ermöglicht das Downsizing des Dieselmotors in kostensensitiven Anwendungen, ohne das die Leistungsfähigkeit der Maschine eingeschränkt wird. Im Besonderen stellt das HPB eine Lösung für diejenigen Maschinenhersteller dar, deren Maschinen sich kurz oberhalb der „magischen" Emissionsgrenze von 56 kW Dieselmotorleistung befinden. Im Vergleich zu den Systemen der Abgasnachbehandlung können die Kosten um ~50% reduziert werden.

Das System wurde getestet und in einer Beispielanwendung erprobt. Daher können wir mit Sicherheit sagen, dass eine schnelle Integration des HPB in neue oder bestehende Systeme möglich ist. Die Softwarelogik wurde entwickelt und am Beispiel optimiert. Es zeigt sich, dass der Einsatz des HPB vor allem für Maschinen interessant ist, die für <15% der Einsatzleistung die Spitzenleistung des Dieselmotors abfordern.

Der primäre Nutzen des HPB ist die Unterstützung des Dieselmotors über einen definierten Zeitraum und nicht die Reduzierung des Kraftstoffverbrauchs. Die Reduzierung des Kraftstoffverbrauchs ist kein primäres Entwicklungsziel der Hersteller in dieser Leistungsklasse. Je nach Einsatzfall der Maschine ist jedoch die Rückgewinnung von Leistung möglich, denn das „Füllen" des Speichers wird durch hohe Drehzahlen des Dieselmotors aktiviert. Auf diese Weise kann Bremsleistung in begrenztem Umfang gespeichert und anschließend eingesetzt werden.

Literaturverzeichnis

[1]   Source: John Deere Power System "Emissions Technology"

Doppelkolbenspeicher

Innovativer Hydraulikspeicher für mobile Arbeitsmaschinen

Dr.-Ing. Frank Bauer, Dipl.-Ing. Daniel Feld, B.Eng. Stephan Grün

Hydac International GmbH, 66280 Sulzbach/Saar, Deutschland
E-mail: frank.bauer@hydac.com, daniel.feld@hydac.com,
stephan.gruen@hydac.com
Telefon: +49(0)6897/509-1119, -1664, -9915

Kurzfassung

Hydraulische Hybridsysteme verwenden zur feinfühligen und effizienten Dosierung des An- bzw. Abtriebsmomentes häufig Motor-Pumpen-Einheiten, die ein „Durchschwenken durch Null" ermöglichen. Hochdruckspeicher dienen bei diesen Systemen der Energiespeicherung. Auf der Saugseite der Hydrostaten werden häufig Niederdruckspeicher verwendet, um stets günstige Ansaugverhältnisse im Pumpenbetrieb zu gewährleisten. Diese Konfiguration hat allerdings den Nachteil eines unerwünschten Druckanstiegs im Niederdruckspeicher bei dessen Beladung, was negative Auswirkungen auf die nutzbare Energie und die Leistung des Gesamtsystems hat.

Der Doppelkolbenspeicher der Fa. Hydac stellt eine Speicherlösung dar, die das Druckniveau auf der Saugseite der Hydrostaten konstant hält. Dadurch kann das volle Leistungspotenzial des Hochdruckspeichers ausgeschöpft werden. Außerdem ergeben sich durch das spezielle Systemdesign im Vergleich zu konventionellen Systemen weitere Vorteile bzgl. der Energiebilanz, des benötigten Bauraums und des Gewichts.

Am Beispiel konkreter Lastzyklen aus der Praxis werden die Auswirkungen auf die Energie- und Leistungsbilanz demonstriert sowie die Systemvorteile für den potenziellen Anwender von Hybridapplikationen aufgezeigt. In einem Ausblick wird letztlich ausgeführt, welche Möglichkeiten zur Leichtbauausführung sich im kompakten Doppelkolbenspeicherdesign verbergen.

Stichworte

Doppelkolbenspeicher, Hydrospeicher, Hydraulikspeicher, Hybrid, Leichtbauspeicher, Niederdruckspeicher, Hybridspeicher

1 Einleitung

Die steigende Sensibilität für die Energieeffizienz in mobilen Arbeitsmaschinen führt neben energetischen Optimierungen auch zur verbreiteten Anwendung von Hybridlösungen. Es zeigt sich allerdings, dass das Hybridkonzept sehr eng an das spezifische Lastprofil der verschiedensten Maschinen angepasst werden muss. Folglich existiert eine Reihe unterschiedlicher Hybridkonzepte, die sich hinsichtlich der Energieform (elektrisch, hydraulisch, mechanisch), der Struktur (parallel, seriell, leistungsverzweigt) oder der Anordnung (primär-/ sekundärseitig) deutlich voneinander unterscheiden können.

Die Stärke der hydraulischen Hybridsysteme liegt dabei in der enormen Leistungsdichte, d.h. der Eigenschaft, Energiemengen in sehr kurzen Zeitintervallen umsetzen zu können [1]. Dies prädestiniert die Hydraulik für Anwendungen in mobilen Arbeitsmaschinen, bei denen hochdynamische Arbeitszyklen auftreten. Es handelt sich um eine robuste, bewährte Antriebstechnologie, die durchgängig vertreten ist und durch den Einsatz von Hydrospeichern relativ einfach erweitert werden kann.

Hydrospeicher werden nach den einschlägigen Regelwerken, wie z.B. der Druckgeräterichtlinie [2], konstruiert, wodurch ein Höchstmaß an Sicherheit garantiert wird. Mit diversen technischen Einrichtungen (Druckbegrenzungsventile, Berstscheiben, Schmelzsicherungen usw.) können Hydrospeicher in Folge eines Unfalles zuverlässig entspannt und somit energielos geschaltet werden. Auch dies macht Hydrospeicher zu sehr sicheren Energiespeichern.

Anspruchsvolle Hybridlösungen verwenden zur feinfühligen Aufprägung des Antriebsmomentes bzw. zur Leistungsregelung hydrostatische *Verstell*einheiten. Um Druckverluste durch zusätzliche Umsteuerventile zu vermeiden, wird die Umschaltung zwischen Motor- und Pumpenbetrieb häufig mit Hydrostaten realisiert, die ein „Durchschwenken über Null" ermöglichen. Hierzu eignen sich beispielsweise Verdrängereinheiten, die im geschlossenen Kreis Verwendung finden. Um deren ordnungsgemäße Funktionsweise (guter Wirkungsgrad, Verhindern von Kavitation, geringe Geräuschemission usw.) auch im Hybridbetrieb zu garantieren, ist die Saugseite dieser Einheiten vorgespannt. Es ergibt sich somit eine Konfiguration, wie sie in Abb. 1 dargestellt ist. Dabei ist die Hybrideinheit mit Hochdruck- (HD-) und Niederdruck- (ND-) Speichern ausgestattet.

Der zusätzliche Einsatz des separaten ND-Speichers bringt allerdings Nachteile bezüglich der umsetzbaren Energien und Leistungen sowie des benötigten Bauraums und des Gewichts mit sich. Letztlich ist auch das Management der Ölvolumina, d.h. die Überwachung des Füllgrades mittels Druck- und Temperaturmessung bzw. Füllstandsmessung mittels Wegmesstechnik, mit einem erheblichen Mehraufwand und erhöhter Komplexität verbunden.

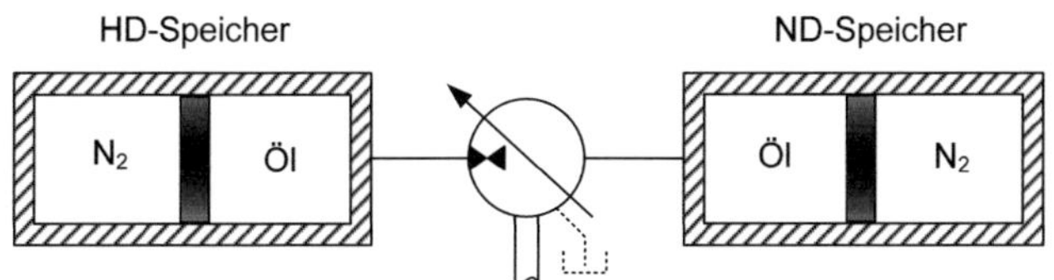

Abb. 1: Prinzipskizze konventionelles HD- und ND-Speicher-System

Das Doppelkolbenspeichersystem (DKS-System) der Fa. Hydac stellt eine innovative, technologische Lösung dar, welche die Nachteile des separaten ND-Speichers kompensiert und gleichzeitig die idealen Ansaugverhältnisse an der Verdrängereinheit garantiert. Das DKS-Konzept wurde bereits erfolgreich bei einem Demonstrator-Pkw des IFAS an der RWTH Aachen getestet und im Rahmen des 7. IFK vorgestellt [3]. Daneben verfügt Hydac über jahrzehntelange Erfahrung bei der Konstruktion, Entwicklung, Produktion und Verwendung von Doppelkolbenspeichern bei anderen (Nicht-Hybrid-) Applikationen, wie z.B. Tiefseeanwendungen.

Im Folgenden werden der konstruktive Aufbau und die Funktionsweise des Doppelkolbenspeichers erläutert. Am Beispiel konkreter Lastzyklen aus der Praxis werden die Auswirkungen auf die Energie- und Leistungsbilanz demonstriert sowie die Systemvorteile für den potenziellen Anwender von Hybridapplikationen aufgezeigt.

2 Konstruktiver Aufbau / Funktionsweise von Doppelkolbenspeichern

Die charakteristische Eigenschaft des Doppelkolbenspeichers besteht in der starren Kopplung der Kolben von HD- und ND-Seite (siehe Abb. 2). Dabei sind die Kolben fest mit einer Stange verbunden. Die daraus resultierenden vier Arbeitsräume sind bzgl. ihrer Volumina direkt miteinander gekoppelt. Die Energiespeicherung erfolgt wie beim konventionellen System durch die Kompression von

Gas (hier Stickstoff N_2). Von diesem Bereich durch den HD-Kolben abgetrennt, wird das Hochdruck-Öl (Öl HD) in einer Kammer vorgehalten.

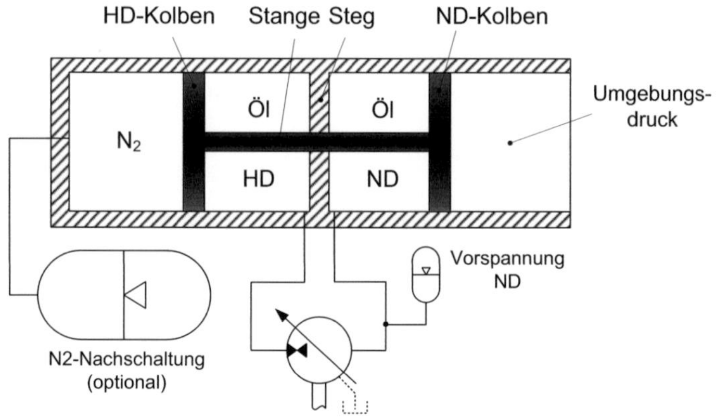

Abb. 2: Prinzipskizze Doppelkolbenspeicher

Der Steg trennt den Hochdruck- vom Niederdruckraum ab. Letzterer wird durch den ND-Kolben in den ND-Ölraum und einen „drucklosen" Raum (Umgebungsdruck) geteilt. Die hier beschriebene Belegung der Kammern stellt die für die Anwendung bevorzugte Ausführung dar. Andere Verteilungen sind ebenfalls möglich.

Im Motorbetrieb wird der HD-Ölraum entleert und der ND-Ölraum gefüllt. Die Kolben-Stangen-Einheit bewegt sich dann nach rechts. Im Pumpenbetrieb verläuft der Vorgang jeweils in umgekehrter Richtung. Wie im HD- wird auch im ND-Ölraum eine Bewegung der Kolben-Stangen-Einheit durch zu- oder abfließendes Öl ausgeglichen. Durch eine Vorspannung mit Hilfe eines kleinen Membranspeichers wird der Druck auf der Saugseite der Pumpe auf dem erforderlichen Niveau (Vorspannung ND) konstant gehalten. Der Membranspeicher dient hierbei lediglich der Kompensation von Temperatureffekten.

Leckage-Effekte an der Motor-Pumpen-Einheit sollen bei dieser Betrachtung vernachlässigt werden; sie können durch eine geeignete Nachspeiseeinrichtung ausgeglichen werden.

Die sich durch den speziellen Aufbau ergebenden systembezogenen Vorteile werden auf Basis der Kräftebilanz am Doppelkolbenspeicher erläutert (siehe Abb. 3).

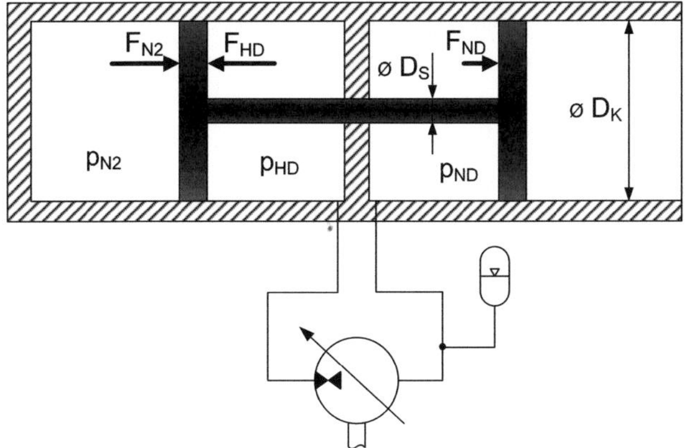

Abb. 3: Kräftebilanz am Doppelkolbenspeicher

Es gilt:

$$F_{ND} + F_{N_2} - F_{HD} = 0 \qquad [1]$$

Für den Öl-Druck auf der HD-Seite (p_{HD}) folgt daraus mit dem Druck in der Stickstoffkammer p_{N2}, dem Druck im ND-Raum p_{ND}, dem Kolbendurchmesser D_K und dem Stangendurchmesser D_S:

$$p_{HD} = \frac{D_K^{\,2}}{D_K^{\,2} - D_S^{\,2}} \cdot p_{N_2} + p_{ND} \qquad [2]$$

Gleichung [2] zeigt, dass sich der Öldruck auf der HD-Seite betragsmäßig aus zwei Summanden zusammensetzt. Der erste Summand stellt die Druckübersetzung zwischen dem N_2-Raum (p_{N2}) und dem HD-Raum (p_{HD}) dar. Der Faktor vor p_{N2} ist stets größer als 1, überschreitet diesen Wert aufgrund der typischen Verhältnisse zwischen D_S und D_K (D_S<<D_K) allerdings nur in geringem Maße. Der zweite Summand ist der konstante Druck im ND-Ölraum, der sich dem Hochdruck überlagert.

Der typische Druckverlauf für ein DKS-System ist qualitativ in Abb. 4 dargestellt. p_{HD} und p_{ND} sind über dem zugehörigen Austauschölvolumen ($\Delta V_{Öl}$) aufgetragen, p_{N2} über dem entsprechenden Gasvolumen (ΔV_{N2}). Diese Bezugsvolumina sind auf Grund der unterschiedlichen Kolbenflächen leicht verschieden. p_{ND} ist wie oben erläutert konstant und bezüglich der saugseitigen Anforderungen der

Pumpe frei wählbar. p_{N2} folgt dem Realgasverhalten und Wärmeübergangsprozessen zur Umgebung entsprechenden Druckverlauf. Nahezu parallel dazu verläuft p_{HD} aufgrund des in Gleichung [2] gezeigten Zusammenhangs.

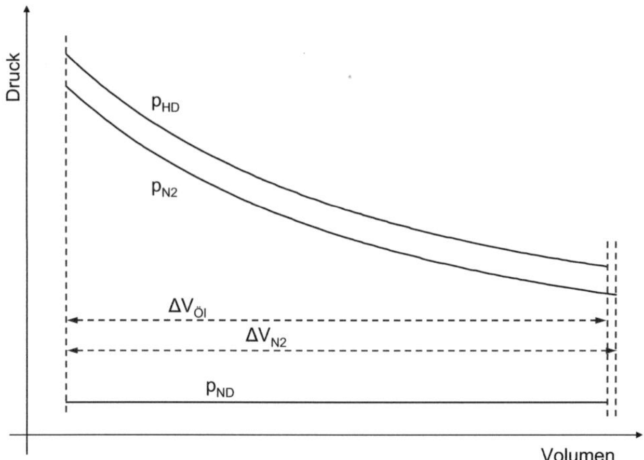

Abb. 4: Typischer Druckverlauf für ein Doppelkolbenspeichersystem

3   Systemvergleich

Der folgende, simulative Systemvergleich soll die Energie- und Leistungsbilanz des konventionellen HD-ND-Systems und des Doppelkolbenspeichers einander gegenüber stellen. Zur Simulation der verschiedenen Speichersysteme wurden das zum freien Download [4] verfügbare *Accumulator Simulation Program (ASP)* sowie ein entsprechendes Speichermodell für Matlab/Simulink der Fa. Hydac verwendet. In beiden Simulationsmodellen steckt das Knowhow zahlreicher wissenschaftlicher Arbeiten, bei denen das Speicherverhalten unter Berücksichtigung des Realgasverhaltens und der thermodynamischen Vorgänge exakt abgebildet wurde. Der Vergleich der Energie- und Leistungsbilanz der beiden Systeme erfolgt anhand konkreter Simulationsbeispiele.

3.1 Energie- und Leistungsbilanz eines Teilzyklus'

Um die prinzipiellen Unterschiede zwischen den beiden Speichersystemen zu zeigen, wird im Folgenden ein Teilzyklus (Entladevorgang) betrachtet. Eine Zusammenfassung der verwendeten Simulationsparameter zeigt Tab. 1.

Parameter	V_0	ΔV	p_0-HD	p_0-ND	p_1-ND	$p_{Start-Öl}$	$P_{Start-N2}$	$\Delta t_{entl.}$	$Q_{entl.}$
Standard	50 l	15 l	170 bar	22,5 bar	25 bar	360 bar	360 bar	12 s	75 l/min
DKS				-	25 bar = const.		329 bar		

Tab. 1: Simulationsparameter

Bezüglich der Speicherparameter wurde eine praxisnahe Konfiguration gewählt, wobei das HD-Stickstoffvolumen 50 Liter beträgt. Der Vorspanndruck p_0 auf den Hochdruckseiten wurde jeweils mit 170 bar angenommen. Bei dem betrachteten Entladevorgang (z.B. zur Beschleunigung eines Fahrzeugs oder Drehwerks) beträgt der Startdruck beispielhaft 360 bar.

Auf der ND-Seite beträgt der Startdruck, der beim DKS-System in allen Betriebspunkten konstant ist, 25 bar. Der Vorspanndruck beträgt bei diesem Beispiel im ND-Speicher 22,5 bar. Aus dem Hochdruckraum der Speichersysteme werden jeweils in 12 Sekunden 15 Liter Öl entnommen.

Die entsprechenden Simulationsergebnisse zeigt Abb. 5. Hierbei sind die Drücke des HD- und des ND-Speichers jeweils über dem verschobenen *Ölvolumen* ($\Delta V_{Öl}$) aufgetragen.

Die Betrachtung der Druckverläufe auf den ND-Seiten zeigt, dass der Niederdruck des DKS' konstant ist. Naturgemäß ist ein Druckanstieg beim Standard-System zu beobachten. Der Maximaldruck im Standard-ND-Speicher am Ende des Beladevorgangs beträgt 43,5 bar. Die Enddrücke in den Hochdruckkammern unterscheiden sich ebenfalls erheblich.

Die Ursache für den steileren Abfall des Öldrucks auf der HD-Seite des Standard-Systems im Vergleich zum DKS liegt im niedrigeren Startdruckniveau auf der Stickstoffseite des DKS (329 bar) im Vergleich zum HD-Speicher (360 bar). Dadurch arbeitet der DKS bei gleichem Ölvolumenaustausch auf einer flacheren Kennlinie als der konventionelle Hochdruckspeicher.

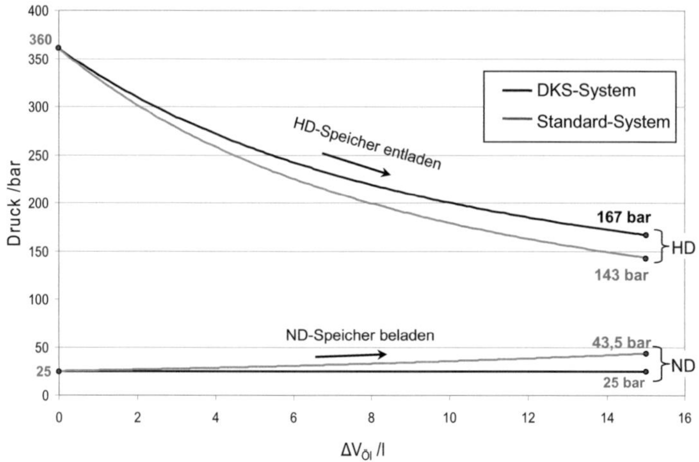

Abb. 5: Öldruck-Verläufe beim Standard- und beim DKS-System (Entladevorgang)

Entscheidend für die Leistungs- und Energieabgabe bzw. –aufnahme der Speichersysteme ist der Differenzdruck Δp (HD – ND) an der Motor-Pumpen-Einheit. Abb. 6 zeigt den Verlauf der aus Abb. 5 abgeleiteten Differenzdrücke. Der Differenzdruck beim DKS-System ist am Ende des Entladeprozesses um **42 %** größer im Vergleich zum Standard-System. Dementsprechend ist die Momenten- bzw. Leistungsabgabe (z.B. zur Unterstützung der Beschleunigung eines Fahrzeugs oder Drehwerks) beim DKS ebenfalls um 42 % höher.

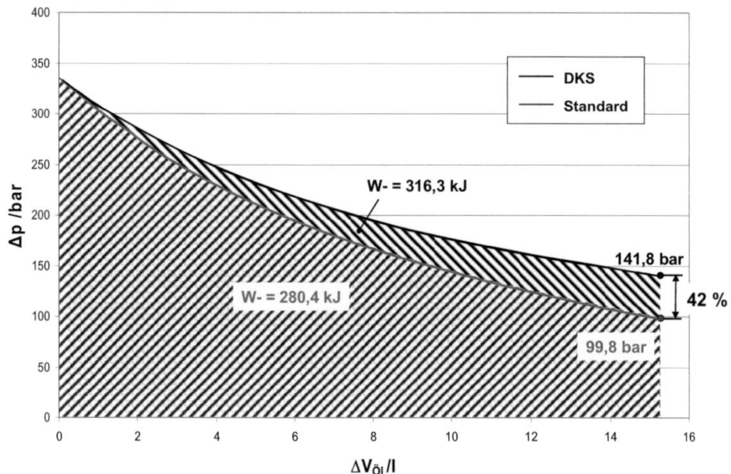

Abb. 6: Differenzdruckverläufe mit Energien und Enddrücken

Zur Bewertung der Energiebilanz kann die Fläche unter der Druckdifferenzkurve herangezogen werden, die gemäß Gleichung [3] definiert ist:

$$W = \int p\, dV \tag{3}$$

Demnach ist die Energieentnahme aus dem DKS mit 316 kJ ca. **13%** größer als beim konventionellen System mit HD- und ND-Speicher.

3.2 Bewertung des DKS in einer Praxisanwendung

Um den DKS praxisnah bewerten zu können, soll ein konkreter Lastzyklus einer Beispielapplikation herangezogen werden. Dabei wird ein Stadtbus mit einem hydraulischen Parallelhybrid betrachtet. In Abb. 7 ist die zugehörige Antriebskonfiguration mit einem konventionellen HD-ND-System (mit jeweils 50 Litern Volumen) dargestellt. Diese Antriebsstrangkonfiguration zeichnet sich dadurch aus, dass zwischen einem konventionellen hydrostatischen Fahrantrieb mit zwei Motoren und der Parallelhybridstruktur mittels insgesamt vier Ventilen umgeschaltet werden kann.

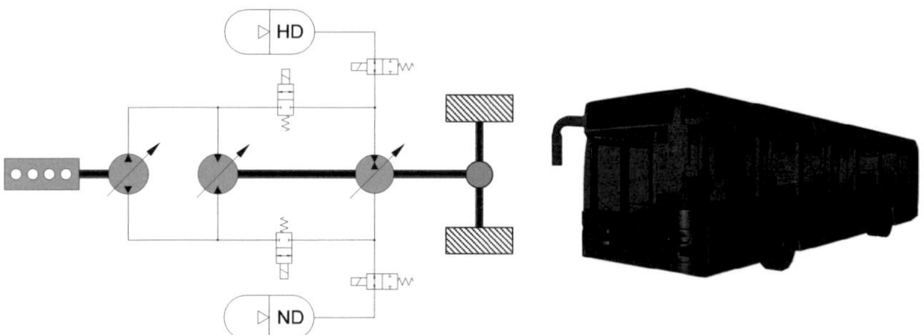

Abb. 7: Funktionsschema Stadtbus

Abb. 8 zeigt einen dazugehörenden exemplarischen Messschrieb. Hierbei handelt es sich um die Aufzeichnung der Fahrgeschwindigkeit und des Drucks im Hochdruckspeicher während einer Linienfahrt über eine Fahrstrecke von ca. 2,5 km und einer Dauer von ca. zehn Minuten.

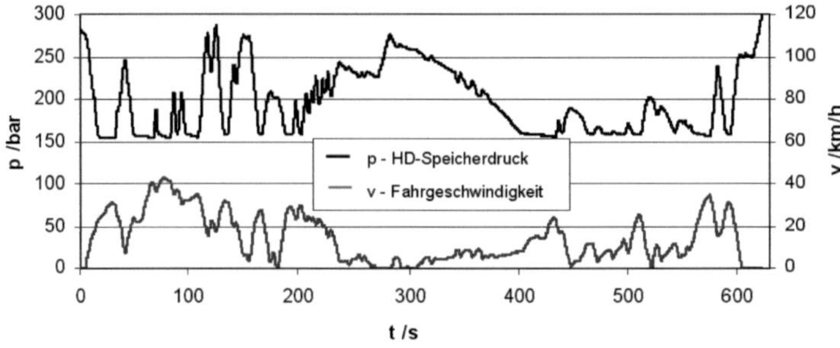

Abb. 8: Druck-/ Geschwindigkeitsverlauf

Aus den gemessenen HD- und ND-Drücken des hydraulischen Standard-Hybrid-Systems des Stadtbusses wurden nun mit Hilfe eines druckgesteuerten Hydrospeichermodells der Fa. Hydac in Matlab/Simulink zunächst die entsprechenden Volumenströme berechnet. Aus diesen Volumenstromverläufen konnten dann unter Verwendung des volumenstromgesteuerten Hydrospeichermodells die Energie- und Leistungsbilanz für die beiden Systeme simuliert und verglichen werden. Abb. 9 zeigt die sich daraus ergebenden, an der Motor-Pumpen-Einheit zur Verfügung stehenden, Druckdifferenzen im p-V-Diagramm. Da diese aus einer tatsächlichen Straßenverkehrssituation resultieren und sich somit kein thermodynamischer Gleichgewichtszustand im Speicher einstellen kann, handelt es sich um jeweils eine Kurvenschar mit entsprechender Hysterese.

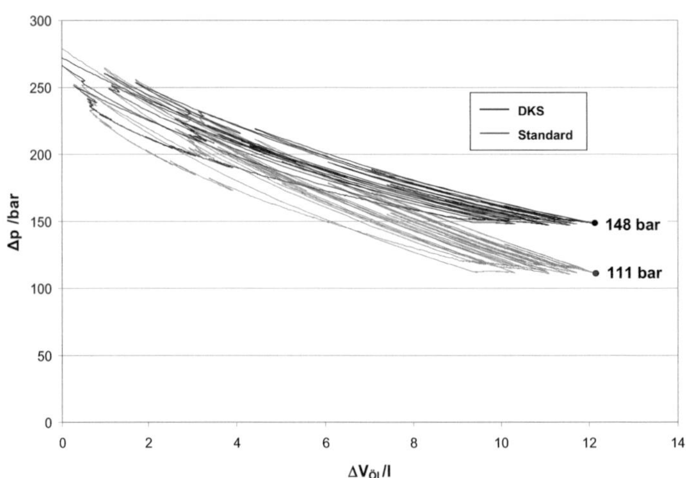

Abb. 9: Druckdifferenzverläufe beim Stadtbus-Zyklus

Vergleichbar mit den Simulationsergebnissen aus Abb. 6 bewegen sich die Druckdifferenzen beim Standard-System verglichen mit dem DKS-System auf einem niedrigeren Niveau. Dies wird mit zunehmendem Entleerungsgrad des HD-Speichers immer deutlicher. Im entladenen Zustand des HD-Speichers bietet der DKS mit einer Druckdifferenz von 148 bar einen Systemvorteil von 37 bar.

Bei der Betrachtung der Energiekapazitäten muss zwischen den aufgenommenen und den abgegebenen Energiebeträgen des Fahrzyklus unterschieden werden. Mit W_+ wird dabei die Summe aller während des Zyklus in die Speichersysteme aufgenommenen Energien (Ladevorgänge) bezeichnet. W_- ist entsprechend die Summe aller abgegebenen Energien (Entladevorgänge). Führt man diese Bilanz für den dargestellten Zyklus in Abb. 9 durch, so stellt sich heraus, dass der Doppelkolbenspeicher im Vergleich zum Standard-System **14 %** mehr Energie aufnehmen bzw. umsetzen kann. Bezogen auf die Kraftstoffeinsparung des Hybridsystems, die derzeitig bei ca. 20 % gegenüber dem konventionellen Antriebsstrang liegt, bedeutet dies eine erneute Optimierung um 3%.

Neben den Untersuchungen zu den Energiekapazitäten wurden zusätzlich die Wirkungsgrade der beiden Hydrospeichersysteme betrachtet. Diese lagen jeweils bei ca. 98 %, was durch die Dynamik der Zyklen begründet werden kann und für die betrachtete Applikation Stadtbus nicht untypisch ist.

3.3 Vergleich von Bauraum und Gewicht

Wie aus dem konstruktiven Aufbau in Abb. 2 ersichtlich wird, kann im DKS im Vergleich zur Standard HD-ND-Lösung ein Teil des ND-Speichers entfallen, was zur Reduktion des benötigten Gewichtes und ggf. auch Bauraumes führt. Durch die gekoppelte Anordnung fallen die ölseitigen Deckel von HD- und ND-Kammer in einem gemeinsamen Trennsteg zusammen. Dieser bietet die Möglichkeit zur Integration weiterer Hydraulikkomponenten wie z.B. von Druckbegrenzungs- und Absperrventilen sowie Filtern zur Gewährleistung der geforderten Ölreinheit. Die kurze, unmittelbare Verbindung zwischen HD- und ND-Kammer bietet hier sicherheitsrelevante Systemvorteile, da keine externe Verrohrung notwendig ist. Darüber hinaus lassen sich Druck- und/oder Temperatursensoren sowie Längenmesssysteme zur Überwachung des Speicherfüllgrades auf einfachem Wege integrieren. Ein Ausführungsbeispiel ist in [3] beschrieben. Der bodenseitige Deckel auf der Niederdruckseite kann gänzlich entfallen. Letztlich bedeutet alleine der Verzicht auf den niederdruckseitigen Stickstoff (50 l mit 20 bar) eine Gewichtsreduktion von ca. 1,2 kg. Demgegenüber steht lediglich das zusätzliche Gewicht der Kolbenstange, die nur die Zugkräfte zwischen den Kolben übertragen muss.

Zur weiteren Gewichtsoptimierung können die äußeren Durchmesser des DKS jeweils exakt an die max. auftretenden Arbeitsdrücke der Hoch- und Niederdruckkammer angepasst werden, wobei auch sehr einfach eine Leichtbauausführung mit Umfangsumwicklung (z.B. Kohlefasern) realisierbar ist.

Besonders interessant wird die DKS-Lösung für Anwendungen mit relativ geringem Ölverschiebevolumen und großem Stickstoffvolumen, da der Niederdruckraum hierbei vergleichsweise kurz ausgeführt werden kann. Vorteile im Packaging können wiederum durch eine nachgeschaltete Stickstofflasche erzielt werden, wobei im DKS lediglich das aktive Ölvolumen ausgetauscht wird. Dieses ist in vielen Hybridapplikationen mit paralleler Antriebsstruktur durch die kinematische Zwangskopplung zwischen Abtrieb und Verdrängervolumen des Hydrostaten vordefiniert.

4 Zusammenfassung und Ausblick

Doppelkolbenspeicher garantieren optimale Ansaugverhältnisse an den Pumpe-Motor-Einheiten von hydraulischen Hybridsystemen, da im Gegensatz zu konventionellen HD-ND-Systemen der Druck auf der Saugseite konstant bleibt. Dies erfordert keine zusätzlichen Speisepumpen. DKS erhöhen die Energiekapazität sowie die umsetzbare Leistung gegenüber konventionellen HD-ND-Speichersystemen, da – speziell bei zunehmender Entleerung der HD-Speicher – an den Pumpe-Motor-Einheiten höhere Differenzdrücke zur Verfügung stehen. Dies wurde beispielhaft an einem Entladevorgang und einem konkreten Simulationsbeispiel auf Basis realer Messdaten eines Stadtbusses demonstriert.

Auch bzgl. Gewicht und ggf. Bauraum kann der DKS Vorteile gegenüber einer konventionellen HD-ND-Speicherlösung besitzen. Die Entkopplung des Gasvolumens vom Ölvolumen bietet weitere Systemvorteile bezüglich des Packagings und erleichtert die Integration in die Maschine.

Durch die permanente Kopplung der HD- und ND-Kammern muss lediglich eine Seite des Speichers bezüglich des Füllgrades bzw. des Kolbenhubes überwacht werden. Dies erleichtert das Ölmanagement bzw. die Nachspeisung von volumetrischen Verlusten erheblich.

Aufgrund der bestechenden Effizienzvorteile wird der Doppelkolbenspeicher in Kürze in einigen Hybridapplikationen zum Einsatz kommen.

5   Literaturverzeichnis

[1]   Bauer, F.; Feld, D.: Warum hydraulische Hybridsysteme?. In: Het Hydrauliek Symposium, Delft, 2010, S. 87-104.

[2]   97/23/EG Druckgeräterichtlinie

[3]   Verkoyen, T.; Schmitz, J.; Vatheuer, N.; Inderelst, M.; Murrenhoff, H.: Retrofitable hydraulic hybrid system for road vehicles. In: Efficiency through Fluid Power: 7th International Fluid Power Conference (7th IFK), Aachen, 2010, S. 433-444.

[4]   Internet: http://www.hydac.com/de-de/service/download-software-auf-anfrage/ software/software-download/speichertechnik.html. Stand: 20.11.2010.

Phlegmatisierung als Tugend in der Mobilhydraulik

Das Energiespeichersystem des Kranvollernters HSM 405H2

Felix Prinz zu Hohenlohe

Hohenloher Spezial-Maschinenbau GmbH & Co.KG, Neu-Kupfer
felix.hohenlohe@hsm-forstmaschinen.de

Kurzfassung

Für die stark intermittierende Leistungsabnahme eines Forst-Harvesters wird eine serielle Hybridlösung mit einem Hydrospeicher vorgestellt, die den Dieselmotor phlegmatisiert und dabei eine zusätzliche Boost-Funktion ermöglicht. Den überschaubaren Nachteilen bei Bauraum und Kosten stehen erhebliche Vorteile gegenüber:

- gleichmäßigere Belastung des Dieselmotors

- mehr Entastungsleistung

- mehr Dynamik beim Entastungsvorschub

- geringere Abschaltdruckspitzen

- Betriebspunktverschiebung des Dieselmotors zum besten Wirkungsgrad

Bessere Fahrbarkeit, bessere Entastungsqualität, höhere Leistung und ein bis zu 20% niedrigerer Kraftstoffverbrauch pro Erntefestmeter sind das Resultat dieser Modifikation.

Bei den Dieselmotoren der nächsten Emissionsstufen, die auf dynamische Belastungen nur träge reagieren können, wird diese Lösung an Bedeutung gewinnen.

Stichworte

Mobile Arbeitsmaschine, Forstmaschine, Harvester, Hybridantrieb, Hydrospeicher, Phlegmatisierung

1 Einleitung

Die Auslegung der Leistung des Dieselmotors und der Hydraulikanlage einer mobilen Arbeitsmaschine erfolgt gewöhnlich nach dem Spitzenbedarf während des Arbeitsprozesses. Bei Anwendungen mit stark intermittierender Leistungsabnahme führt dies zu großen und teuren Komponenten, die sich negativ auf den Gesamtwirkungsgrad auswirken und zu einer wirtschaftlich nicht optimalen Lösung führen. Erschwerend kommt hinzu, daß abgasoptimierte Dieselmotoren sich wegen ihres kritischen Ansprechverhaltens nur bedingt für eine stark intermittierende Leistungsabgabe eignen.

Ein typisches Beispiel dafür aus dem Bereich der Forsttechnik stellt der Radharvester (Kranvollernter) dar. Hier wird der Leistungsbedarf beim Entastungsvorgang schlagartig abgerufen und ist wesentlich höher als bei den anderen Funktionen des Ernteaggregates, dem Kranfahren oder den Fahrbewegungen.

Eine in vielen Bereichen der hydrostatischen Antriebstechnik bewährte Lösung ist der Einsatz eines Hydrospeichers, der den Spitzenbedarf im Arbeitszyklus abdeckt und in Phasen geringen Bedarfes von Dieselmotor und Hydropumpe geladen wird. Wie aus dem häufig zitierten Ragone-Diagramm [1] ersichtlich, liegen Blasenspeicher relativ gut in der Leistungsdichte [kW/kg] und brauchbar in der Energiedichte [kJ/kg]. Elektrische Speichermedien und die Brennstoffzelle liegen bei der Energiedichte jedoch wesentlich günstiger. Zu beachten ist, daß das Ragone-Diagramm die Leistungs- und Energiedichte auf die Masse bezieht. Beim Vollernter ist es eher problematisch, den zusätzlichen Einbauraum zur Verfügung zu stellen.

Die vorgestellte Lösung läßt sich als serieller Hybridantrieb der Vorschubswalzen deuten, wobei der Dieselmotor und die Hydropumpe als Hauptenergiequelle und der Hydrospeicher als zweiter Antrieb dient[2].

2 Stand der Technik

Bei der Holzernte nach der Kurzholzmethode dienen Radharvester dazu, den stehenden Baum zu fällen, zu entasten und auf die gewünschte Länge abzuschneiden.

Dazu ist am Kranende ein Ernteaggregat mit einer hydraulischen Kettensäge, Vorschubswalzen und Entastungsmessern montiert.

Abbildung 1: Kranvollernter mit Erntekopf

Die sechs größten europäischen Forstspezialmaschinenhersteller, die den Weltmarkt an Erntetechnik nach der Kurzholzmethode dominieren, haben jeweils mindestens ein Modell in der mittelgroßen Harvesterklasse im Programm, die sich wie folgt charakterisieren läßt:

- Sechs- oder Achtradantrieb

- Kran mit 10m-Reichweite und einem Brutto-Hubmoment von 180 bis 240 kNm brutto

- 6-Zylinder Dieselmotoren mit einem Hubraum von 6,2 bis 8,7 l und einer Leistung von 165 bis 205kW

- Ernteköpfen in der 60cm Klasse, die ungefähr folgende Daten aufweisen:

  ◦ Masse 1200kg

  ◦ maximale Vorschubskraft von 30kN (theoretisch)

  ◦ maximale Vorschubsgeschwindigkeit von 4,5 m/s

  ◦ Walzenmotoren mit konstantem Schluckvolumen

  ◦ Konstantdruck 280 bar

  ◦ maximaler Volumenstrom 330 l/min

Während der Fahrantrieb bei allen Modellen hydrostatisch im geschlossenen Kreis ausgeführt ist, gibt es bei der Arbeitshydraulik im offenen Kreis sowohl Zweikreis-Systeme getrennt für Erntekopf und Kran als auch Einkreissysteme.

Abbildung 2: Entastungsvorgang

Zumindest für die beiden Funktionen „Sägen" und „Vorschub" wird die versorgende Schrägscheiben-Axialkolbenpumpe auf maximalen Druck gesteuert. Überlagert ist häufig eine elektro-hydraulisch proportionale Schwenkwinkelbegrenzung, mit deren Hilfe eine Grenzlastregelung realisiert wird.

Bei diesen Fahrzeugen ist eine deutliche Tendenz zu starken Drehzahldrückungen des Dieselmotors festzustellen, vor allem beim Parallelbetrieb von Entastung, Kranbewegung und Fahrantrieb.

Dafür gibt es im Wesentlichen folgende Gründe:

- Vor dem Entastungsvorgang ist häufig der Ladedruck des Turbo-Dieselmotors gering, da der Motor nicht belastet ist.

- Der Start des Vorschubes muß sehr dynamisch erfolgen, da die unbekannte Beschleunigungsstrecke bis zu einem starken Ast optimal genutzt werden muß. Die Kraft an den Entastungsmessern ergibt sich zu einem größeren Teil aus der kinetischen Energie des Erntekopfes und zu einem geringeren Teil aus der Vorschubskraft während des Schneidvorganges. Zusätzlich sinkt die Qualität der Entastung unter ca. 2,5m/s deutlich.

- Gerade bei schweren Bäumen und starken Ästen wird mit Beginn des Vorschubes mit dem Kranschwenkwerk mitgefahren, um so den Entastungsvorgang zu unterstützen. Beim Zweikreis-Hydrauliksystem belastet dann die Kranpumpe zusätzlich zur Aggregatpumpe den Dieselmotor.

- Die Ausschwenkgeschwindigkeit der Aggregatpumpe steigt bei höheren Lastdrücken an, da der Pumpendruck selbst die Stellenergie zur Verfügung stellt. Dabei steigt also die Belastung des Dieselmotors bei hohem Widerstand an den Vorschubswalzen umso schneller an.

Wohl aus obigen Gründen werden als Antriebe von Radharvestern häufig niedrig aufgeladene Dieselmotoren mit viel Hubraum eingesetzt, die sich für weniger intermittierende Einsätze aufgrund der Herstellkosten und des Kraftstoffverbrauches weniger eignen.

3 Energiespeichersystem des Radharvesters HSM 405H2

Der HSM 405H2 ist ein Radharvester der mittleren Klasse, wie oben beschrieben.

Sein Common-Rail-Dieselmotor nach Abgasstufe Tier3 erzielt 175KW aus 6,7l Hubraum bei einem maximalen Ladedruck von 2,25bar. Der Motor stammt aus einem Kleinlastwagen und ist besonders auf Sparsamkeit bei kontinuierlicher Leistungsabnahme ausgelegt. So hat der Turbolader kein sogenanntes Wastegate und keine variable Turbinen-Geometrie, d.h. der maximale Ladedruck steht nur ab einer gewissen Drehzahl und maximaler Last zur Verfügung. Der Motor ist nicht auf ein gutes dynamische Ansprechverhalten optimiert. In der Anwendung in landwirtschaftlichen Traktoren wird derselbe Motor mit reduziertem Ladedruck und reduzierter Leistung eingesetzt.

Die Arbeitshydraulik ist als Zweikreissystem ausgeführt. Eine Axialkolben-Verstellpumpe mit 145ccm versorgt den Load-Sensing-Kransteuerblock und eine weitere Axialkolben-Verstellpumpe mit 190 ccm versorgt den Erntekopf mit Konstantdruck, gesteuert vom Steuerungscomputer des Erntekopfes. Diese Pumpe ist zusätzlich mit einem elektrisch verstellbaren Leistungsregler ausgestattet.

An dieser Pumpenleitung ist über ein Lade- und ein Entladeventil ein 60l-Blasenspeicher mit einer Gasvorspannung bei Umgebungstemperatur von 180 bar angeschlossen. Dabei wird während des Entastungsvorganges der Speicher in die Pumpenleitung entladen. Während des Sägens verhält sich der Speicher passiv. In den Ruhephasen, d.h. wenn weder entastet noch gesägt wird, wird der Speicher bis zum einstellbaren Maximaldruck geladen. Hierbei ist das Ladeventil offen und die Verstellpumpe auf Maximaldruck geregelt. Danach wird das Ladeventil geschlossen und die Verstellpumpe auf Standby-Druck geregelt.

Im Speicher befinden sich dann ungefähr 15l Öl unter einem Druck von 280 bar, die sich bis zu einem Druck von 210 bar entleeren. Beim Entasten von eher schwachem Holz beobachten wir ohne Speicher ungefähr einen Abfall des Pumpendruckes bis auf 180bar. Der Erntekopf benötigt ca. 1,2l Öl für einen Meter Entastungsvorschub. Kurzholz wird in Längen von 2 bis 6m eingeschnitten, gelegentlich wird auch Langholz bis 20m ausgehalten. Versuche ergaben, daß nach dem Startvorgang ungefähr 2/3 der Ölmenge zum Kopf aus der Pumpe und 1/3 aus dem Speicher kamen. So wird klar, daß beim Kurzholz die gespeicherte Ölmenge von 15l gut ausreichend ist und der volle Speicher bei einem Kurzholz-Arbeitsspiel von 280bar kaum unter 240bar sinkt.

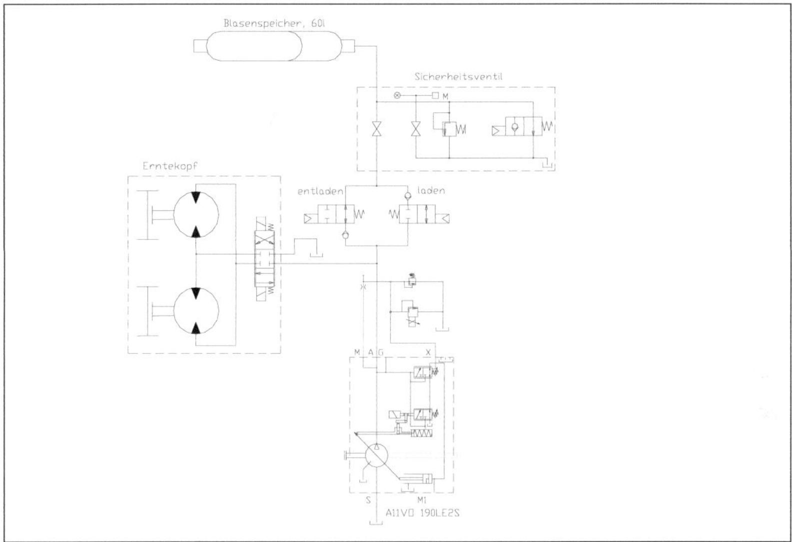

Abbildung 3: Ausschnitt aus dem Hydroplan HSM 405H2 mit Energiespeicher

Voll geladen sind im Speicher ca.360 kJ gespeichert. Das bedeutet, daß für z.B. 4 Sekunden eine hydraulische Extraleistung von 90 kW zur Verfügung steht. Somit kann in unserem Fall des 175kW Dieselmotors für 4 Sekunden eine um 50% höhere hydraulische Leistung geliefert werden. Im allgemeinen kann damit ein schwächerer Dieselmotor und eine kleinere Hydraulikpumpe (Downsizing) verwendet werden, in unserem Fall kann die Mehrleistung im Arbeitsprozeß sinnvoll genutzt werden (Hybrid-Boost)[3].

Besonders vorteilhaft macht sich der Speicher beim Vorschubstart bei geringem Widerstand bemerkbar. Hier liefert der Speicher der Pumpe den Widerstand beim Ausschwenken, der sie aufgrund der höheren Stellenergie schneller macht.

Die höhere Dynamik des Systems macht sich auch in einer besseren Entastungsqualität bemerkbar.

Kurz vor Erreichen der Ziellänge schließt das proportionale Vorschubsventil am Erntekopf sehr schnell. Hier kommt es zu einer großen Druckspitze in der Druckleitung, die durch den Speicher zu einem großen Teil weggedämpft wird.

Das kommt der Lebensdauer von Schlauchleitungen, Ventilen und nicht zuletzt der Pumpe sehr entgegen.

4 Messungen am HSM 405H2 mit und ohne Energiespeicher

Beim HSM 405H2 kann das Energiespeichersystem elektrisch zu- oder abgeschalten werden. Dabei wird ohne Energiespeicher eine härtere Grenzlastregelung gefahren, um noch auf brauchbare Entastungsleistungen zu kommen. Beim Hybrid wurde die Regelstrategie bewußt in Richtung Energieeffizienz und Fahrbarkeit gelegt [4].

Messungen im Wald an realen Bäumen bestätigen eindrucksvoll die Wirkungsweise und Leistungsfähigkeit des Energiespeichersystems. Die Leistung der Maschine nimmt durchschnittlich um etwa 20 – 25% zu, wobei der Dieselverbrauch pro Stunde ungefähr konstant bleibt. Damit geht der Treibstoffverbrauch pro Erntevolumen um bis zu 20% zurück. Dies geht auch auf die vom Bediener gewählte Arbeitsdrehzahl zurück. Im Mittel haben die Fahrer mit Energiespeicher eine ungefähr 300 U/min niedrigere Drehzahl gewählt (Betriebspunktverschiebung) [3]. Die Ergebnisse im Feld auf Kundenmaschinen bestätigen diese Ergebnisse.

Allerdings bringen die Messungen an realen, starkastigen Bäumen keine wiederholbaren Resultate, weshalb im Folgenden auf Werkstattversuche zurückgegriffen wird, die sich als Referenzmessungen eignen:

In diesem Fall drehen die Vorschubswalzen leer und der Widerstand wird durch eine während der Messungen konstant eingestellte Verstelldrossel in der Zuleitung dargestellt.

Aufgezeichnet werden:

- Pumpendruck in bar
- Speicherdruck in bar
- Turboladerdruck in bar (absolut)
- Dieselmotorendrehzahl in 1/min
- Volumenstrom zum Erntekopf in l/min
- hydraulische Leistung in kW

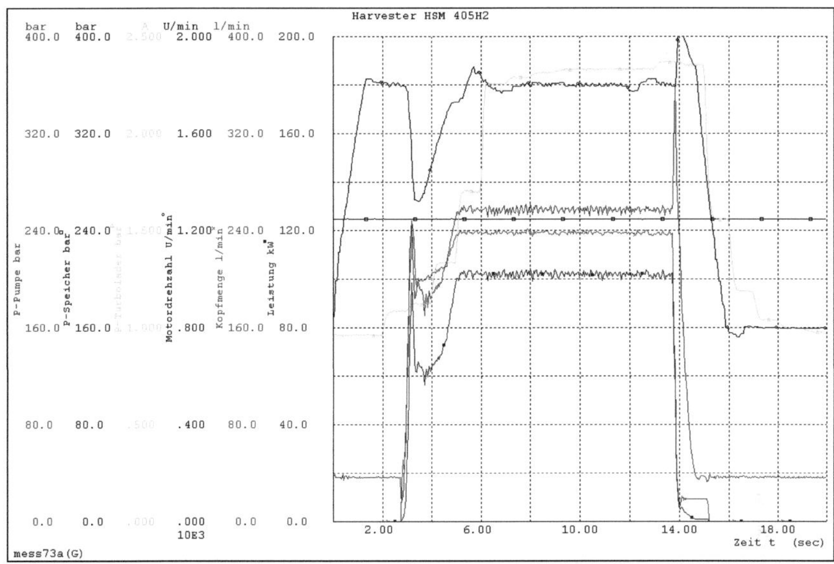

Abbildung 4: langer Vorschub ohne Speicher

Die erheblichen Leitungsverluste vom Basisfahrzeug zum Erntekopf und zurück sind hier nicht berücksichtigt.

Die erste Messung ohne Speicher entspricht dem Entasten eines sehr langen Baumstückes. Es zeigt sich, daß der Turboladerdruck über 4 Sekunden von unter 1,0 bar absolut auf 2,25 bar ansteigt. Da aber real die Dieselmotorenleistung spontan abverlangt wird, steht für das Entasten eines Kurzholzstückes von 2 bis 5 m nur ungefähr 1,3 bar Ladedruck zur Verfügung. Am Vorschubende fällt der Ladedruck sehr schnell ab, sodaß nach dem Ablängen für den erneuten Vorschub wieder nur der minimale Ladedruck zur Verfügung steht. Außerdem ist am Vorschubende die Druckspitze auf über 360bar zu sehen, das bedeutet 80bar über den Nenndruck von 280 bar.

Abbildung 5 entspricht einem kurzen Vorschub (Kurzholz) ohne Energiespeicher. Der Ladedruck steigt während des Vorschubs nicht über 1,25 bar und die hydraulische Leistung liegt nach dem Anfangsstoß (Schwungmasse) bei enttäuschenden 50 – 60 kW. Der Dieselmotor wird hier von 1580 U/min um etwa 400 U/min gedrückt. Mit einer weniger scharfen Einstellung der Grenzlastregelung läßt sich der Dieselmotor beruhigen, aber die dynamische Leistungsabgabe wird dann noch schlechter.

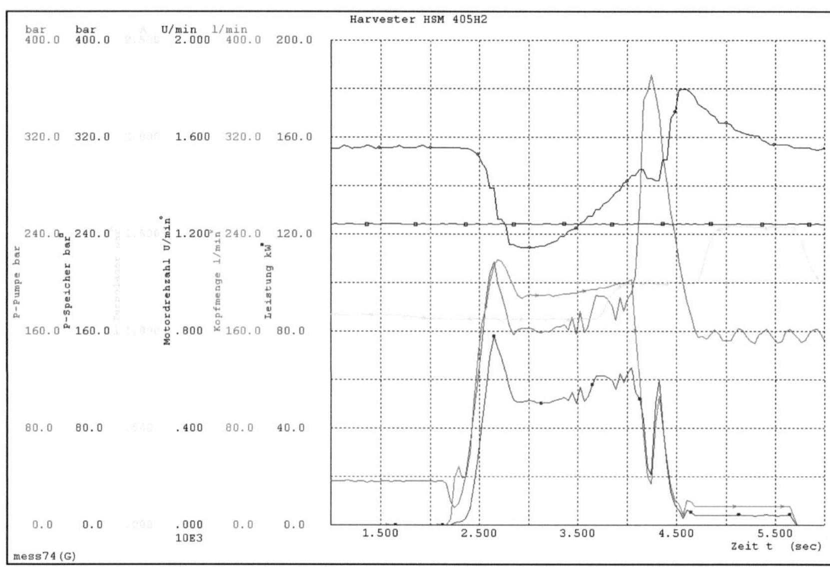

Abbildung 5: kurzer Vorschub, ohne Speicher

Dieses unbefriedigende Verhalten kann nun mit dem dynamischen Verhalten mit Energiespeicher verglichen werden, vgl. Abbildung 6.

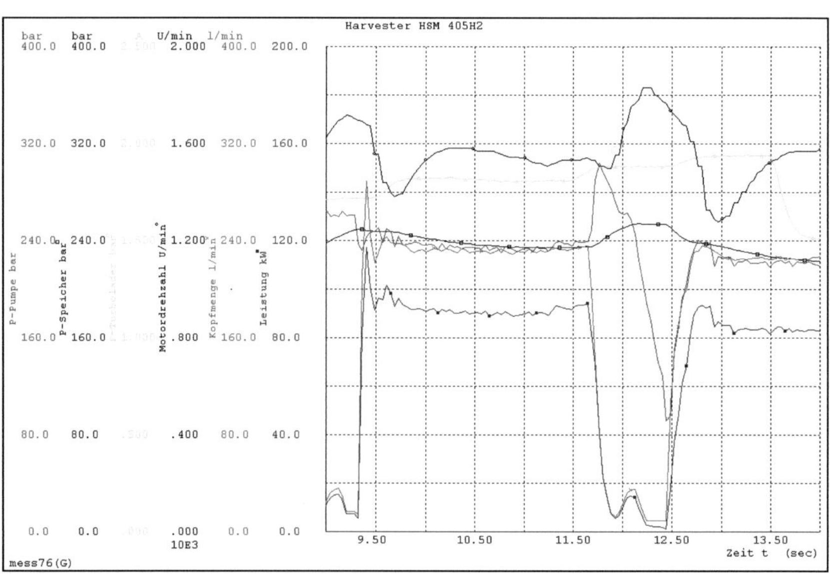

Abbildung 6: kurzer Vorschub, mit Speicher

Hier erfolgt der Vorschub bereits während der Aufladephase des Speichers, weshalb der Ladedruck bereits bei 1,7 bar liegt und dort auch während dem Entasten bleibt. So liegt die hydraulische Leistung während dem Vorschub bei ungefähr 90 kW und damit mehr als 50% höher als ohne Energiespeicher. Ein Vergleich der Anstiegsgeschwindigkeiten von Druck und Volumenstrom zeigt den weiteren großen Vorteil der Phlegmatisierung. Dabei fällt die Dieseldrehzahl nur um ca. 200 U/min und damit nur um die Hälfte gegenüber dem Test ohne Speicher ab. Das subjektive Fahrgefühl wird so wesentlich verbessert.

Beim Abschalten schwingt der Pumpendruck um ca. 25 bar über den Nenndruck von 280 bar gegenüber 80bar ohne Speicher.

Zu beachten ist, daß die optimalen Resultate voraussetzen, daß der Vorschub noch in der Phase Speicher laden beginnt, um bei höherem Ladedruck zu beginnen.

5 Zusammenfassung und Ausblick

Mit relativ geringem Entwicklungsaufwand läßt sich bei der Konstantdruckversorgung des Erntekopfes durch gezieltes Zuschalten des Hydrospeichers ein sehr vorteilhaftes Verhalten erzielen. Die Phlegmatisierung des Dieselmotors, die Boost-Funktion, die Dämpfung der Druckspitzen und die mögliche Verlagerung des Betriebspunktes des Dieselmotors stellen wesentliche Vorteile des Systems dar.

Messungen und erste Rückmeldungen aus dem Feld zeigen eine bessere Fahrbarkeit der Maschine, eine höhere Entastungsleistung und -qualität sowie einen um bis zu 20% niedrigeren Kraftstoffverbrauch pro Erntevolumen.

Es erstaunt, daß bis heute noch keine vergleichbaren Systeme bei Harvestern in Serie laufen. Mit den steigenden Problemen bei der Abstimmung der Arbeitshydraulik auf das dynamische Verhalten der Dieselmotoren der Abgasstufe Tier4 wird das Thema Phlegmatisierung wohl eine größere Bedeutung erlangen.

Literaturverzeichnis

[1] Ragone, D. V,: >*Review of Battery Systems for Electrically Powered Vehicles*< ; SAE Mid-Year Meeting (1968), SAE-Paper Nr. 68045

[2] Thiebes, P; Geimer, M: >*Hybridantriebe für mobile Arbeitsmaschinen*<; in O+P Zeitschrift für Fluidtechnik – Aktorik, Steuerelektronik und Sensorik, 11-12/2007, S.630-635.

[3] Thiebes, P; Geimer, M: >*Potenziale nutzen mit Methode*< ; in MECHATRONIK 6-7 | 2010, MOBILE MASCHINEN | Hybridantriebe, Carl Hanser Verlag, München.

[4] Kunze, G; Winger, A: >*Möglichkeiten und Grenzen der Senkung des Energieaufwandes bei Hybridantrieben*<; Tagungsband : Hybridantriebe für mobile Arbeitsmaschinen, Karlsruhe 2007, S.157 – 165.

Liebherr Pactronic® - Hybrid Power Booster

Energierückgewinnung und Leistungssteigerung mit Hybridantrieb

Dr.-Ing. Klaus Schneider

Liebherr-Werk Nenzing GmbH
Dr. Hans Liebherr Str. 1
A-6710 Nenzing
E-mail: k.schneider@liebherr.com

Kurzfassung

Liebherr, der Weltmarktführer im Hafenmobilkran-Bereich präsentiert den ersten, hydraulischen Hybrid-Antrieb für Hafenmobilkrane. Pactronic® - das neue Hybrid-Antriebssystem rückt zwei zentrale Themen in den Blickpunkt: Umschlagsteigerung in Verbindung mit reduziertem Kraftstoffverbrauch.

Liebherr Pactronic® ist ein revolutionäres Antriebssystem auf Hybrid-Basis. Wesentliches Merkmal ist ein zusätzlicher Energiespeicher (Akkumulator). Dieser wird durch Regenerierung der Rückleistung beim Senken der Last sowie durch überschüssige Leistung des Antriebsaggregats geladen. Die im komprimierten Gas gespeicherte Energie kann bei Bedarf freigesetzt werden und liefert damit zusätzliche Leistung an das Antriebssystem.

Stichworte

Pactronic®, Hydraulischer Hybridantrieb, Leistungssteigerung, Emissionsreduzierung, Verbrauchssenkung, Hybrid Power Booster

1   Einleitung

Mit der Globalisierung, der weltweiten Vernetzung von nationalen Märkten sowie der zunehmenden Liberalisierung des Welthandels steigt das Güteraufkommen unaufhaltsam. Über 5 Milliarden Tonnen Güter werden bereits jährlich auf dem Seeweg transportiert. Dies ist nicht nur für die Logistiksysteme eine Herausforderung, sondern erfordert auch ständig weitergehende Optimierungen der Transport-Prozesse, insbesondere bei der Be- und Entladung der Güter. Die teuren Schiffs-Liegezeiten in Seehäfen sind ein weiterer Grund für die notwendige Verkürzung der Umschlagzeiten. Die Umschlagleistung des Kranes hat zudem einen wesentlichen Einfluss auf die Gesamtkosten des Umschlagbetriebes, denn diese betrifft nicht nur die direkten Kosten wie Kraftstoff, Kranfahrer und Wartung, sondern auch die gesamte Hafen-Infrastruktur.

Neben dem primären Ziel der Steigerung der Umschlagleistung stehen weitere zentrale Themen im Fokus: Reduktion der Abgas-Emissionen, insbesondere CO_2, Senkung des Kraftstoffverbrauchs sowie Verringerung der Betriebskosten über den gesamten Lebenszyklus.

Abbildung 1: Greiferumschlag mit Liebherr Hafenmobilkranen

In Abbildung 1 ist ein Liebherr Hafenmobilkran dargestellt, welcher sowohl für den Schwerlasteinsatz bis zu 208 t als auch im Umschlagbetrieb eingesetzt wird. Mit einem Gesamtgewicht von ca. 550 t können Lasten bis zu einer Ausladung von 58 m umgeschlagen werden [1]. Im Schüttgutbetrieb können bis zu 1800 t pro Stunde aus einem Schiff entladen werden.

2 Steigerung der Umschlagleistung

Um die Umschlagleistung zu steigern, bieten sich die drei Hauptantriebe Drehen, Wippen und Heben an. Aufgrund der auftretenden Zentripetal- und Coriolis-Kräfte beim Drehen kann die Dreh- und Wippbewegung nicht beliebig beschleunigt werden. Dagegen sind im Bereich Hubwerk noch erhebliche Optimierungen möglich.

Während eine Erhöhung der Hubgeschwindigkeiten ohne Last noch einfach erscheint, werden beim Bewegen einer Last die Leistungsgrenzen des Hubwerkstrangs und des primären Diesel- oder Elektromotors schnell erreicht.

Konventionelle Leistungssteigerung

Abbildung 2 zeigt das konventionelle, hydrostatische Hubsystem eines Liebherr-Hafenmobilkrans, das mit einem Hydraulikmotor, einer Pumpe und dem Antriebsaggregat (Diesel- oder Elektromotor) angetrieben wird.

Eine Erhöhung der Antriebsleistung erfolgte bisher durch immer weitere Steigerung der Dieselmotor-Leistung und aller dazugehörigen Komponenten. Diese Lösung ist einerseits sehr kostenintensiv und führt andererseits zu einer deutlichen Erhöhung des Kraftstoffverbrauchs.

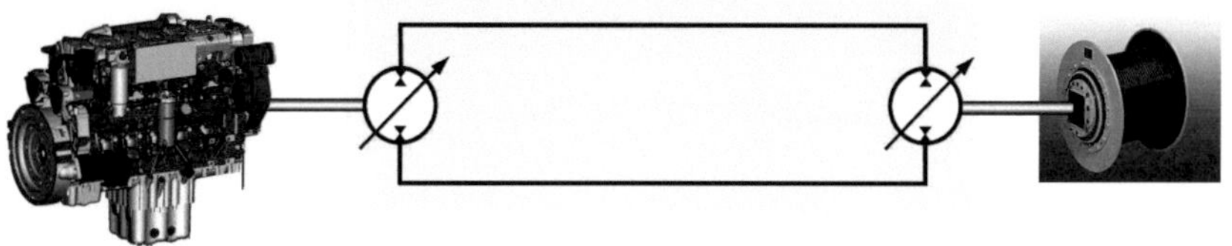

Abbildung 2: Konventioneller hydrostatischer Antrieb

3 Leistungssteigerung mit Hybridantrieb Pactronic®

3.1 Pactronic® Antriebskonzept

Als Alternative zu dieser Vorgehensweise kann das in Abbildung 3 dargestellte Pactronic®-Antriebssystem genutzt werden [2[,[3]. Liebherr Pactronic® steht für Power by Accumulator and Electronics und ist ein innovatives Antriebssystem auf Hybrid-Basis. Anstatt die Primärleistung zu erhöhen, erfolgt die Leistungssteigerung durch Hinzufügen einer sekundären Energiequelle. Der Energiespeicher ist dabei über eine Ladepumpe mit dem Dieselmotor verbunden. Um einen optimalen Wirkungsgrad zu erreichen, erfolgt zusätzlich eine direkte Ankopplung an die Hubwinde mit einem Hydraulikmotor.

Die Speicherung der Energie erfolgt mit einem hydraulischen Druckspeicher, der im normalen Betrieb be- und entladen wird. Diese gespeicherte Energie kann dann während des Hubvorgangs genutzt werden.

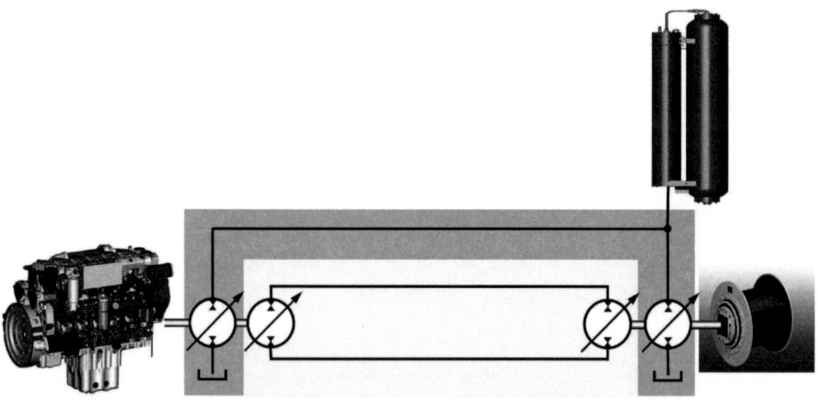

Abbildung 3: Hybridantrieb Pactronic®

3.2 Hydraulischer Druckspeicher

Die Energiespeicherung des Pactronic®-Antriebssystems erfolgt mit einem hydraulischen Druckspeicher (siehe Abbildung 4). Dabei wird die Energie im komprimierten Gas gespeichert und kann bei Bedarf wieder schnell freigesetzt werden. Diese Speichertechnologie bietet im Vergleich zu elektrischen Energiespeichern folgende entscheidende Vorteile:

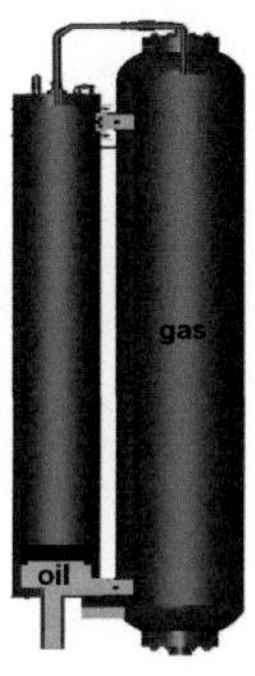

- Bewährte Technologie für Energiespeicherung
- Selbe Lebensdauer wie Kran
- Nahezu wartungsfrei (einfache visuelle Inspektion alle 10 Jahre)
- Schnelles Be- und Entladen
- Extreme Robustheit (Kühlung, Klimatisierung oder Isolierung nicht erforderlich)
- 100% recyclingfähig

Abbildung 4: Hydraulischer Druckspeicher

3.3 Energiespeicher-Management

In Abbildung 5 ist ein für den Umschlagbetrieb typischer Leistungszyklus dargestellt. Hier wird deutlich, dass der primäre Diesel- oder Elektromotor großen Belastungsschwankungen unterworfen ist. Die maximale Leistung wird nur kurzzeitig während des Hubvorgangs benötigt und erreicht Werte von 1340 kW. Dagegen werden jedoch durchschnittlich nur ca. 500 kW benötigt. Mit einer installierten Leistung von 670 kW ist es damit möglich, den Hubwerkstrang während des gesamten Zyklus anzutreiben. Die auftretenden Leistungsspitzen werden dabei unter Ausnutzung der im Hydraulikspeicher gespeicherten Energie überbrückt.

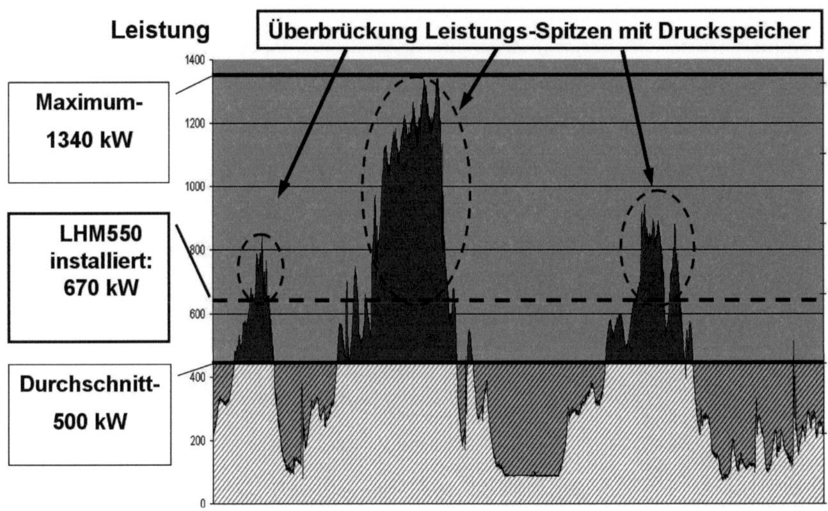

Abbildung 5: Typischer Leistungszyklus im Umschlagbetrieb

Das Laden der sekundären Energiequelle erfolgt nun während dem Senken der Last. Abbildung 6 zeigt den Leistungsfluss in diesem Betriebszustand. Der Speicher wird durch die Rückenergie während dem Senken der Last aufgeladen. Gleichzeitig wird die überschüssige Leistung der primären Energiequelle zum Laden verwendet.

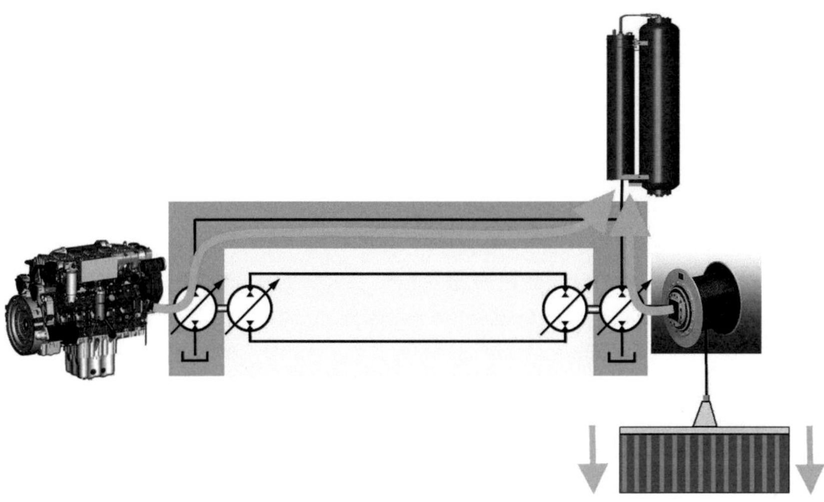

Abbildung 6: Leistungsfluss während Senken der Last: Nutzung von Rückenergie und überschüssiger Leistung des Dieselmotors

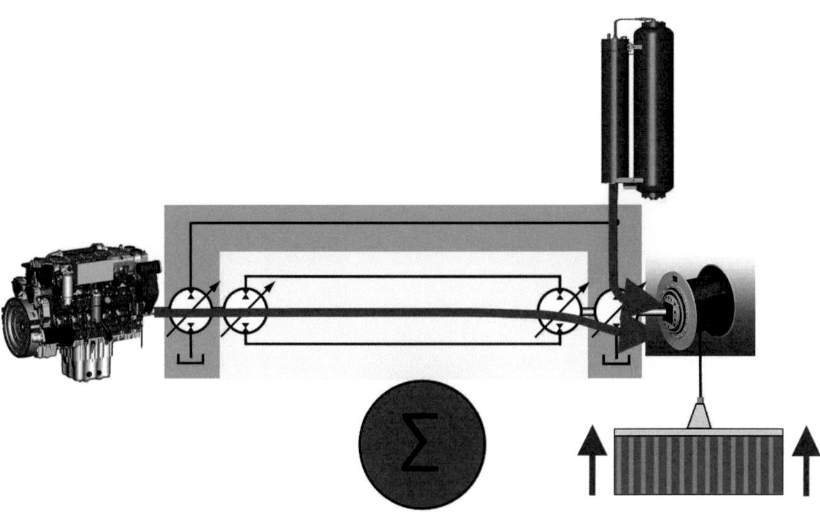

Abbildung 7: Leistungsfluss während Heben der Last: Maximalleistung Hubwerk ist Summe aus Leistung Dieselmotor und Energiespeicher

Die gespeicherte Energie wird dem System wieder zugeführt, wenn im Kranbetrieb beim Hubvorgang die Spitzenleistung benötigt wird. Folglich setzt sich die gesamte Hubleistung an der Winde aus der konventionellen hydrostatischen Leistung und der sekundären, vom Energiespeicher zur Verfügung gestellten Leistung, zusammen (siehe Abbildung 7).

Mit dem Pactronic® System von Liebherr ist damit eine enorme Leistungssteigerung möglich. Sowohl Hub- als auch Senkgeschwindigkeit werden trotz gleichbleibender Primärleistung wesentlich erhöht. Im Vergleich mit einem konventionellen Hafenmobilkran mit leistungsgleicher Primärenergiequelle (Dieselmotor oder E-Antrieb) verfügt das Pactronic® Antriebssystem über die doppelte Hubleistung mit bis zu 100% höheren Hub- und Senkgeschwindigkeiten. Was die Umschlagkapazität betrifft, so profitiert der Betreiber von einer um etwa 30% erhöhten Umschlagleistung (siehe Abbildung 8).

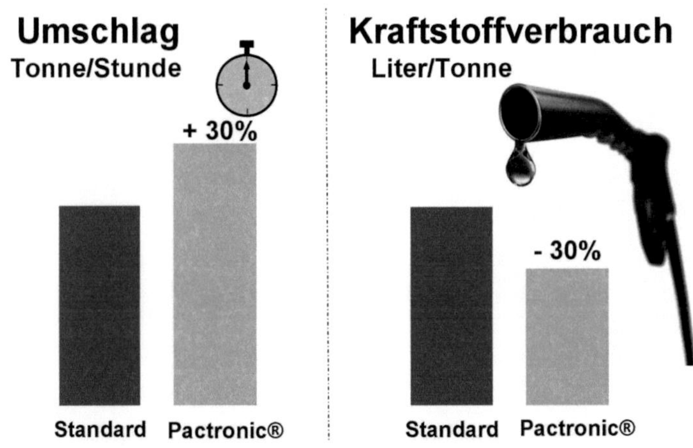

Abbildung 8: Vergleich von Leistung und Kraftstoffverbrauch

Zusätzlich wird der Kraftstoffverbrauch des Krans beträchtlich reduziert. Dies wird durch die volle Nutzung der zurückgeführten Energie und der überschüssigen Leistung im System erreicht.

Im direkten Vergleich mit einem Liebherr Hafenmobilkran mit konventionellem Antrieb und identischer Umschlagsleistung verbraucht die Pactronic® Hybrid-Version 30% weniger Kraftstoff. Linear mit dem Kraftstoffverbrauch werden auch die CO_2 Emissionen um 30% reduziert. Die angegebenen Werte wurden nicht nur mit Simulationen ermittelt sondern bereits im Testbetrieb anhand eines Hafenmobilkrans vom Typ LHM 550 verifiziert.

4 Zusammenfassung und Ausblick

Das bahnbrechende Antriebskonzept des Liebherr-Pactronic®-Hybridantriebs erreicht eine enorme Erhöhung der Leistung und der Effizienz. Durch die Verdopplung der Hubwerkleistung mittels hydraulischem Energiespeicher wird die Umschlagleistung um insgesamt 30% gesteigert, ohne die Primärleistung zu ändern. Dabei werden der Kraftstoffverbrauch und die Abgasemissionen um 30% gesenkt.

Das Pactronic®-Konzept wird nun sukzessive auf das komplette Produktspektrum der Liebherr-Krane im Umschlagsbetrieb übertragen.

Literaturverzeichnis

[1] LHM550 Data sheet: www.liebherr.com

[2] Liebherr Pactronic® hybrid power booster: www.liebherr.com

[3] Produktvideo Liebherr Pactronic®.

Abfallsammelfahrzeug x2eco mit hydraulischem Hybridantrieb

Energie erhalten – Kosten senken – Umwelt schützen

Dipl.-Ing. Eckhard Silvan, Dipl.-Ing. FH Lutz Feyerabend, Dipl.-Verkehrswirtschaftler Christoph Sachse

Haller Umweltsysteme GmbH & Co. KG, Rigistr. 1-3, 12277 Berlin, Deutschland, E-mail: tl-berlin@haller-umweltsysteme.de, Telefon: +49(0)30/72085151

Kurzfassung

Die Hybridtechnik stellt einen Schritt zur deutlichen Reduzierung des Kraftstoffverbrauchs von Nutzfahrzeugen dar. Besonders im Straßengüternahverkehr kann diese Technik, aufgrund spezifischer Fahrzyklen (Stop-and-Go), einen großen Beitrag zum Klima- und Umweltschutz leisten. Im folgenden Beitrag werden der Einsatz der hydraulischen Hybridtechnik in einem Abfallsammelfahrzeug (im Folgenden als ASF bezeichnet) und die dazugehörenden Praxiserfahrungen vorgestellt.

1 Einleitung

Die Hersteller von Nutzfahrzeugen und Nutzfahrzeugaufbauten orientieren sich immer stärker daran, Kraftstoff einzusparen und Umweltbelastungen im Fahrzeugbetrieb zu vermindern. Vor allem die Reduktion von CO_2-Emissionen bei der Verbrennung fossiler Brennstoffe rückt in den Vordergrund.

Folgende technische und gesetzliche Entwicklungstrends lassen sich erkennen:

- CO_2- und Schadstoffemissionen werden weiter limitiert
- Kosten für Kraftstoffe aus fossilen Brennstoffen werden weiter steigen
- Die zielgerichtete Förderung kraftstoff- und schadstoffmindernder Konzepte wird zunehmen.

Forderungen zur Emissionsreduzierung haben ihren Niederschlag in umfangreichen Regularien, Gesetzen und Richtlinien gefunden. Beispielhaft genannt sind an dieser Stelle die Schadstoffgrenzwerte der Motorenkonzepte entsprechend den EURO-Stufen, welche von den Fahrgestellherstellern einzuhalten sind. Die Grenzwerte beschreiben die Emissionswerte, die pro erzeugte Kilowattstunde gelten, d.h. die Reduzierung der Schadstoffkonzentration wird fokussiert und erfolgt durch Maßnahmen während oder nach dem Verbrennungsprozess. Aufbauhersteller haben hier keine Möglichkeiten, gezielt einzugreifen.

Der Ansatz von HALLER-Umweltsysteme GmbH&Co.KG (im Folgenden als HUS bezeichnet) zielt darauf ab, einen Teil der Schadstoffe gar nicht entstehen zu lassen, indem der Kraftstoff nicht verbrannt wird.

Jeder nicht verbrannte Liter Kraftstoff bringt mehr als alle Maßnahmen während der Verbrennung oder zur Abgasnachbehandlung zusammen!

2   Stand der Technik

ASF haben, bedingt durch ihre spezielle Funktion, eine auffallend ungünstige Fahrcharakteristik. Bei der Sammlung des Abfalls arbeiten die Fahrzeuge fast ausschließlich im Stop-and-Go-Betrieb mit stark wechselnden Geschwindigkeiten meist unter 50..60 km/h. Darüber hinaus im Transportbetrieb in geschlossenen Ortschaften und dicht besiedelten Gebieten.

Der typische Fahrzyklus zwischen den einzelnen Ladestellen besteht aus dem Wechsel von Beschleunigungs- und Verzögerungsphasen eines immer schwerer werdenden Fahrzeuges. Bei einem konventionellen Antriebssystem bedeutet dies permanent einen hohen Energieeinsatz beim Anfahren und eine hohe überschüssige Energiemenge, die beim Verzögern abgeführt werden muss. Diese Energie geht bei konventionellen Antriebssystemen verloren und wird in Wärme umgesetzt. Abrieb in Form von Staubpartikeln (vor allem Feinstaub, PM < 10 µm) ist eine Begleiterscheinung des Verschleißes der verwendeten Bremssysteme.

Es liegt also nahe, egal ob im direkten Sammelprozess oder im „normalen" Stadtverkehr, nach Lösungen zu suchen, die Energieeffizienz der ASF zu steigern, den Kraftstoffverbrauch und damit die Schadstoff-, CO_2- und Partikelemissionen zu senken.

Exkurs: Bei einem 26-Tonnen-Fahrzeug, welches mit 50 km/h fährt, beträgt die kinetische Energiemenge 2510 kJ (= 0,697 kWh). Beim Abbremsen dieses Fahrzeuges müssen folglich enorme Bremsleistungen aufgebracht werden.

Berechnungsbeispiel:

kinetische Energie eines 26 t-Fahrzeugs bei 50 km/h:

= 2510 kJ (kWs) = **0,697** kWh

$\longrightarrow$ Bremsleistung beim Abbremsen auf v = 0 in 10 sec: P_{BR} = **250** kW

3 Alternative Antriebskonzepte

Im Sektor schwerer Nutzfahrzeuge gibt es intensive Entwicklungsaktivitäten im Bereich der Optimierung des Antriebsstranges (z.B. Hybride) und im Bereich der Kraftstoffverwendung (z.B. Erdgas). Je nach Einsatzprofil der Nfz werden dabei unterschiedliche technische Konzepte verfolgt, wobei an dieser Stelle auf den Hybridantrieb eingegangen wird.

Ein wesentliches Merkmal von Hybridantrieben sind die Energiespeicher, in denen Energie zwischengespeichert und bei Bedarf wieder in das System zurückgeführt werden kann (Rekuperation). Es existieren die unterschiedlichsten Speichermedien (z.B. Akkumulatoren, Kondensatoren oder Hydraulikspeicher).

Der Begriff **Rekuperation** bezeichnet im dargestellten Zusammenhang die Speicherung und sofortige Nutzung von Bremsenergie.

Bedingungen für einen effektiven Rekuperationseffekt:

- hohe Fahrzeugmasse
- starkes aktives Verzögern
- häufiges Anfahren und Bremsen
- geringer Rollwiderstand (befestigte Straßen)

$\longrightarrow$ Im Bereich von ASF werden alle Bedingungen für einen effektiven Rekuperationseffekt erfüllt.

In Abbildung 1 ist der Vergleich verschiedener Antriebskonzepte in Bezug auf Bremsleistung und Bremshäufigkeit dargestellt.

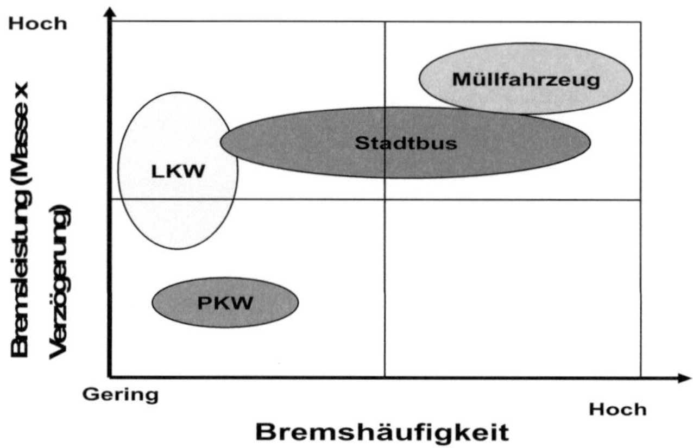

Abb. 1: Bremshäufigkeit und Bremsleistung [1]

4 Auslegungskriterien für einen hydraulischen Parallelhybridantrieb für ASF

Im Folgenden wird ein Antriebskonzept vorgestellt, welches den spezifischen Betriebsbedingungen eines ASF gerecht wird, technisch beherrschbar ist und ein sehr gutes Kosten-Nutzen-Verhältnis aufweist [6].

Basierend auf dafür bei der Bosch Rexroth AG (im Folgenden als BR bezeichnet) entwickelten Komponenten, erfolgten die Anpassung, Montage und Erprobung des Systems für den Einsatz in ASF bei HALLER-Umweltsysteme.

In Abbildung 2 ist ein sogenanntes Ragone-Diagramm dargestellt. Anhand diesem wird deutlich, dass hydraulische Speicher eine hohe Energiedichte aufweisen. Sie eignen sich folglich für die Speicherung großer Energiemengen wie sie beim Bremsvorgang schwerer Nutzfahrzeuge (siehe Abschnitt 2) auftreten.

Kennzeichnend für das vorgestellte Hybrid-Antriebskonzept ist die hydraulische Speicherung von Bremsenergie und deren Nutzung als zusätzliche Antriebs-energie beim Beschleunigen [5].

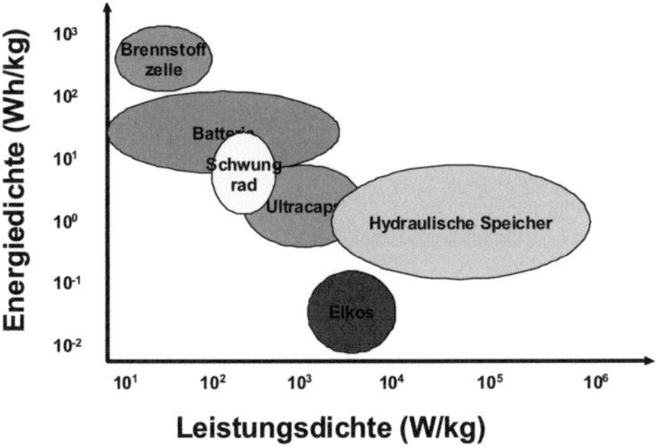

Abb. 2: Ragone-Diagramm [2]

Als Ansatz für die Systemauslegung wurde das typische Fahr- und Arbeitsprofil von Müllfahrzeugen zugrunde gelegt [1]. In Abbildung 3 sind einige Eckdaten zusammengefasst dargestellt. Anschließend erfolgte die Dimensionierung des Systems sowie die Simulation von Fahrleistungen, von erzielbaren Effekten für die Verbrauchsreduzierung, der Reduzierung des Bremsenverschleißes, der fahrdynamischen Effekte und eine Ermittlung möglicher Kostenvorteile [1].

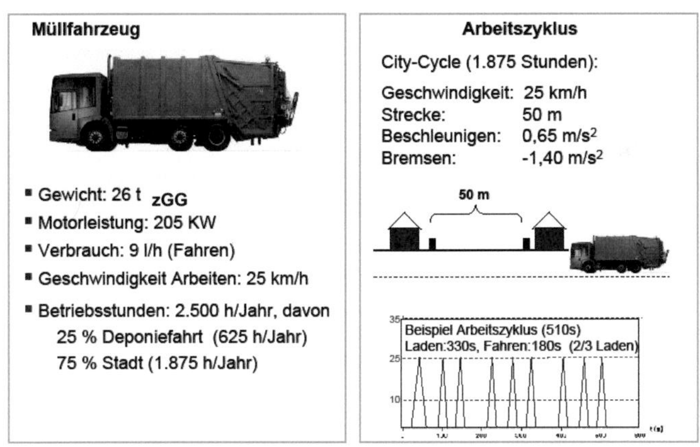

Abb. 3: Eckdaten zur Systemauslegung [1]

Bis auf das Hybridgetriebe besteht das System aus Serienkomponenten mit geringen Modifizierungen. Im Folgenden wird das Antriebssystem als hydraulisches Hybridsystem (HHS) bezeichnet.

Die mit dem HHS erzielbaren Effekte sind an dieser Stelle zusammengefasst:

- nahezu vollständige Rekuperation der kinetischen Energie
- Kraftstoffeinsparung durch Entlastung des Dieselmotors bei gleichbleibendem Antriebsmoment
- verschleißfreies Bremsen während der HHS-Verzögerung bis zum Stillstand
- Reduktion von Schadstoffemissionen
- Senkung der Betriebskosten

Rechnerisch wurden Einspareffekte durch Einsatz des HHS von bis zu 25 Prozent Kraftstoff im Stop-and-Go-Fahrzyklus und eine Reduktion des Bremsenverschleißes um mehr als 50 Prozent ermittelt [6].

5 Aufbau und Funktionsweise

Bezüglich der Klassifikation handelt es sich beim HHS um einen hydraulischen Parallel-Voll-Hybridantrieb. In Abbildung 4 sind die prinzipielle Funktionsweise des Hydraulikhybrides sowie der Energiefluss im System dargestellt.

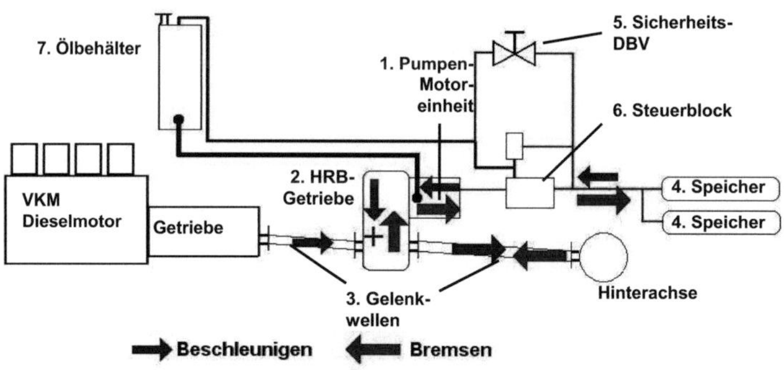

Abb. 4: Funktionsprinzip und Energiefluss [4]

Das zwischen Getriebeausgang und Hinterachse positionierte HHS-Getriebe mit angeflanschter Pumpen-Motor-Einheit ist direkt in den Antriebsstrang integriert. Bei deaktiviertem Hybridantrieb erfolgt der Kraftfluss konventionell durch das Fahrzeuggetriebe über die Verbindungswelle im HHS-Getriebe direkt zur

Hinterachse. Die Komponentenanordnung des HHS-Antriebssystems an einem ASF (anhand der Haller-x2eco-Serienlösung) zeigt Abbildung 5.

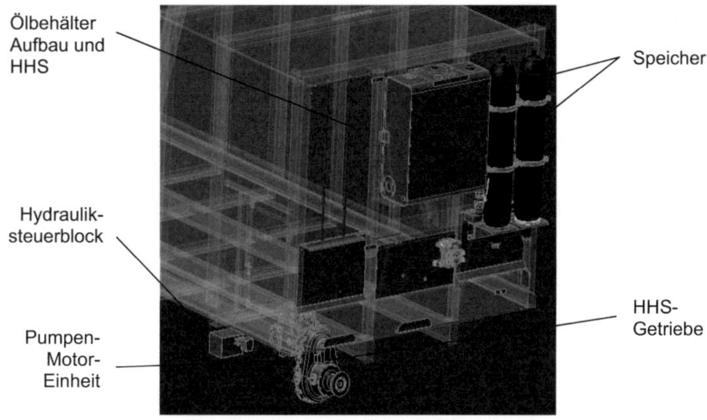

Abb. 5: Komponentenanordnung des hydraulischen Hybridsystems [4]

Das System ist als so genanntes **„Add-On"**-Konzept konfiguriert, d.h. das konventionelle Antriebssystem bleibt bestehen und das HHS wird als Zusatzeinheit installiert. Somit ist, wenn das Fahrgestell bestimmte Basisanforderungen erfüllt, auch eine Nachrüstung möglich.

Der Hybrid wird auf Anforderung aktiviert. Der Fahrer kann an einem Lenkradschalter oder am Schalter im Armaturenbrett zwischen 3 unterschiedlichen Verzögerungsstufen wählen.

Während der ersten Beschleunigungsfahrt fährt das Fahrzeug noch ausschließlich mit dem Antriebsmoment des Fahrgestell-Dieselmotors an. Sobald der Fahrer in der Anfahrt zum ersten Ladehalt den Fuß vom Fahrpedal nimmt, wird eine gleichmäßige Verzögerung mit dem voreingestellten Verzögerungsmoment eingeleitet. Diese Verzögerung erfolgt ohne Einfluss der fahrgestellseitigen Betriebsbremse. Eine Kupplung im HHS-Getriebe schaltet die Verbindung des Antriebsstranges über eine Stirnradstufe direkt zur Axialkolbeneinheit. Diese arbeitet jetzt im Pumpenmodus und fördert die zu einer gleichmäßigen Verzögerung notwendige Ölmenge in die beiden Hydraulik-speicher. Beim anschließenden Beschleunigen wird das in den hydro-pneumatischen Speichern eingespannte Öl zur Drehmomentunterstützung bei der Anfahrbewegung genutzt. Das Öl strömt nun aus den Speichern über den Ventilblock in die Axialkolbeneinheit, welche jetzt als Hydraulikmotor arbeitet und das Drehmoment an den Antriebsstrang abgibt.

Für eine optimale Systemleistung erfolgt der Eingriff in das Antriebsmanagement des Fahrgestells über die CAN-Schnittstelle des Fahrgestells. Damit wurde es möglich, ein äußerst komfortables, effektives und vor allem sicheres Betriebsregime zu realisieren. Für verschiedene Hinterachsübersetzungen sind unterschiedliche HHS-Getriebeübersetzungen vorgesehen. Jede Motor-Getriebe-Reifen- Kombination hat eine abgestimmte Programmierung des Systems mit dem Ziel einer möglichst effizienten Arbeitsweise, also einer möglichst hohen Rekuperation.

6 Technische Systemdaten

- Speicher 2 x 32 Liter
- effektive Energie 550 kJ (Ws) = 0,153 kWh (kin. Energie 26t/23,4 km/h)
- Leistungsdichte der Speicher ca. 4000 W/kg
- maximaler Speicherdruck 330 bar
- Masse ca. 650 kg, davon ca. 2/3 auf Vorderachse
- Geschwindigkeitsbereich 0...50 km/h
- theor. Antriebs-/Bremsleistung Pumpe/Motor: P_{eff}= 250 kW
- HHS-Getriebeübersetzungen: i_G=1,5/2,2/3,21 (für optimale Auslegung entspr. Antriebskonfiguration des Fahrgestells)
- maximales Bremsmoment an der Kardanwelle bei 300 bar und i_G=3,21: M_{max} = 3572 Nm
- unterstützendes maximales Drehmoment an der Kardanwelle bei 300 bar und i_G=3,21: M_{max} = 2895 Nm (i=3,21)
- durchschnittliches unterstützendes Drehmoment an der Kardanwelle über 20 bis 30 sec: ca. 1500 Nm
- Auslegung über HUS-Berechnungsprogramm
- spezielle Programmierung für Motor-Getriebe-Reifen- Kombination

7 Testprogramm und Ergebnisse

Der Einbau erfolgte zunächst in ein Fahrgestell Mercedes Benz Actros 2532L 6x2. Die ersten Funktionstests wurden Anfang 2008 vorgenommen. Zur Verifizierung der Simulationsergebnisse wurde das Fahrzeug einem umfangreichen Testprogramm bei BR unterzogen, welches verschiedene Wegstrecken mit unterschiedlichen Beladungszuständen umfasste. Die Fahrzyklusmodelle basierten auf realen Daten von Entsorgungsunternehmen.

Bei den Versuchsreihen konnten Kraftstoffeinsparungen gegenüber der Abfallsammelfahrt ohne HHS i.H.v. 15-28% im Fahrverbrauch erzielt werden.

Der erste Praxistest fand ab Juli 2008 bei der Berliner Stadtreinigung (BSR) statt. In Abbildung 6 sind einige Ergebnisse dargestellt.

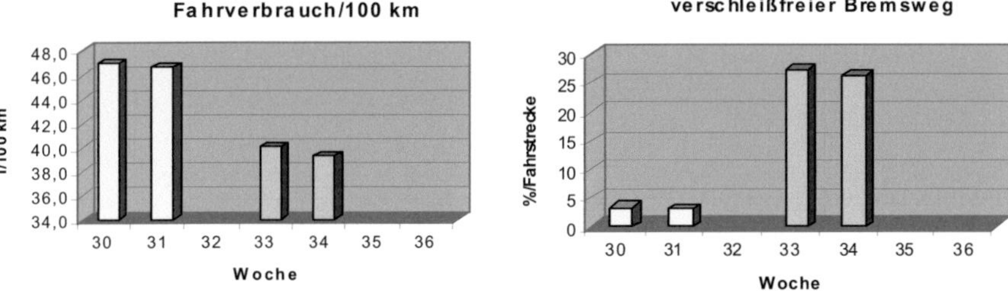

Abb. 6: Verbrauchseinsparung und verschleißfreier Bremsweg (Feldtest) [4]

→ maximale Kraftstoffeinsparung Gesamtfahrzyklus ca. 20%

→ Reduzierung des Bremsenverschleißes: > 80%

Zum objektiven Nachweis der Kraftstoffeinspareffekte wurde parallel zu den laufenden Vorführungen und Feldtests im Herbst 2009 ein unabhängiger Verbrauchstest beim ADAC-Fahrsicherheitszentrum Berlin-Brandenburg durchgeführt. Das Fahrzeug wurde dabei im teilbeladenen Zustand auf einem vorgegebenen Testkurs mit verschiedenen Fahrzyklen, die annähernd dem realen Sammelmodus entsprechen, gefahren. In Abbildung 7 ist das Fazit des Tests dargestellt.

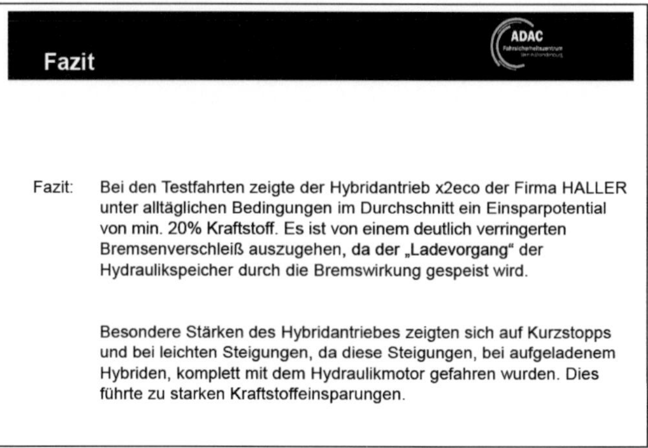

Abb. 7: Fazit des ADAC-Tests 2009 [3]

8 Wirtschaftlichkeit

Neben den ökologischen Effekten ergeben sich für den Betreiber erhebliche Kosteneinsparungen:

- Kraftstoff: ca. 2.500 €/a

- Instandhaltung + Rep. (Bremsen): ca. 2.500 €/a

- Leistungserhöhung + 2...4%

Bei einem Anschaffungspreis von ca. 25.000 € ergibt sich so ein ROI von 3 bis 5 Jahren.

9 Wettbewerb

Das HHS-System basiert auf Serienkomponenten. Funktionssicherheit, Zuverlässigkeit und Verfügbarkeit sind nachgewiesen. Die Praxistauglichkeit und die Realisierung der kalkulierten Effekte sind in zahlreichen Testfahrten bestätigt worden. Es ist somit festzuhalten, dass der Hydraulikhybrid von HALLER-Umweltsysteme das derzeit einzige in Serie gebaute ASF mit einem Hybridantrieb ist. Andere Hybridsysteme für schwere Nfz, i.d.R. auf der Basis elektrischer Hybridkomponenten, befinden sich noch in der Test- und

Entwicklungsphase. Dabei ist zu berücksichtigen, dass deren Funktionssicherheit, Lebensdauer und Wartungsaufwand bisher noch nicht vollumfänglich nachgewiesen wurden. Kostenaussagen zu elektrischen Hybridsystemen sind derzeit sehr vage und liegen bei einem Mehrfachen über dem hydraulischen Hybridsystem von HUS (z.T. um den Faktor 4).

10 Markteinführung

Insgesamt wurden bis Ende 2010 26 Hybridsysteme, davon 15 ASF der Typen x2eco und LoToS-HLeco (hierbei handelt es sich um ein Abfallsammelfahrzeug mit Wechselcontainer), aufgebaut. Zusätzlich erfolgte die Systemmontage in ein ASF eines anderen Aufbauherstellers, sowie der Aufbau eines autarken Systems ohne ASF-Aufbau (siehe Abbildung 10). In den Monaten Nov./Dez. 2010 wurden weitere 9 Fahrgestelle mit einem autarken Hybridsystem versehen, welche anschließend mit ASF-Aufbauten eines Unternehmens der Zöller-Haller-Gruppe, mit rund 1500 Fzg. und 3000 Liftern p.a. einer der größten Kommunalausrüster in Europa, komplettiert wurden.

Von Anfang an wurde der TÜV Rheinland in die Entwicklung des Systems eingebunden, wodurch heute neu aufgebaute Fahrzeuge nach einem vorliegenden Mustergutachten zur uneingeschränkten Einzelzulassung gem. §13 EG-FGV bzw. §21 StVZO zugelassen werden können:

Bisher betrifft das die Fahrgestelle MB ACTROS, ECONIC und MAN TGS. Auf den folgenden Bildern sind einige Beispielaufbauten dargestellt.

Abb. 8: HALLER x2eco auf MB ECONIC [4]

Abb. 9: Lotos-HLeco auf MAN TGS [4]

Abbildung 10 zeigt einen HHS-Einbau, wie er in einem Verteilerfahrzeug aussehen könnte. Hierbei handelt es sich um ein **autarkes System**, welches unabhängig vom jeweiligen Aufbau funktioniert.

Abb. 10: autarker Hydraulikhybrid auf MAN TGM [4]

11 Ausblick

Die Produktion von ASF mit dem HHS wird weiter ausgebaut. Zusätzlich erfolgt die Applikation auf Fahrgestelle anderer Nutzfahrzeughersteller. Eine weitere Einsatzmöglichkeit des hydraulischen Hybridsystems besteht im Verteilerverkehr mit schweren sowie mittelschweren Lkw. Wobei an dieser Stelle auf weitere Einsatzmöglichkeiten durch Downsizing des Systems hingewiesen sei. Mit der Einführung des autarken Systems (siehe Abschnitt 10) besteht nun die Möglichkeit, das Hybridfahrgestell für unterschiedlichste Anwendungen zu verwenden.

Abbildungsverzeichnis

Literaturverzeichnis

[1] Bosch Rexroth AG 2010. *Informationen zum Funktionsprinzip des Hydraulikhybrides, zu den Eckdaten der Systemauslegung und zu den Entwicklungskriterien.*

[2] C. Ehret, M. G. Kliffken, M. Beck, R. Stawiarski. *Kosten bremsen und Umwelt schonen mit hydraulischem Hybridantrieb. ATZOffhighway. Springer Automotive Media GWV Fachverlage GmbH, Wiesbaden 2009.*

[3] ADAC Fahrsicherheitszentrum Berlin-Brandenburg 2009. *Fahrzeugtest und Auswertung.*

[4] HALLER-Umweltsysteme GmbH&CO.KG 2010. *Informationen, Abbildungen, Ausarbeitungen und Auswertungen zum hydraulischen Hybridsystem.*

[5] A. Panne, L. Feyerabend. *Hydraulischer Hybridantrieb in einem Abfallsammelfahrzeug in Potsdamer Industrieblätter 03/2008. Industrieclub Potsdam „Christian Peter Wilhelm Beuth" e.V. 2008.*

[6] D. van Bracht, G. Sandkühler. *Kräftige Spritsparer in Recycling Technology 10/2009. HUSS-VERLAG GmbH, München 2009.*

Abfallsammelfahrzeug mit dieselelektrischem Antriebssystem – Ein Beitrag zum Klimaschutz

Dipl.-Ing. Georg Sandkühler M.E. – FAUN Umwelttechnik

Dipl.-Ing. Leif Börger – FAUN Umwelttechnik

1 Über FAUN

Die FAUN Umwelttechnik GmbH & Co.KG produziert an vier europäischen Standorten jährlich ca. 2000 Abfallsammelfahrzeuge und 150 Aufbau-Kehrmaschinen. In der Regel werden die dazu benötigten Fahrgestelle vom Kunden beigestellt und mit dem passenden Aufbau ausgerüstet.

Bei den Abfallsammelfahrzeugen (ASF) wird grundsätzlich zwischen Heckladern und anderen Typen unterschieden. Die Hecklader mit den Typen VARIOPRESS, POWERPRESS und ROTOPRESS erzeugen ca. 90% des Umsatzes[1].

2 Ausgangssituation

Traditionell war beim Einsatz von ASF des Typs Hecklader ein Kostenschlüssel bekannt, nach dem ca. 2/3 der Betriebskosten durch Löhne und Gehälter und 1/3 durch Kraftstoffverbrauch, Wartung, Abschreibung und Sonstiges verursacht werden. Diese Aufteilung hat sich in den letzten Jahren durch steigende Energiepreise bei gleichzeitig stagnierenden Personalkosten deutlich verschoben. Der Kraftstoffverbrauch gerät damit zunehmend in den Fokus der Betreiber.

Viele der bei der Verbrennung von Kraftstoff im Motor produzierten Schadstoffe können durch geeignete Maßnahmen der Abgasnachbehandlung, wie Katalysatoren und Rußfilter, in hohem Grad neutralisiert werden. Der Ausstoß des klimaschädlichen Gases CO2 hängt jedoch direkt von der Menge des verbrauchten Kraftstoffes ab.

---

[1] weitere Informationen unter http://www.faun.com

2.1 Potentiale

In Deutschland sind derzeit etwa 13.500 ASF zugelassen. Unter der Annahme, dass sich jedes dieser Fahrzeuge 250 Tage pro Jahr im Einsatz befindet und im Durchschnitt 80 l Diesel pro Tag verbraucht, ergibt sich ein Jahresverbrauch pro Fahrzeug von 20.000 l. Auf die gesamte Flotte hochgerechnet werden pro Jahr 270.000.000 l Diesel benötigt.

Bei einem Preis von aktuell 1,20 Euro pro Liter Diesel ergibt sich eine Gesamtaufwendung für die in Deutschland in Betrieb befindliche Flotte für Kraftstoff von 324 Millionen Euro.

		Tag	Jahr	Flotte
Kraftstoff	**[l]**	80	20.000	270.000.000
Kosten	**[€]**	96	24.000	324.000.000
CO$_2$	**[g]**	213.600	53.400.000	720.900.000.000
NO$_X$	**[g]**	2.480	620.000	8.370.000.000

Tab. 1: Emissionen der ASF

Tabelle 1 zeigt den Kraftstoffverbrauch und die daraus resultierenden Emissionen von CO2 und NOx. Der Berechnung des Kohlenstoffdioxidausstoßes liegt der Wert von 2,67 kg/l Diesel zugrunde. Eine gewichtete Mittelung der gängigen Abgasnormen ergibt eine Emission von 31g Stickoxiden pro Liter Diesel.

Dieser hohe Bedarf an Energie und Ausstoß an Umweltgiften bei gleichzeitig geringer Anzahl an Emittenten zeigt das hohe Einsparpotential an Ressourcen und Reduzierung des Schadstoffausstoßes, welches durch Verbrauchsreduzierung erreicht werden kann. So stoßen z.B. etwa 400.000 PKW dieselbe Menge CO2 aus wie die Flotte der ASF.

Daneben stehen auch sekundäre Effekte. So kann eine Minimierung der Geräuschemission die Ausweitung der Abfuhrzeiten in die frühen Morgen- oder Abendstunden ermöglichen. Eine zusätzliche Störung des Verkehrsflusses, speziell in stark frequentierten Innenstadtgebieten kann somit vermieden werden.

2.2 Voruntersuchungen

Vor Beginn der technischen Umsetzung wurde ein repräsentatives ASF vom Typ ROTOPRESS mit umfassender Messtechnik ausgestattet, um den realen Einsatz so präzise wie möglich abbilden zu können. Die Auswertung der gesammelten Daten erfolgte durch das Institut für Kraftfahrwesen (ika) der RWTH Aachen2.

Eine zusammenfassende Darstellung ist in Abbildung 1 zu sehen, sie zeigt den typischen Verlauf einer Abfallsammeltour über einen Arbeitstag.

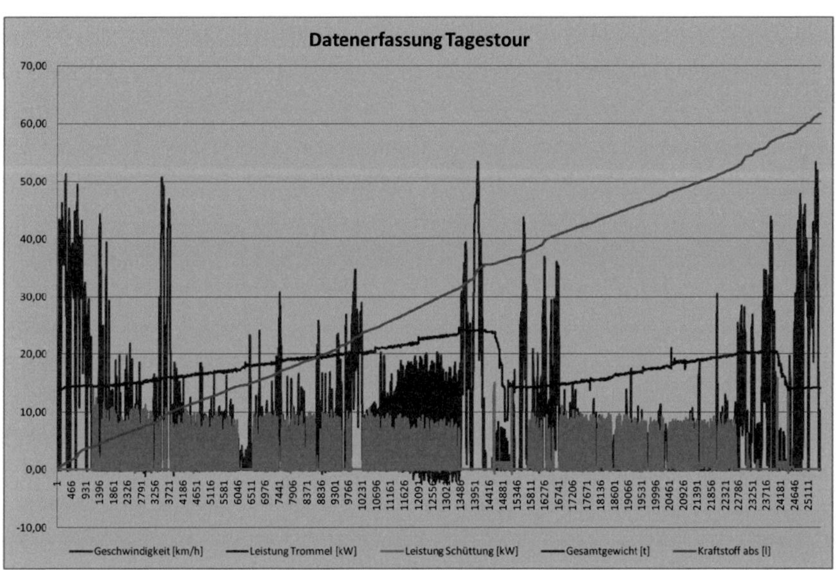

Abbildung 1: Tagestour

In Blau erkennt man die jeweils aktuelle Fahrgeschwindigkeit, zunächst beginnend im Stadtverkehr mit Geschwindigkeiten um 50 km/h. Der Beginn der Abfallsammlung an der ersten Mülltonne ist durch das Ansteigen des grünen Graphen gekennzeichnet. Er stellt die hydraulische Leistungsaufnahme der Entleereinrichtung (Schüttung) dar. Hinter Grün verborgen läuft die erst später sichtbare rote Kurve für die Leistungsaufnahme der Verdichtungseinrichtung, in diesem Fall die Trommel, die erst zum Ende der Befüllung hohe Leistungen benötigt. Die typischen Geschwindigkeiten im „Stop and Go"-Betrieb von Mülltonne zu Mülltonne liegen deutlich unterhalb von 30 km/h.

---

2 weitere Informationen unter http://www.ika.rwth-aachen.de

Violett bildet das Gesamtgewicht des Fahrzeugs ab, es steigt von ca. 15 Mg Leergewicht auf 25 Mg an bevor die erste Entleerung erfolgt. Anschließend beginnt die zweite Tour des Tages auf der ca. 5 Mg Abfall gesammelt wurden. Nach der zweiten Entleerung erfolgte die Rückfahrt zum Depot.

Die Kurve in Türkis zeigt den Verlauf des Kraftstoffverbrauches. Über den gesamten Tag wurden in diesem Beispiel ca. 62 l Diesel verbraucht. Bezogen auf die entsorgte Abfallmasse bedeutet dies einen Energiebedarf von 4,1 Liter Diesel pro Tonne Abfall (l/Mg).

Detaillierte Untersuchungen und Auswertungen der Einsatzprofile nach oben dargestellten Kriterien ergaben, dass ein Abfallsammelfahrzeug während des Einsatzes zwei völlig unterschiedlichen Forderungskatalogen gerecht werden muss. Abbildung 2 soll diese Divergenz noch einmal verdeutlichen. In Blau ist der Geschwindigkeitsverlauf einer Fahrt zur Entladestelle dargestellt, Rot zeigt einen typischen Verlauf während der Sammlung.

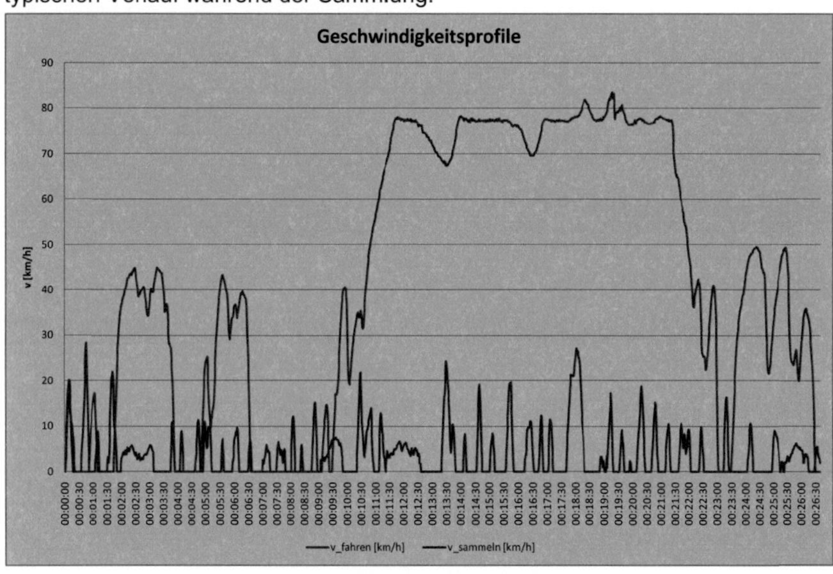

Abbildung 2: Geschwindigkeitsprofile

Während der An- und Abfahrt ins Sammelrevier und auf dem Weg zur Entleerung wird das Fahrzeug wie ein normaler Transport-LKW genutzt. Diese Art der Nutzung findet im Mittel über 1,5 h pro Schicht, bzw. 18,75 % der Schichtdauer statt. Die erforderliche Leistung für das Fahren auf der Autobahn bei 26 Mg Gesamtgewicht beträgt mehr als 200 kW.

Beim Einsatz im Sammelrevier über durchschnittlich 6,5 h, bzw. 81,25 % der Schichtdauer ist der Leistungsbedarf wesentlich geringer. Er beträgt im Mittel für das Fahren von Mülltonne zu Mülltonne lediglich 15 kW. Jedoch zeigen die Daten, dass zum Beschleunigen Leistungen im Sekundenbereich bis zu 175 kW benötigt werden.

In Abbildung 3 wird ein einzelner Fahrzyklus genauer dargestellt und analysiert.

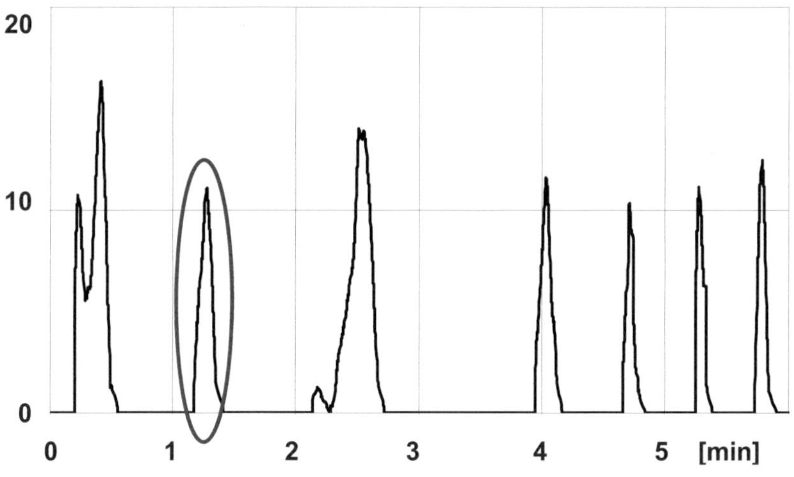

Abbildung 3: Einzelner Fahrzyklus

Der zu untersuchende Fahrzyklus ist markiert. Er ist wie folgt zu charakterisieren:
- Der zurückgelegte Weg beträgt   20 m
- Die max. Fahrgeschwindigkeit ist   12 km/h
- Die mittlere Leistung beträgt   15 kW
- Die Spitzenleistung beträgt   175 kW

Stellt man für diesen Zyklus unter der Annahme einer mittleren Beladung (Gesamtgewicht 22 Mg) eine Energiebilanz auf, ergibt sich folgendes Bild:

- Der Fahrwiderstand beträgt   18 Wh
- Die kinetische Energie bei v=12 km/h beträgt   29 Wh
- Die erforderliche Energie für die Druckluftbremse beträgt   13 Wh

Wenn man es also schafft, die kinetische Energie zu rekuperieren ohne dabei Energie in Form von Druckluft für die Bremsanlage zu verbrauchen, sind erhebliche Minderverbräuche möglich.

In Abbildung 4 ist die Beladung eines Fahrzeugs genauer dargestellt. Man erkennt in grün die Leistungsaufnahme der Schüttung jeweils als Momentanwert und als Maximalwert, sowie die Leistungsaufnahme der Trommel ebenfalls als Momentan- und Maximalwert in rot.

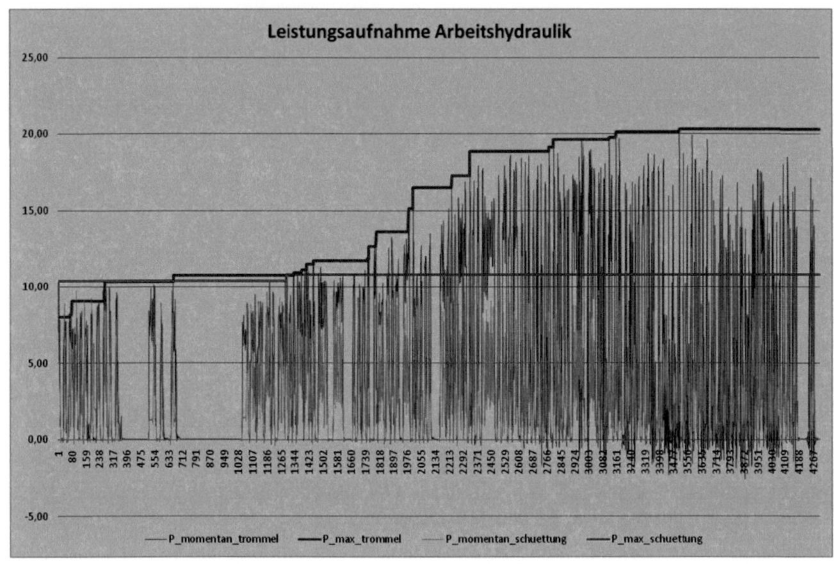

Abbildung 4: Leistungsaufnahme der Arbeitshydraulik

Zusammenfassend kann man sagen, dass während des Stillstandes des Fahrzeugs die Summe der maximalen Leistungen der Arbeitshydraulik, also ca. 30 kW, als Dauerleistung zur Verfügung stehen muss.

2.3 Schlussfolgerungen

Abfallsammelfahrzeuge haben grundsätzlich zwei stark unterschiedliche Anforderungsprofile. Der Streckentransport während der An- und Abfahrt zum Revier erfordert hohe Dauerleistungen, hierfür ist der Antriebsstrang des LKW optimiert und bestens geeignet. Für den Einsatz im Sammelrevier ist ein Antriebsstrang mit einer Dauerleistung von 30 kW ausreichend. Dies ist durch den LKW-Antrieb nicht effizient abzubilden.

Das höchste Einsparpotential bietet somit eine Kombination aus dem Standard LKW-Antrieb und einem weiteren, auf den Sammelbetrieb optimierten Antriebstrang, welcher das rekuperative Bremsen ermöglicht.

Es muss also neben dem Standard LKW-Antrieb ein elektrischer Fahrantrieb verwirklicht werden.

3 Umsetzung

Auf Basis der genannten Fakten war zu entscheiden, welcher Aufbautyp verwendet werden sollte und wie die Energieversorgung darzustellen sei. Die Entscheidungsfindung soll im Folgenden dargestellt werden.

3.1 Aufbautyp

Bei den Heckladern im Hause FAUN sind zwei grundsätzlich unterschiedliche Funktionsprinzipien verfügbar:

VARIO- und POWERPRESS sind Pressplattenfahrzeuge, d.h. der Abfall wird von hinten in eine Beladewanne gegeben und dann in zyklischen Bewegungen in den Sammelbehälter gepresst. Die Bewegungen werden durch große Hydraulikzylinder hervorgerufen.

Der Aufbautyp ROTOPRESS ist ein Drehtrommelfahrzeug, bei dem der Abfall in eine Beladeöffnung gegeben wird, die Teil der sich drehenden und mit einer Verdichterschnecke ausgerüsteten Trommel ist. Der Antrieb erfolgt über eine hydraulische Pumpe-Motor-Anordnung in Hydrostatausführung.

In der folgenden Tabelle 2 sind die Wirkungsgradketten erkennbar, die für diese Fahrzeugtypen eine Rolle spielen.

	ROTOPRESS		Vario-/Powerpress	
	Standard	Hybrid	Standard	Hybrid
Dieselmotor	35%	37%	35%	37%
Nebenantrieb	98%		98%	
Hydraulikpumpe	80%		80%	80%
Leitungen und Ventile	92%		92%	92%
Hydraulikmotor	85%			
Hydraulikzylinder			90%	90%
Generator		94%		94%
Leistungselektronik		99%		99%
Elekt. Trommelmotor		94%		94%
	21,5%	**32,4%**	**22,7%**	**21,4%**

Tab. 2: Wirkungsgradketten

Es ist zu erkennen, dass sich die beiden Aufbautypen in ihrer Standardausführung nicht wesentlich unterscheiden, das Pressplattenfahrzeug liegt geringfügig besser. Diese Situation ändert sich bei einer Hybridisierung mittels Elektroantrieb drastisch. Beim ROTOPRESS kann der Hydraulikmotor relativ einfach durch einen Elektromotor ersetzt werden, die gesamten hydraulischen Wirkungsgradverluste entfallen. Das hydraulische System beim Pressplattenfahrzeug muss allerdings mangels ausreichend starker elektrischer Linearantriebe erhalten bleiben. Hierbei würde lediglich die Hydraulikpumpe elektrisch angetrieben werden. Dadurch sinkt der Gesamtwirkungsgrad sogar unter den ursprünglichen Wert.

Daher wurde entschieden, den Aufbautyp ROTOPRESS zu verwenden.

3.2 Energieversorgung

Auf Basis der Ausführungen aus 2 wurde deutlich, dass der LKW-Dieselmotor mit einer Nennleistung über 200 kW für den Einsatz im Sammelrevier deutlich überdimensioniert ist. Das führt dazu, dass er im Sammeleinsatz meist in ungünstigen Betriebspunkten betrieben werden muss, was in der nachfolgenden Abbildung 5 ersichtlich wird.3

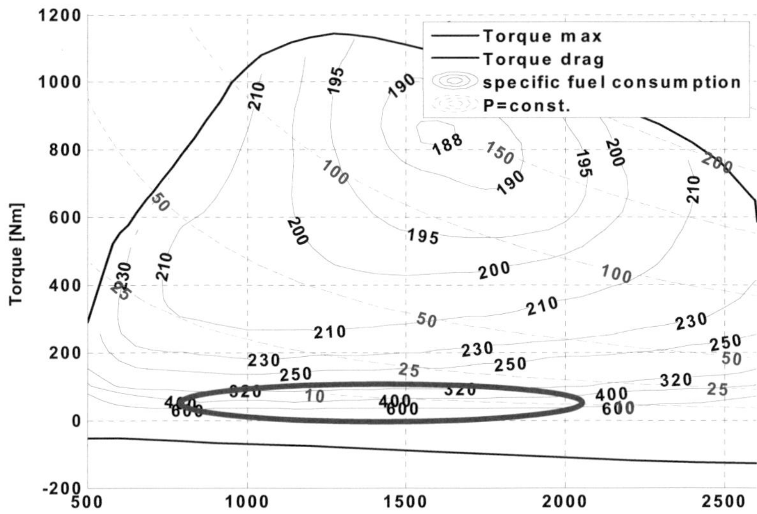

Abbildung 5: Motordiagramm eines typischen LKW-Motors, 213 kW Nennleistung

Der markierte Bereich beschreibt die typischen Betriebspunkte des Motors.

Dieses Problem lässt sich umgehen, indem man dem Prinzip des „Downsizing" folgt und einen den Aufgaben angepassten Dieselmotor verwendet. Die Markierungen in Abbildung 6 zeigen die resultierenden typischen Betriebspunkte des angepassten Motors, mit Häufigkeit. Die erreichte Verbesserung des Wirkungsgrades ist leicht zu erkennen.

---

3 Quelle: ika

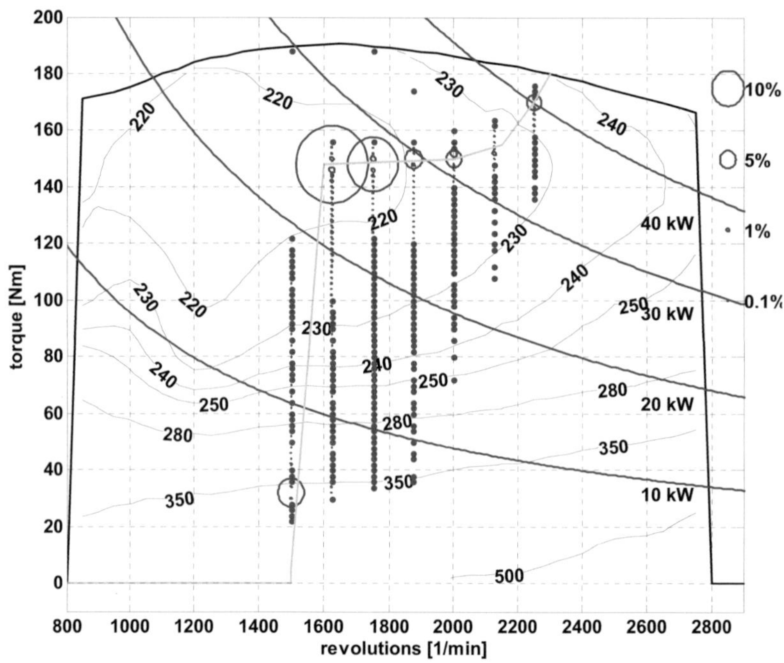

Abbildung 6: Motordiagramm des Hilfsdiesels mit typischen Betriebspunkten

Die grüne Kurve stellt nach Simulationsergebnissen die für den angepassten Motor optimale Betriebskennlinie dar und wurde als Betriebsstrategie in dem Versuchsträger übernommen. Messungen ergaben die Häufigkeitsverteilung der Betriebspunkte, in Abbildung 6 durch die roten Kreise dargestellt. Der Motor wird also über 60% der Zeit nahe seinem Bestpunkt betrieben.

Dadurch wird die erforderliche Dauerleistung im Sammelbetrieb mit einem hohen Wirkungsgrad verfügbar.

Die Bereitstellung der Spitzenleistungen ist zu diesem Zeitpunkt noch offen. Hierzu findet sich in folgender Abbildung 7 ein Ansatz.

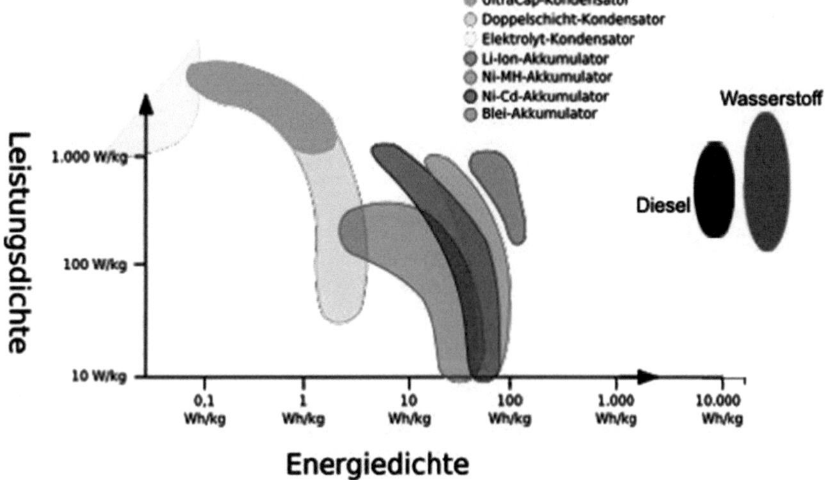

Abbildung 7: Ragone-Diagramm der Energiespeicher

Es ist ersichtlich, dass - abgesehen vom Elektrolyt-Kondensator, der wegen seiner Grenzen von Baugröße und Kapazität nicht in Frage kommt - die UltraCap Kondensatoren die Speicher mit der höchsten Leistungsdichte sind. Somit bestens geeignet, um kurze Spitzenleistungen mit geringem Energieinhalt und Gewicht zur Verfügung zu stellen.

Weit rechts auf der Skala der Energiedichte finden sich Diesel und Wasserstoff, unter Beachtung der logarithmischen Teilung liegt zwischen Diesel und dem besten elektrochemischen Speicher eine Größenordnung von zwei Zehnerpotenzen. Daraus ist leicht abzuleiten, dass mit dem heutigen Stand der Technik ein rein elektrisches Arbeiten eines ASF aus einer Batterie nicht sinnvoll ist. An den Tagesbedarf von 60 bis 80 l Diesel sei an dieser Stelle erinnert.

4 Aufbau des Versuchsträgers

Unter Zugrundelegung der vorgenannten Erkenntnisse wurde das in Abbildung 8 dargestellte Antriebsschema entworfen und umgesetzt.

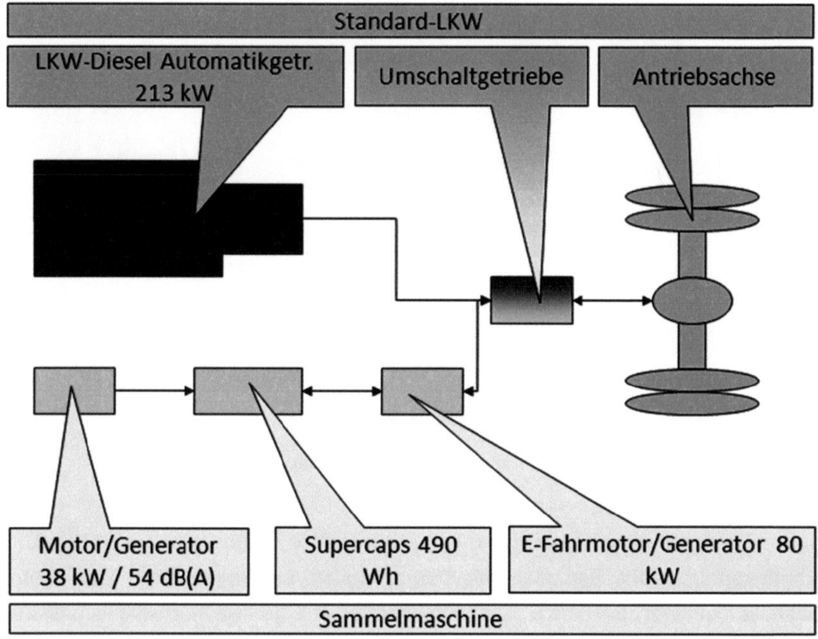

Abbildung 8: Antriebsstrang schematisch

Zu erkennen ist, dass der Original LKW-Antriebsstrang mit einer Einschränkung vollständig übernommen wurde. Er kann zum Überwinden größerer Entfernungen (Transportfahrt) vollkommen normal eingesetzt werden. In die Gelenkwelle zwischen Hinterachse und Automatikgetriebe wurde ein zusätzliches mechanisch umschaltbares Getriebe integriert, welches bei Erreichen der ersten Ladeposition im Sammelrevier auf Elektroantrieb umgeschaltet wird. Der Standard LKW-Antriebsstrang ist dann kraftfrei, der Dieselmotor wird ausgeschaltet.

Im Sammelrevier wird die notwendige Grundleistung durch den Dieselmotor/Generator mit 38 kW Dauerleistung erzeugt. Dieses Aggregat ist vollständig lärm-gekapselt und erreicht dadurch einen nur sehr niedrigen

Schalldruckpegel. Für die Bereitstellung der Spitzenleistungen sind SuperCaps mit einem Gesamtenergieinhalt von 490Wh vorhanden.

Der Vortrieb des Fahrzeugs erfolgt über einen Elektromotor, der direkt an das Um-schaltgetriebe angeflanscht ist und im Schiebebetrieb zugleich als Generator dient. Dieser Motor ist mit einer Dauerleistung von 80 kW und 180 kW Spitzenleistung ausreichend dimensioniert, um die gewohnten Fahrleistungen im Sammelrevier zu erreichen. Ebenso bietet er die Möglichkeit, selbst bei 26 Mg Fahrzeuggewicht im Schiebebetrieb ausreichende Verzögerungen zu generieren, so dass die Verwendung der Druckluftbremsanlage nicht notwendig ist.

Abbildung 9 zeigt die Ausarbeitung des Antriebsstranges in Hardware.

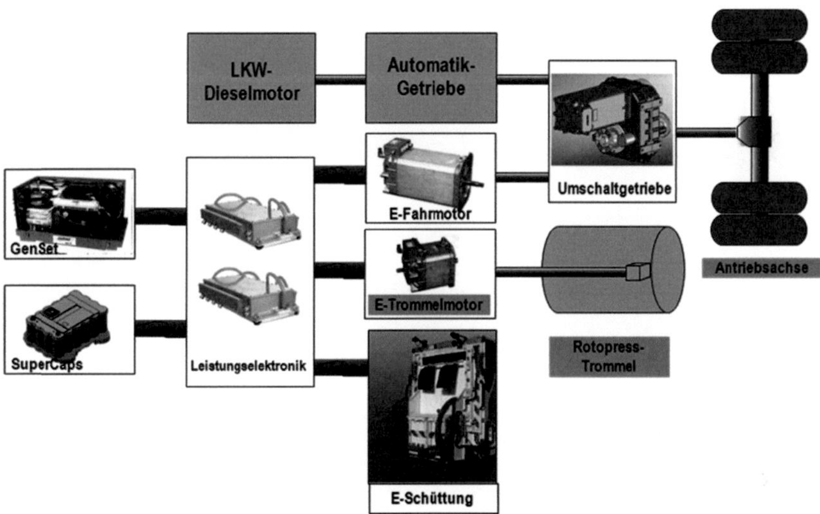

Abbildung 9: Antriebsstrang mechanische Struktur

Hier finden sich die bereits angesprochenen Elemente wieder, die in ihrem Zusammenspiel das elektrische Fahren und Arbeiten im Sammelrevier ermöglichen. Durch den Einsatz einer für den deutschen Markt unüblichen Elektroschüttung konnte eine monovalente Betriebsweise erzielt werden, die keine zusätzliche Energiewandlung erfordert.

Ein interessanter Ansatz ergibt sich aus der Anordnung und dem Einsatz des Trommelmotors. Auch wenn die Trommel mit „nur" ca. 6-7 1/min dreht, hat sie bei hoher Zuladung einen erheblichen kinetischen Energieinhalt, der beim Abbremsen zurück ins System gespeist wird.

Die elektrische Umsetzung des Antriebes ergibt sich aus der folgenden Abbildung 10. Wie zu erkennen ist, sind weitere bisher nicht erwähnte Nebenverbraucher vorhanden, die aus Gründen der Verkehrssicherheit und des Komforts integriert werden mussten. Besonders zu erwähnen ist der Bremswiderstand, dessen Aufgabe darin besteht, das elektrische Bremsen auch dann zu ermöglichen, wenn die SuperCap Speicher voll geladen sind. In diesem Fall wird zwar Energie in Wärme umgewandelt und geht verloren, dies ist aber immerhin effizienter, als über den Einsatz der Druckluftbremse weitere Energie aufwenden zu müssen.

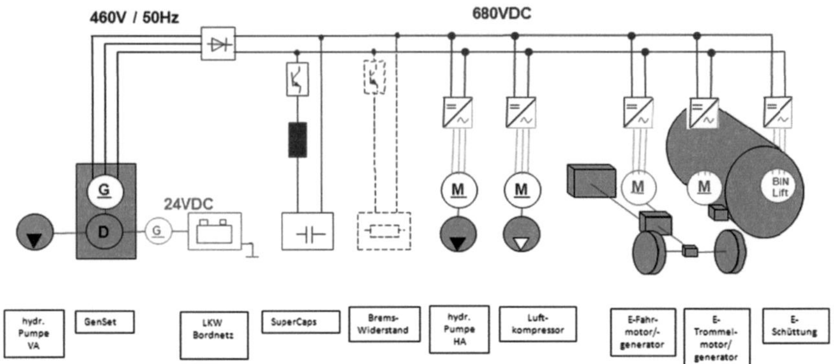

Abbildung 10: Antriebsstrang elektrisches Netz

Das in Abbildung 11 gezeigte Fahrzeug befindet sich seit Mitte März 2009 im praktischen Einsatz.

Abbildung 11: ROTOPRESS DUALPOWER

Das vorläufige Ergebnis dieses Projektes war somit ein Abfallsammelfahrzeug mit einem zulässigen Gesamtgewicht von 26 Mg und einem Aufbauvolumen von 21 m3. Diese Zahlen entsprechen denen gängiger Fahrzeuge.

Seit März 2009 werden an dem ROTOPRESS DUALPOWER umfangreiche Tests und Probeeinsätze durchgeführt. Nachdem die Leistungsfähigkeit und Zuverlässigkeit anhand des Referenzfahrzeuges hinreichend belegt wurden, wird der DUAL-POWER europaweit in mehrwöchigen Probeeinsätzen bei wechselnden Entsorgungsunternehmen unter realen Bedingungen erprobt.

4.1 Verbrauchsreduzierung

Die Auswertung der Messungen zeigt, dass mit dem Antriebssystem des ROTO-PRESS DUALPOWER erhebliche Verbrauchssenkungen möglich sind. Bei entsprechender Einsatzplanung des Fahrzeugs können Einsparungen von mindestens 33 % erreicht werden.

Tabelle 3 zeigt das Einsparpotential während der Sammlung exemplarisch für die Abfallfraktion Papier.

| | Kraftstoffverbrauch [l/h] | | Einsparung |
	Konventionell	Hybrid	
Min	5,02	3,64	27%
Mittel	7,39	4,13	44%
Max	9,5	4,71	50%

Tab. 3: Kraftstoffverbrauch

Eine weitere Erkenntnis der Probeeinsätzen ist die Abhängigkeit der Kraftstoffeinsparung von den Gegebenheiten des Reviers. So wird aus Abbildung 12 der Zusammenhang der Einsparung zum mittleren Abstand der Mülltonnen deutlich.

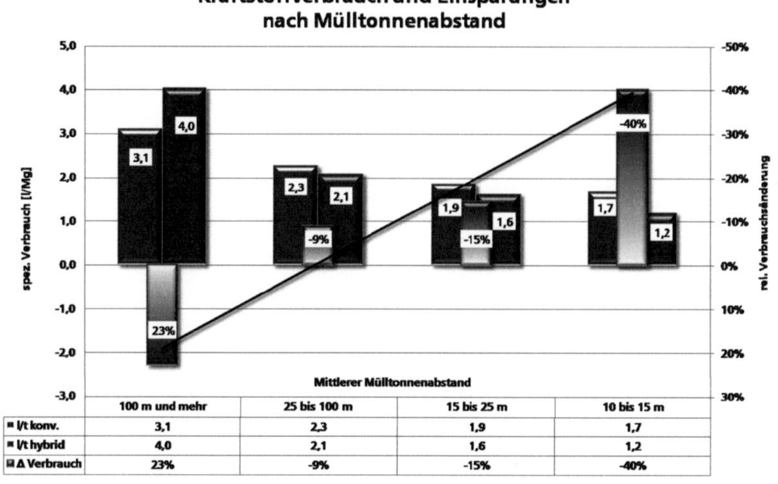

	100 m und mehr	25 bis 100 m	15 bis 25 m	10 bis 15 m
l/t konv.	3,1	2,3	1,9	1,7
l/t hybrid	4,0	2,1	1,6	1,2
Δ Verbrauch	23%	-9%	-15%	-40%

Abbildung 12: Kraftstoffverbrauch nach Beladestellen

Wie zu erwarten wird ersichtlich, dass das Einsparpotential mit zunehmender Intensität des „Stop and Go" Betriebs zunimmt.

Ein Mülltonnenabstand zwischen 25 und 10 m ist für mittel bis stark domestizierte Stadtgebiete als typisch zu nennen.

4.2 Schadstoffausstoß

Legt man eine realistische Kraftstoffeinsparung von 33% zugrunde, ergeben sich die in Tabelle 4 gezeigten Emissionsbenefits.

Somit kann allein durch den Austausch eines konventionell betriebenen ASF durch einen ROTOPRESS DUALPOWER die Umwelt jährlich um 17,8 Mg CO2 und über 200 kg NOX entlastet werden.

		Tag	Jahr	Flotte
Kraftstoff	**[l]**	80	20.000	270.000.000
		26,7	6.700	90.000.000
Kosten	**[€]**	96	24.000	324.000.000
		32	8.000	108.000.000
CO$_2$ **[g]**		213.600	53.400.000	720.900.000.000
		71.200	17.800.000	240.300.000.000
NO$_X$	**[g]**	2.480	620.000	8.370.000.000
		826	206.700	2.790.000.000

Tab. 4: Emissionsminderung der ASF bei 33% Minderverbrauch

4.3 Lärmemission

Einen Messung des Schallleistungspegels nach Outdoor Noise Richtlinie 2000/14/EG ergab einen Labelwert von 91 dB(A). Ein konventionell angetriebener ROTOPRESS liegt bei dieser Messung zwischen 104 und 106 dB(A). Da eine Reduzierung des Schallleitungspegels um 3 dB(A) als Halbierung der Lautstärke wahrgenommen wird, ergibt sich also eine Reduzierung der Lärmemission um 96 %.

Zusammenfassung der Messergebnisse			
Zyklus	Mittlerer Schallleistungspegel L_{WA} / dB rel 1 pW		
	Messung 1	Messung 2	Messung 3
Motor auf Höchstdrehzahl	89,35	89,48	89,28
Verdichtungssystem in Betrieb	89,35	89,48	89,28
Behälterschütteinrichtung anheben und absenken	88,60	89,25	89,45
Entleeren von Ladegut in das Müllsammelfahrzeug	107,97	108,25	108,44
Alle Arbeitszyklen gesamt	91,54	91,84	91,91
Mittlerer Schallleistungspegel L_{WA} / dB	**91,8**		
Wiederhol-Standardabweichung s_r / dB	**0,20**		
Bedienerplatz Fahrersitz L_{pA} / dB	**62,0**		
Wiederhol-Standardabweichung s_r / dB	0,57		
Lauteres Ohr	rechts		
Bedienerplatz Schüttung L_{pA} / dB	**68,0**		
Wiederhol-Standardabweichung s_r / dB	3,313		

Maschinen-Nr:
Kostenträger 51 23 01

© TUEV Nord Systems GmbH & Co. KG

Tab. 5: Ergebnisse Geräuschmessung

Zum besseren Verständnis sei erwähnt, dass eine Kettensäge in etwa eine Schallleistung von 106 dB(A) emittiert, während 91 dB(A) einem lauten Gespräch entspricht.

Nennenswert ist ebenso die Belastung der Arbeitsplätze, so liegt der Fahrer mit 62 dB(A) ebenso wie der Bediener der Schüttung mit 68 dB(A) deutlich unter den Lärmbelastungen eines Fahrers eines Pkw.

5 Fazit und Ausblick

Mit dem Antriebssystem des ROTOPRESS DUALPOWER ist es gelungen, ein Abfallsammelfahrzeug unter ökologischen Gesichtspunkten zu optimieren, ohne Einschränkungen hinsichtlich der Anwendbarkeit hinnehmen zu müssen. Kraftstoffeinsparungen und Minderung des $CO2$ Ausstoßes über 33% sind bei zeitgleich drastischer Reduzierung der Lärmemission möglich.

Ein Standard-ASF hat eine Motorleistung von 290 PS, der ROTOPRESS DUALPOWER nutzt im Sammelbetrieb einen Motor mit 40 PS. Bei gleicher Sammelleistung!

Tests und Probeeinsätze haben gezeigt, dass bei angepasster Tourenplanung auch höhere Einsparungen möglich sind. Ein Einsatz außerhalb der Hauptverkehrszeiten ist aufgrund der niedrigen Lärmbelästigung, die von dem DUALPOWER ausgeht, in greifbare Nähe gerückt. Die finale Entscheidung darüber liegt aufgrund der rechtlichen Situation bei den Kommunen.

Das Systemlayout bietet darüber hinaus eine hohe Flexibilität bezüglich der Energieeinspeisung. So ist neben dem aktuellen Dieselgenerator auch die Speisung des Systems über Batterien oder Brennstoffzellen denkbar.

Im April 2010 wurde bei uns im Hause mit der Produktion von 20 Feldversuchsfahrzeugen des ROTOPRESS DUALPOWER begonnen, welche nach Fertigstellung an Kunden übergeben werden. Mit diesen Fahrzeugen wird durch eine Variation der Systemkomponenten das Konzept weiter optimiert und die Serienreife angestrebt.

Das dieselelektrische DEUTZ Hybrid System Neuerungen und Einsatzerfahrungen anhand einer BOMAG Doppel Vibrationswalze

M. Sc., Dipl.-Ing. (FH) Marco Brun, Dr.-Ing. Thorsten Hestermeyer

DEUTZ AG, Ottostrasse 1, 51149 Köln, E-mail: brun.m@deutz.com

Dipl.-Ing. Timo Löw, Dipl.-Ing. Christian Fondel

BOMAG GmbH, Hellerwald, 56154 Boppard

Kurzfassung

Im vorliegenden Beitrag wird die Integration des dieselelektrischen Hybridsystems der DEUTZ AG in eine Doppel Vibrationswalze der BOMAG GmbH vorgestellt. Zunächst werden die Ziele des Demonstratorprojekts erläutert, die durch die Hybridisierung erreicht werden sollen. Die Vorgehensweise beim gemeinsamen Hybrid Projekt wird aufgezeigt. Die Analyse der Lastkollektive wird beschrieben sowie die Überprüfung der Eignung des DEUTZ Hybridsystems für die Vibrationswalze. Der Einbau der Komponenten und die realisierten Hybrid-Funktionen werden dargestellt. Der Beitrag schließt mit Messergebnissen typischer Arbeitszyklen sowie den Ergebnissen vergleichender Verbrauchsmessungen.

Stichworte

Hybridsystem, Hybridantrieb, Vibrationswalze, mobile Arbeitsmaschine, Dieselmotor, Synchronmaschine, Leistungselektronik, Traktionsbatterie

1 Einleitung – Zielmaschine und Projektzielsetzung

1.1 Hybridwalze auf Basis der BW174 AP AM

Bei aller Unsicherheit über technologische Herausforderungen von morgen ist eine Frage sicher zu beantworten: Die Kraftstoffkosten werden steigen. Damit rückt bei Maschinenanwendern die Frage nach den Gesamtkosten, die eine Arbeitsmaschine über Lebenszeit verursacht (die so genannte ‚Total Cost of Ownership'), immer weiter in den Vordergrund. Aus diesem Grund hat die DEUTZ AG bereits im Jahr 2007 in Kooperation mit der Firma ATLAS WEYHAUSEN GmbH ein Hybridsystem für den Radlader AR 65 dargestellt [1]. Auf der BAUMA 2010 wurde nun eine weitere Applikation vorgestellt, die zusammen mit der BOMAG GmbH entwickelt wurde: Eine Hybridwalze auf Basis der BW174 AP AM (siehe Abbildung 1.1).

Abb. 1.1: Die BOMAG / DEUTZ Hybridwalze auf der BAUMA 2010

Bei der BW174 AP AM [2] handelt es sich um eine schemelgelenkte Doppel Vibrationswalze mit geteilten Bandagen vorne und hinten, die standardmäßig mit einem 3.8 l Dieselmotor ausgestattet ist, der eine Nennleistung von 68.6 kW aufweist. Der Antrieb der Walze erfolgt über jeweils zwei hydraulische Motoren in den Bandagen vorne und hinten, deren Geschwindigkeit über eine am Dieselmotor angeflanschte Axialkolben-Verstellpumpe geregelt wird. Eine weitere

Axialkolben-Verstellpumpe treibt vorne und hinten jeweils einen Vibrationsmotor an, der über ein exzentrisches Unwuchtgewicht eine Vibrationsbewegung von 45..60 Hz mit einer Amplitude von wahlweise 0.19 mm (kleine Amplitude) oder 0.44 mm (große Amplitude) darstellen kann. Die Vibration ist vorne und hinten separat einstellbar. In zwei in den elektrisch schwenkbaren Türen montierten Wassertanks stehen 750 l Wasser zur Berieselung der Bandagen zur Verfügung. Die Höchstgeschwindigkeit der Vibrationswalze liegt bei 10 km/h. Mit über 50% Marktanteil ist die BW174 AP AM die erfolgreichste Walze auf dem deutschen Markt im Bereich der 10 t-Klasse.

1.2 Projektziele

Die Zielsetzung bei der Hybridisierung dieser Vibrationswalze bestand darin, eine Reduktion der ,Total Cost of Ownership' bei Beibehaltung bzw. Steigerung des Kundennutzens zu realisieren. Grundsätzlich ist es Ziel der Auslegung, trotz des Downsizings des Dieselmotors und der Integration des Hybridantriebs keine Einschränkungen bei der Nutzung zu erzielen. Im Detail wurden folgende Projektziele gesetzt:

- **Verbrauchsreduktion**
  Durch die Anwendung von bekannten Techniken hybrider Antriebs-systeme (Start/Stopp, Rekuperation, Lastpunktoptimierung) soll der Verbrauch der Walze deutlich gesenkt werden

- **Vereinfachte Abgasnachbehandlung durch Verkleinerung des Dieselmotors (Downsizing)**
  Durch das Hybridsystem soll die Nennleistung des Dieselmotors auf weniger als 56 kW reduziert werden. Diese Absenkung ermöglicht zur Erfüllung der Abgasgesetzgebung Tier 4 eine vereinfachte Abgasnachbehandlung. So kann ein aufwendiges SCR System (Selective Catalytic Reduction) und ein Partikel Filter vermieden werden (vgl. Abbildung 1.2). Die so verringerten Kosten kompensieren zum Teil die Kosten für die Komponenten des Hybridsystems. Gleichzeitig führt das eingesparte DEF (Diesel Exhaust Fluid), bekannt unter dem Namen ,AdBlue', zur weiteren Reduzierung der Lebensdauerkosten. Die Vermeidung des SCR-Systems bringt neben

einer Kostenreduzierung auch einen deutlichen Kundenvorteil, da kein DEF auf der Baustelle benötigt wird.

- **Verbesserter Kundennutzen**
    - o Geräuschverminderung mittels Absenkung der Motordrehzahl
    - o Verbesserte Systemdynamik der Arbeitsmaschine durch Einsatz der E-Maschine

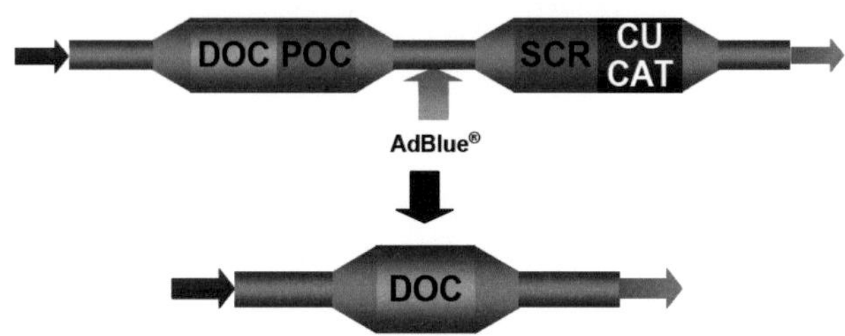

Abb. 1.2: Vereinfachung der Abgasnachbehandlung zur Erfüllung der Tier 4 bei Downsizing der Dieselmotor Nennleistung von oberhalb 56 kW auf eine Leistung unterhalb von 56 kW

2 Das DEUTZ / BOMAG Hybrid Projekt

2.1 Analyse der Lastprofile

Bei der Entwicklung eines Hybridsystems besteht der erste Schritt darin, das gegebene Lastprofil der Zielmaschine zu untersuchen. Nicht bei jedem Lastprofil kann ein Hybridsystem sinnvoll eingesetzt werden. Abbildung 2.1 stellt die notwendigen Voraussetzungen dar:

- Um den Dieselmotor durch Einsatz des Hybridsystems verkleinern zu können, muss dieser auf mittlerem bis niedrigem Durchschnitts-leistungsniveau betrieben werden. Die E-Maschine unterstützt bei Lastspitzen durch die Power-Boost Funktion.

- Nach der Leistungsreduzierung des Dieselmotors muss noch eine ausreichende Leistungsreserve für das Laden des gewählten Energiespeichers bestehen.

- Häufige Bremsvorgänge machen den Einsatz von Rekuperation sinnvoll.

- Die Start-Stopp Funktion wird eingesetzt, um längere Leerlaufphasen des Dieselmotors zu vermeiden (in Abbildung 2.1 nicht dargestellt).

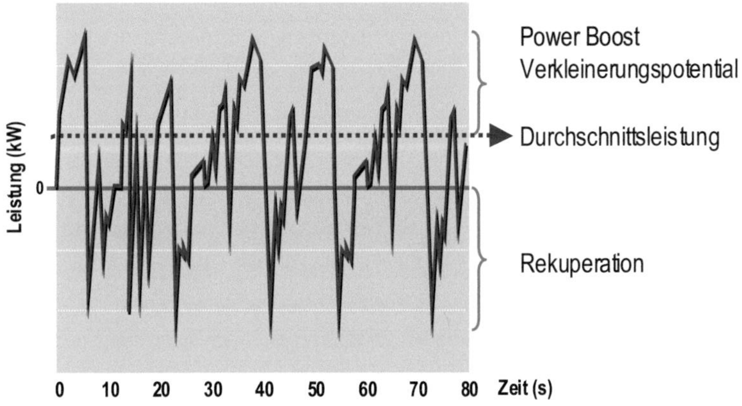

Abb. 2.1: Eigenschaften eines Lastprofils

2.2 Lastprofil der Vibrationswalze

Auch bei der Entwicklung des Walzen-Hybrids stand die Analyse des Lastprofils an erster Stelle. Abbildung 2.2 zeigt ein typisches Lastprofil der Walze. Während die Messungen keine längeren Leerlaufzeiten zeigen - dies entspricht der typischen, durchgehenden Nutzung einer Walze - ist das Lastprofil deutlich durch hohe Lastspitzen beim Anlaufen der Vibration bei niedriger mittlerer Auslastung und damit verbunden häufigem Anfahren und Stoppen von Vibration und Fahrmotoren gekennzeichnet. Aufgrund der hohen Differenz zwischen Spitzen- und Durchschnittsleistung kann der Dieselmotor deutlich verkleinert werden.

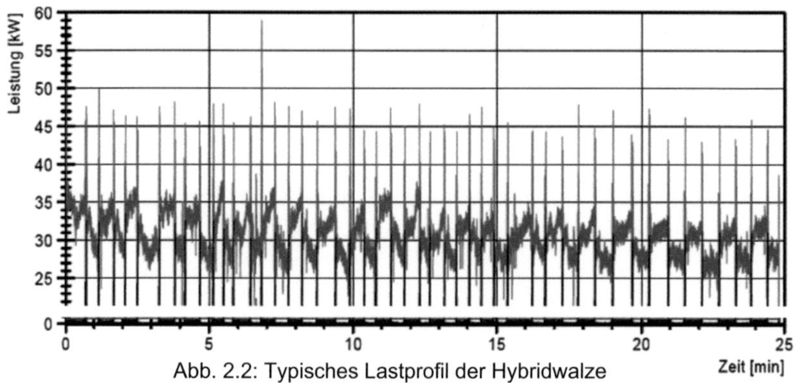

Abb. 2.2: Typisches Lastprofil der Hybridwalze

2.3 Systemaufbau

Bereits bei der 2. Fachtagung im Februar 2009 wurde das dieselelektrische Hybridsystem der DEUTZ AG vorgestellt [1]. Neben einem elektronisch geregeltem DEUTZ Dieselmotor besteht dieses Hybridsystem aus einer in das Schwungradgehäuse integrierten E-Maschine, die starr mit der Kurbelwelle verbunden ist. Diese E-Maschine wird über die Leistungselektronik aus einer Traktionsbatterie gespeist oder lädt diese. Dieses System lässt sich als mildes, paralleles Hybridsystem bezeichnen. Im Folgenden zeigt dieser Artikel, dass dieses System gut geeignet für die Hybridisierung der Vibrationswalze ist. Hierbei steht am Anfang der Entwicklung die Frage, ob das milde Hybridkonzept des DEUTZ Systems für die Walze in Frage kommt. Tabelle 2.1 zeigt die typische Einteilung der Hybridsysteme nach ihrer Funktionalität.

Funktionen	μ Hybrid	Mild Hybrid	Full Hybrid
Start-Stopp Funktion	✓	✓	✓
Downsizing des Dieselmotors	✗	✓	✓
Power-Boost	✗	✓	✓
Rekuperation	✓	✓	✓
Lastpunktanhebung und -verschiebung	✗	✓	✓
Elektrisches Fahren	✗	✗	✓

Tab. 2.1: Einteilung der Hybridsysteme nach Funktionen

Da ein wesentliches Projektziel darin bestand, neben der Start-Stopp Funktion und Rekuperation insbesondere die Nennleistung des Dieselmotors zu verringern, kommt ein µHybrid, der oftmals einen verstärkten Starter und eine geregelte Lichtmaschine aufweist, nicht in Frage. Der Full Hybrid ist ebenfalls nicht zielführend, da das rein elektrische Fahren, in dieser Funktion unterscheidet er sich vom milden Hybrid, keine geforderte Funktion darstellt und eine sehr hohe Batteriekapazität mit einhergehenden hohen Kosten benötigt würde. Somit bildet ein milder Hybrid wie das DEUTZ Hybridsystem die geeignete Wahl für die Hybridisierung der Walze.

Eine weitere Alternative zum milden elektrischen Hybrid besteht in einem hydraulischen Hybrid, z. B. nach [3]. Ein solcher Hybridantrieb lässt sich bei gegebenem hydraulischem Antriebsstrang über die Verwendung von Ventilen und hydraulischen Speicherelementen darstellen. Der Nachteil dieser Systeme liegt darin, dass eine weitere Elektrifizierung und die damit verbundene Ausnutzung der hohen Wirkungsgrade elektrischer Antriebe für rotatorische Bewegungen nicht möglich ist (vgl. z.B. [4]). Ebenso kann zukünftig keine elektrische Leistung auf hohem Spannungsniveau für elektrifizierte und bedarfsgeregelte Nebenaggregate, wie beispielsweise einen elektrisch angetriebenen Lüfter oder eine elektrisch betriebene Wasserpumpe, oder externe Verbraucher zur Verfügung gestellt werden. Aus diesen Überlegungen heraus stellt sich das Konzept des DEUTZ Hybridsystems als am Besten geeignet für die Hybridisierung der Walze mit den in Abschnitt 1.2 genannten Anforderungen heraus.

Dieselmotor

Als Dieselmotor für das Hybridsystem wurde der DEUTZ TD 2009 L4 ausgewählt. Dieser wassergekühlte Reihenvierzylinder verfügt über einen Hubraum von 2.3 Litern. Somit wurde ein Downsizing von den ursprünglichen 3.8 Litern Hubraum auf 2.3 Liter erzielt. Die Nennleistung beträgt 47 kW bei 2400 U/min, das maximale Drehmoment 200 Nm bei 1500 U/min. Der Dieselmotor ist in Abbildung 2.5 dargestellt.

E-Maschine

Wie bereits in [1] vorgestellt, handelt es sich bei der nahezu bauraumneutral ins Schwungradgehäuse des Dieselmotors integrierten E-Maschine um eine permanent erregte Synchronmaschine, die als Direktantrieb in Innenläufer-Bauweise in einem SAE-4 Gehäuse angeordnet ist (vgl. Abbildung 2.3). Durch die gewählten konzentrierten Einzelzähne konnten die Industrialisierbarkeit und die Kupferverluste im Vergleich zu Maschinen mit verteilten Wicklungen deutlich verbessert werden.

Der Drehzahl- und Drehmomentverlauf der E-Maschinen wurde an die entsprechenden Verläufe der DEUTZ Dieselmotoren angepasst: Die Auslegung wurde so gewählt, dass die Eckdrehzahl der E-Maschine – der Bereich, in dem die E-Maschine optimal arbeitet – mit dem optimalen Arbeitsbereich des Dieselmotors übereinstimmt. Die Eckdrehzahl wurde daher auf 1500 U/min gelegt. Dies entspricht der Drehzahl des Dieselmotors, in dem dieser sein maximales Drehmoment aufweist. Der konventionelle 12/24V-Anlasser bleibt optional zur Redundanz und für extremen Kaltstart erhalten. Bei niedrigen Drehzahlen weist der Anlasser aufgrund seiner Reihenschlusscharakteristik Vorteile auf.

Abb. 2.3: E-Maschine des DEUTZ Hybridsystems

Zur Überprüfung, ob die E-Maschine des DEUTZ Hybridsystems mit 15 kW S1-Leistung für die Walze geeignet ist, sind in Abbildung 2.4 die an der Walze ermittelten Arbeitspunkte im Drehmomenten / Drehzahl Kennfeld aufgetragen. Die untere gepunktete Linie stellt die Grenze der S1-Leistung dar (Die Lastpunkte wurden mit einer Serienwalze mit mechanisch geregeltem Dieselmotor aufgenommen, so dass die mechanisch abgegebene Leistung des Dieselmotors aus der hydraulischen Leistung ermittelt wurde. Die rechts von der P-Grad Kurve liegenden Messpunkte erklären sich durch das Abbremsen von hydraulischen Komponenten.).

Die Analyse des Lastprofils nach Abbildung 2.4 zeigt, dass die DEUTZ E-Maschine die Reduzierung der Dieselmotor Nennleistung auf 47 kW bei 2400 U/min erlaubt:

- Das System deckt fast alle Betriebspunkte mit der S1-Leistung der E-Maschine ab.

- Da die Analyse der Daten im Zeitbereich zeigt, dass die verbleibenden Leistungspunkte mit einer maximalen elektromotorischen Leistung von 21 kW zeitlich deutlich auseinander liegen, lassen sich diese Punkte gut über die S2-Leistung der E-Maschine abdecken.

- Zum erneuten Aufladen des Speichers bei Verringerung der Leistung des Dieselmotors verbleiben ausreichend Lastpunkte.

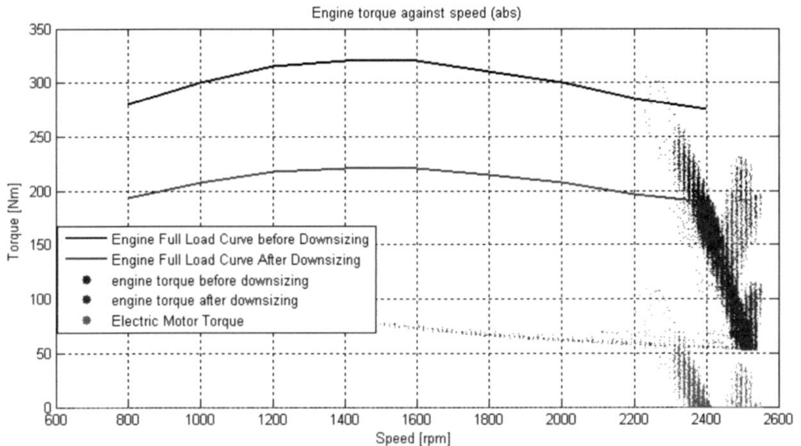

Abb. 2.4: Aufteilung der motorischen Leistungen auf Dieselmotor und E-Maschine

Traktionsbatterie

Die Wahl einer geeigneten Speichertechnologie ist die größte Herausforderung bei elektrischen Hybridsystemen. Typische Möglichkeiten bestehen in der Verwendung von Lithium-Ionen-, Nickel-Metallhydrid-, Blei-Batterien oder Doppelschicht-Kondensatoren. Es gibt aber auch Hybridsysteme, die elektrische Schwungradspeicher nutzen [5]. Für den Walzen-Demonstrator wurde die bereits 2009 vorgestellte bipolare Bleibatterie mit einer Nennspannung von 300 V und einer Nennkapazität von 6 Ah eingesetzt. Die nach Analyse des Lastkollektivs maximal benötigte Boost-Energie liegt im geringen prozentualen Bereich der Batteriekapazität. Die Belastung der Batterie durch Lade/Entlade-Zyklen kann daher klein gehalten werden. Die Batterie ist in Abbildung 2.5 dargestellt.

Systemaufbau

Das mittels der DEUTZ Hybridkomponenten aufgebaute Gesamtsystem ist in Abbildung 2.5 dargestellt. Die ursprüngliche Kommunikation zwischen dem Maschinensteuergerät (Machine Controller) und dem Motorsteuergerät (Engine Control Unit) wird aufgelöst. Ein über die dSpace μAutobox realisiertes prototypisches Hybrid-Steuergerät (Hybrid Control Unit) übernimmt die Schnittstellenfunktion zwischen Hybridantrieb und Fahrzeug. Das Hybrid-Steuergerät koordiniert die über den Umrichter geregelte Drehmomenten-Erzeugung der E-Maschine und die Drehzahlvorgabe des Dieselmotors mit dem Ladezustand der Batterie und den Anforderungen der Arbeitsmaschine.

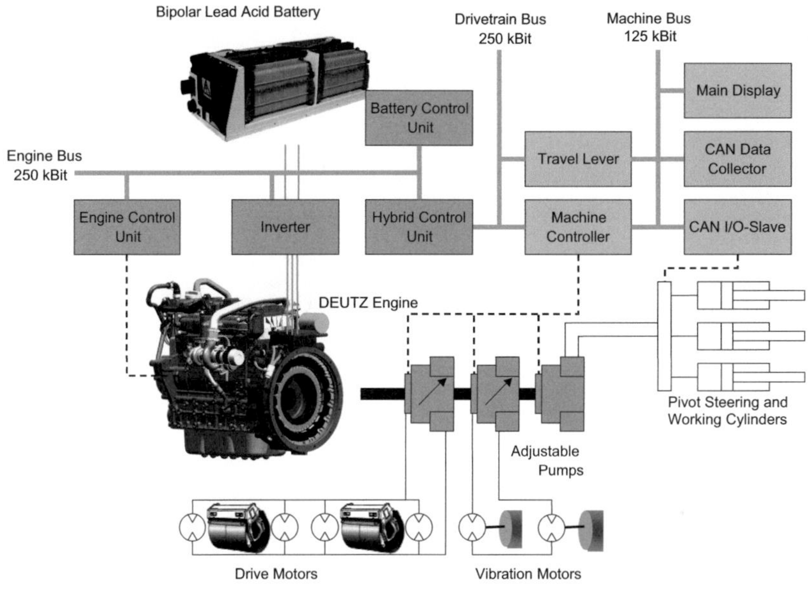

Abb. 2.5: Systemaufbau der Walze

2.4 Einbau der Komponenten

Für die leichte Zugänglichkeit konnte eine für dieses Demonstratorprojekt ideale Verbauposition gefunden werden: Einer der beiden üblicherweise in den Walzentüren integrierten Wassertanks mit Berieselungswasser für die Bandagen wurde durch die Komponenten des Hybridsystems ersetzt. Hierdurch ist am Demonstrator eine optimale Zugänglichkeit der Komponenten gegeben (vgl. Abbildung 2.6). Hier wurden die Komponenten Umrichter, bipolare Bleibatterie, das Hybrid-Steuergerät und zugehörige Komponenten, wie Sicherungen integriert. Die Kühlung des Umrichters und der Batterie erfolgt bei diesem Projekt mittels Luftkühlung. Aufgrund der kompakten Integration der E-Maschine in das SAE-4 Gehäuse des Dieselmotors konnten diese beiden Komponenten einfach in den vorhandenen Bauraum der Maschine integriert werden.

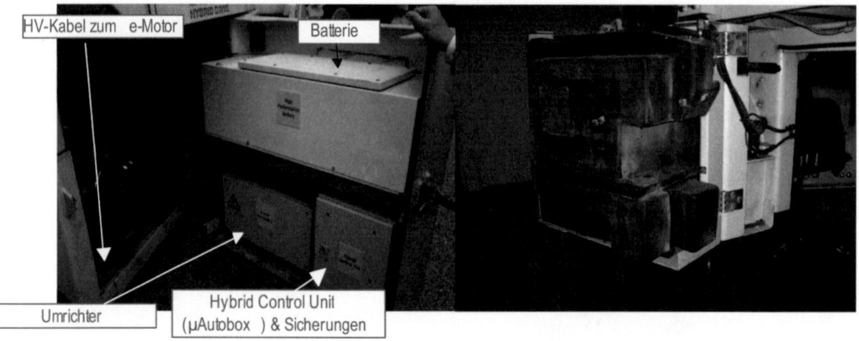

Abb. 2.6: Verbau der Hybridkomponenten in der linken Tür (links) und ausgehängte Tür
mit originalem Wassertank (rechts)

2.5 Hybrid-Funktionen

In Zusammenarbeit der Firmen BOMAG und DEUTZ wurden mit den Komponenten des Hybridsystems nach Abbildung 2.5 die folgenden Hybrid-Funktionen umgesetzt und getestet.

Start-Stopp Funktion

Die Maschine wurde mit einer automatischen Start-Stopp Funktion ausgestattet. Diese schaltet den Dieselmotor während Leerlaufphasen ab und startet diesen bei erneuter Startanforderung durch den Fahrer. Die Implementierung der Start-Stopp Funktion wurde zweigeteilt: Der eigentliche Start-Stopp Vorgang, das komfortable Starten und Stoppen mittels der E-Maschine, wird auf dem Hybrid-Steuergerät koordiniert. Automatisches Stoppen erfolgt dabei nur, wenn notwendige Rahmenbedingungen des Antriebssystems wie z.B. eine ausreichende Batterieladung und eine genügend hohe Temperatur des Dieselmotors gegeben sind. Die Ermittlung von Situationen, in denen der Motor automatisch gestoppt werden darf und wieder gestartet werden muss, übernimmt das Maschinensteuergerät. Hierzu sendet es per CAN einen ‚Stop Inhibitor' sowie einen ‚Start Request' an den Start-Stopp Koordinator des Hybrid-Steuergeräts. Der automatische Start erfolgt bei Auslenkung des Fahrjoysticks aus der Ruhestellung, bei Drehung am Lenkrad oder der Betätigung des Start-

Knopfs. Gestoppt wird die Maschine nach einer definierten Zeit mit Joystick in arretierter Stopp-Position.

Power-Boost und Rekuperation

Bei der Boost-Funktion unterstützt die motorisch betriebene E-Maschine den Dieselmotor bei Lastspitzen, bei dynamischen Vorgängen und zum Ausgleich des Downsizings. Die Funktion der Rekuperation, der Rückgewinnung kinetischer Energie, wird bei der Walze zum Abbremsen der Vibrationsmotoren genutzt. Bei diesen Bremsvorgängen wird die kinetische Energie mittels generatorischem Betrieb der E-Maschine in die Batterie geladen. Die Boost-Funktion und die Rekuperation wurden über das Hybrid-Steuergerät realisiert. In Abhängigkeit der Fahrsituation, der Drehzahl und Auslastung des Dieselmotors wird dem Umrichter ein Solldrehmoment übermittelt. Der Umrichter ist für die Drehmomentregelung der E-Maschine zuständig.

Lastpunktanhebung- und verschiebung, bzw. Drehzahlanpassung

Basiselemente der Regelungsstruktur der Maschine sind die bereits vorhandenen Regelungselemente:

- Motordrehzahlregler auf dem Motorsteuergerät
- Vibrationsdrehzahlregelung sowie Fahrgeschwindigkeitsregelung auf dem Maschinensteuergerät

Im konventionellen Antriebsstrang erfolgt eine phlegmatisierte Drehzahlvorgabe durch das Maschinensteuergerät an das Dieselmotor Steuergerät. Die Fahrzeug- und Vibrationsgeschwindigkeit werden nach Fahrerwunsch an den Verstellpumpen unter Verwendung der eingelesenen Motordrehzahl eingeregelt. Bei der Drehzahlanpassung des Hybridsystems bleibt diese Grundstruktur erhalten. Das Maschinensteuergerät gibt allerdings lediglich ein vom Betriebszustand der Maschine abhängiges Drehzahlfenster vor und die eigentliche Drehzahlvorgabe wird vom Hybrid-Steuergerät übernommen, welches unter Berücksichtigung von Ladezustand der Batterie und anderen Faktoren die verbrauchsoptimale Solldrehzahl ermittelt.

3 Ergebnisse

3.1 Typischer Arbeitszyklus mit Hybridsystem

Mit dem dargestellten Aufbau und den umgesetzten Hybrid-Funktionen konnten wesentliche Zielsetzungen erreicht werden. Abbildung 3.1 zeigt einen typischen Arbeitszyklus der Walze nach der Hybridisierung:

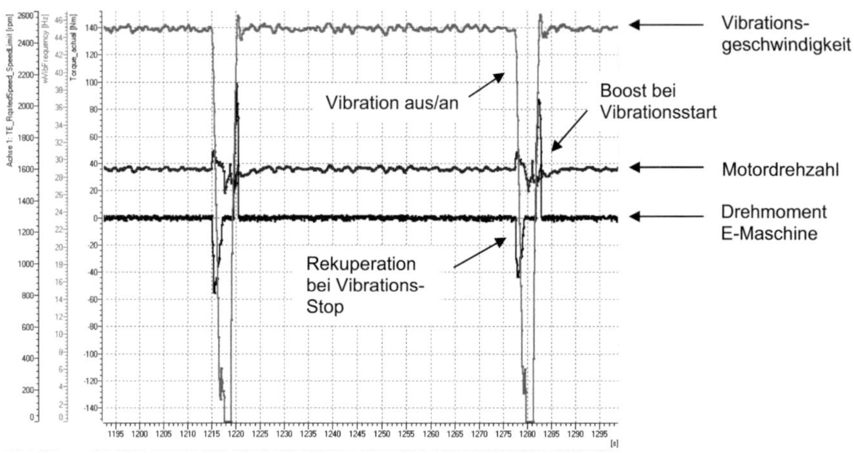

Abb. 3.1: Arbeitszyklus der Walze mit Hybridsystem

Beim Richtungswechsel wird die Vibration zunächst gestoppt, anschließend reversiert und schließlich nach erneuter Anfahrt der Walze wieder gestartet: Beim Stoppen der Vibration wird Energie rekuperiert. Der Neustart der Vibration erfolgt ohne die bei der konventionellen Walze übliche Anhebung der Drehzahl des Dieselmotors. Das zum Start notwendige Drehmoment wird durch die E-Maschine aufgebracht. Dies wirkt sich positiv auf die Akustik der Arbeitsmaschine aus. Neben der regelmäßigen Unterstützung des Dieselmotors beim Anfahren der Vibration unterstützt die E-Maschine auch während der normalen Fahrt, bei der gelegentlich auftretende Spitzen durch Boosten abgefangen werden.

3.2 Verbrauchsmessung

Bei einer direkten Vergleichsmessung zwischen einer der Hybridwalze entsprechenden Serienmaschine in einem typischen Arbeitszyklus (entsprechend dem in Abbildung 2.2 gezeigten Zyklus mit Fahrt / Reversieren / Fahrt) und der Hybridwalze (vgl. Abbildung 3.2) konnte nach Auslitern der Kraftstofftanks eine Spritersparnis von knapp über 30 % nachgewiesen werden. Bei diesen Tests wurde auf die Vergleichbarkeit der Ergebnisse geachtet: Beide Maschinen fuhren mit exakt gleicher Geschwindigkeit auf gleichem Untergrund nebeneinander her. Ein Erfolgsfaktor dieser Kraftstoffersparnis liegt in der Reduzierung / Anpassung der Motordrehzahl. Diese ist auch bei Walzen mit konventionellem Antriebsstrang ohne Hybrid möglich. So stellte die Firma BOMAG auf der BAUMA 2010 als Nachfolger zur BW174-3 AP AM die Walze der 4. Generation mit ‚Ecomode' vor, bei der eine Drehzahlanpassung an die Fahrsituation realisiert worden ist. Um die Möglichkeiten des Hybridantriebs auch gegenüber einer solchen neueren Walze zu überprüfen, wurde eine weitere Vergleichsmessung durchgeführt. Auch dieser Vergleich zeigte eine deutliche Kraftstoffersparnis von 18 %.

Abb. 3.2: Vergleichsmessung

3.3 Abgleich mit den Projektzielen

Vergleicht man die Ergebnisse mit den in Abschnitt 1.2 formulierten Projektzielen, so lässt sich Folgendes zusammenfassen:

- **Verbrauchsreduktion**

  Mit dem Nachweis von 30 % Kraftstoffersparnis im Vergleich zur entsprechenden Serienwalze und 18 % Kraftstoffersparnis gegenüber einer Maschine mit angepasster Drehzahl wurde das Projektziel vollständig erreicht.

- **Vereinfachte Abgasnachbehandlung durch Verkleinerung des Dieselmotors (Downsizing)**

  Mit einer Reduzierung der Nennleistung des Dieselmotors von 68 kW auf 47 kW bei einer Nenndrehzahl von 2400 U/min wurde die 56 kW Grenze klar unterschritten.

- **Geräuschminderung durch Absenken der Motordrehzahl / Dynamikverbesserung**

  Wie dargestellt kann durch das Hybridsystem eine Drehzahlanhebung beim Einschalten der Vibration mit anschließender Drehzahlabsenkung vermieden werden. Dies stellt eine eindeutige Verbesserung der akustischen Belastung dar. Gleichzeitig ist es aufgrund der unnötig gewordenen Drehzahlanhebung möglich, die Vibration schneller als vorher zu starten. Auch dieses Projektziel wurde damit erreicht.

- **Keine Einschränkung des Kundennutzens**

  Bzgl. des Kundennutzens wurden Einschnitte gemacht, die für eine weitere Serienentwicklung verbessert werden müssen. Durch den für den Prototypen praktischen Verbau der Hybridkomponenten in der Fahrzeugtür (vgl. Abbildung 2.6) fällt ein 375 l Tank der Walze weg – eine Einschränkung, die Walzenkunden nicht akzeptieren werden. Hier werden die geplante Integration von Komponenten und eine Umpositionierung des Energiespeichers deutliche Verbesserung bringen.

Literaturverzeichnis

[1] T. Van der Tuuk, W. Burow, M. Brun

Elektrische Hybridantriebe für mobile Arbeitsmaschinen

Hybridantriebe für mobile Arbeitsmaschinen

2. Fachtagung des VDMA und der Universität Karlsruhe (TH), Karlsruhe, 18.02.2009

[2] *Datenblatt 'Bomag Tandem-Vibrationswalzen BW154 AP, BW 174 AP – Leistungsdaten*

[3] J. Jasche

Hydraulische und elektrische Hybridantriebe – konkurrierende oder komplementäre Systeme?

Hybridantriebe für mobile Arbeitsmaschinen

2. Fachtagung des VDMA und der Universität Karlsruhe (TH), Karlsruhe, 18.02.2009

[4] A. Ulrich

Neue Straßenbautechnik

Tiefbau, Mannheim, 11.1996

[5] *Der 911 mit dem Kick*

Mobile Maschinen 4, Organ des Forums Mobile Maschinen im VDMA, 11.2010

Fahrzyklen mit einem kommunalen Mehrzweck-Fahrzeug

Dieselantrieb im Vergleich zu parallelem diesel-elektrischem Hybridantrieb

Frank Böhler, Barbara Schwarz, Richard Zahoransky

Heinzmann GmbH & Co. KG, Am Haselbach 1, D-79677 Schönau, Deutschland,

E-mail: r.zahoransky@heinzmann.de, Telefon: +49(0)7673/82080

Bernd Guggenbühler

LADOG Fahrzeugbau und Vertriebs GmbH, D-77736 Zell a.H., Deutschland

Uwe Nuß

Hochschule Offenburg, D-77652 Offenburg, Deutschland

Julien Santoire, Marcus Geimer

Lehrstuhl für Mobile Arbeitsmaschinen, Karlsruhe Institut für Technologie (KIT), D - 76131 Karlsruhe, Deutschland

Kurzfassung

Mit gleichem kommunalem Mehrzweck-Fahrzeug (Abb. 1) wurden mehrere Fahrzyklen mit konventionellem Dieselantrieb und mit parallelem diesel-elektrischem Hybridantrieb simuliert. Aus den Ergebnissen der realen Fahrzyklen mit konventionellem Dieselmotorantrieb ließen sich die Kraftstoffeinsparpotenziale mit dem Hybridmotor und den verschiedenen Maßnahmen wie Start-Stopp, Rekuperation und Boost ermitteln. Selbst bei diesem Kommunalfahrzeug lassen sich Kraftstoffeinsparungen bis über 20 % nachweisen, obwohl die Fahrzyklen für Hybridanwendungen nicht besonders attraktiv sind. Deutlich höhere Potenziale liegen beispielsweise bei Gabelstaplern und Baumaschinen vor.

Stichworte

Hybrid, diesel-elektrisch, Kommunalfahrzeug, Rekuperation, Boost, Start-Stopp, Fahrzyklen, Kraftstoffeinsparung.

1   Einleitung

Angepasste Hybridantriebe in mobilen Arbeitsmaschinen (off-highway Anwendungen wie Baumaschinen, Gabelstapler u.ä.) versprechen wegen den typischerweise auftretenden Lastzyklen mit ausgeprägten, häufigen und schnellen Laständerungen folgende Vorteile: Geringerer Kraftstoffverbrauch, Einsatz eines Dieselmotors kleinerer Leistung, dadurch Erfüllung strikter werdender Emissionsvorschriften (TIER 4, EURO 5) ohne oder mit reduzierter Abgasnachbehandlung, Lärmreduktion, weitere Einsparpotenziale durch Elektrifizierung der Fahrzeugfunktionen möglich (Erhöhung des Hybridisierungsgrades), höhere Produktivität durch höhere Antriebsdynamik speziell im unteren Drehzahlbereich.

In diesem Projekt haben die Unternehmen HEINZMANN GmbH & Co. KG, LADOG Fahrzeugbau und Vertriebs GmbH sowie die Hochschule Offenburg und das KIT kooperiert. Die Partner verfügen über die notwendige Erfahrung der hier involvierten verschiedenen ingenieurwissenschaftlichen Disziplinen wie Fahrzeugtechnik, Verbrennungsmotoren, elektrische Maschinen, Inverter, Steuer- und Regelungstechnik und Batteriesysteme.

Abb. 1: Mehrzweck-Kommunalfahrzeug LADOG, ausgerüstet mit parallelem diesel-elektrischem Hybridantrieb von Heinzmann

Abb. 2: Multifunktionaler Bagger MECALAC, ausgerüstet mit parallelem diesel-elektrischem Hybrid von Heinzmann

In diesem Projekt verantwortete Heinzmann das Gesamtsystem und entwickelte die E-Maschine, die Systemsteuerung sowie die Software für den Hybridantrieb. LADOG stellte das Fahrzeug, Abb. 1, als Versuchsträger zur Verfügung. Der Lehrstuhl für Mobile Arbeitsmaschinen MOBIMA des KIT führte die Simulationsrechnungen durch. Das Institut für Angewandte Forschung der Hochschule Offenburg lieferte den Inverter.

2 Einsatzgebiete der Hybridantriebe

Gabelstapler, Radlader und andere Baumaschinen (Bagger, Abb. 2) aber auch Mehrzweck-Kommunalmaschinen mit vielen kurzen, schnellen Lastspitzen und Bremsvorgängen sind ideale Kandidaten für hohe Einsparungen [1] und erhöhte Produktivität. Die zusätzlichen Komponenten für einen Hybridantrieb verursachen höhere Investitionskosten. Hierbei ist derzeit die Batterie der höchste Kostenträger. Demgegenüber stehen Einsparungen durch einen kleineren Dieselmotor mit geringerer Leistung und eventuell wegfallender Startermotor. Insbesondere wenn in der mobilen Arbeitsmaschine wenig Platz vorhanden ist, erspart die wegfallende oder weniger umfangreiche Abgasnachbehandlung kostspielige Neukonstruktionen.

3 Paralleler diesel-elektrischer Hybrid für Mobile Arbeitsmaschinen

Die elektrische Maschine wird bei diesem Hybrid ohne eigene Lagerung direkt auf die Kurbelwelle des Dieselmotors montiert und ersetzt in manchen Fällen das Schwungrad. Dadurch wird der Hybridmotor allenfalls geringfügig, z.B. um ca. 50 mm, länger als der reine Dieselmotor. Mit einem leistungsschwächeren Dieselmotor wird der vergleichbare Hybridantrieb sogar kürzer. Damit passt er ohne nennenswerte Umkonstruktionen in vorhandene Arbeitsmaschinen, wie in Abb. 2. Deshalb ist dieser Hybridtyp derzeit am populärsten für mobile Arbeitsmaschinen:

Abb. 3: HEINZMANN E-Maschine mit Hydraulikpumpe als Parallelhybrid-Aggregat mit VW Industriemotor

Der Dieselmotor wird einfach durch den Parallelhybrid ersetzt und treibt dann wie bisher die hydraulische Pumpe an, Abb. 3. Die elektrische Maschine hat vier Funktionen:

- Boost: Die elektrische Maschine arbeitet zur Abdeckung von geforderten Lastspitzen.

- Generator: Bei geringen Lastanforderungen wird die E-Maschine auf Generatormodus umgeschaltet und lädt die Batterie.

- Regeneration: Ebenso arbeitet sie als Generator, um die Energie von Bremsvorgängen zu nutzen. Auf die mechanische Bremse kann jedoch nicht verzichtet werden.

- Starter: Der E-Motor erlaubt eine effiziente Start-Stopp Funktion mittels Schnellstart des Dieselmotors in 150 bis 300 ms. In Leerlaufphasen kann also abgeschaltet werden.

3.1 Systemüberblick

Der prinzipielle Aufbau des Parallelhybrid-Systems von Heinzmann mit folgenden Komponenten ist in [4] erläutert:

- Elektrische Maschine (Motor, Generator und Starter).

- Hybridsystem-Steuergerät zur Umsetzung der Hybridstrategie.

- Diesel-Steuergerät, das den Dieselmotor regelt.

- Inverter: Drehzahl-/Drehmoment-Steuerung für die bürstenlose E-Maschine.

- DC/DC Konverter: Wandelt die hohe Busspannung des Hybridsystems mit Batterie in die niedrige on-board Spannung.

3.2 Drehmomentverhalten

Die E-Maschine im Hybridantriebsstrang liefert ein entsprechendes Drehmoment. Dies erlaubt es, einen kleineren Dieselmotor mit geringerer Leistung einzusetzen ("right-sizing"1 oder „down-sizing" des Verbrennungsmotors). Bei entsprechender Auslegung ergibt sich ein vergleichbares Verhalten des Hybridmotors mit dem ersetzten Dieselmotor, wie die Addition der Drehmomente zeigt (Abb. 4). Durch den typischen Drehmomentenverlauf über der Drehzahl einer PMSM (Permanentmagnet-Synchronmaschine) ergeben sich große Vorteile bei geringen Drehzahlen, ausgehend vom Stillstand.

Das Lastprofil (abverlangte Leistung) über der Zeit, Abb. 5, visualisiert eine mögliche Steuerung des Parallelhybrids. Hierbei wird der Dieselmotor idealisiert mit konstanter

---

1 Der Term "right sizing" ist in [5] definiert: Auswahl des installierten Dieselmotors, auf die im Hybridstrang benötigte Leistung.

Last gefahren, was eine von mehreren Strategien darstellt. Lastspitzen, die der kleinere Dieselmotor nicht mehr abdecken kann, werden durch den E-Motor gemeistert. Zusätzlich lässt er sich zu Beginn einer gewünschten Lasterhöhung einschalten, was einen schnelleren Leistungsanstieg, d.h. eine höhere Dynamik, gewährleistet. Dieser dynamische Boost reduziert den „aufbrausenden" Lärm und den Russausstoß.

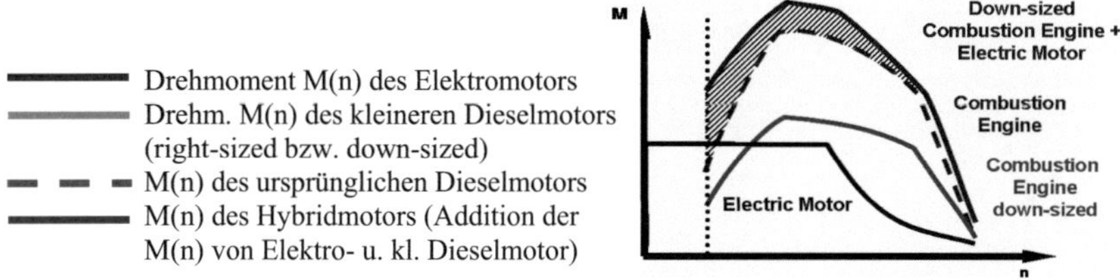

Drehmoment M(n) des Elektromotors
Drehm. M(n) des kleineren Dieselmotors (right-sized bzw. down-sized)
M(n) des ursprünglichen Dieselmotors
M(n) des Hybridmotors (Addition der M(n) von Elektro- u. kl. Dieselmotor)

Abb. 4: Drehmomentdarstellung des parallelen Hybridantriebs in Abhängigkeit der Drehzahl n [2]

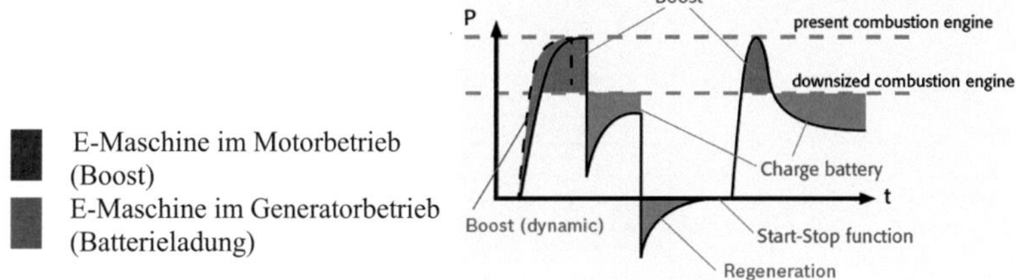

E-Maschine im Motorbetrieb (Boost)
E-Maschine im Generatorbetrieb (Batterieladung)

Abb. 5: Gefordertes Lastprofil (Leistung über der Zeit)

Im Leerlauf wird der Dieselmotor abgeschaltet, um bei Bedarf wieder über die Start-Stopp Funktion zugeschaltet zu werden, was wesentlich zur Kraftstoffeinsparung beiträgt. Falls die aktuell geforderte Last nicht der eingestellten Leistung des Dieselmotors bedarf, lädt die E-Maschine im Generatorbetrieb die Batterie. Ebenso rekuperiert die E-Maschine die Bremsenergie, bevor die mechanische Bremse zum Einsatz kommt.

Alternativ zu einer konstanten Leistung kann eine konstante Drehzahl des Dieselmotors (Phlegmatisierung des Dieselmotors) als Strategie vorgegeben werden oder eine drehzahlabhängige Leistungsvorgabe des Dieselmotors für jeweils geringsten Verbrauch oder geringste Emissionen (Kennfeldsteuerung). Letzteres ist in Abb. 6 gezeigt.

Das Hybrid-Steuergerät gibt im Wesentlichen den Betriebspunkt der E-Maschine vor. Zur Bestimmung dieses Wertes wird im Hybrid-Steuergerät eine drehzahlabhängige Kennlinie hinterlegt, in die der jeweils geforderte Drehmomentwert des Dieselmotors eingetragen wird. Diese Kennlinie entspricht z.B. dem Verlauf in Abb. 6.

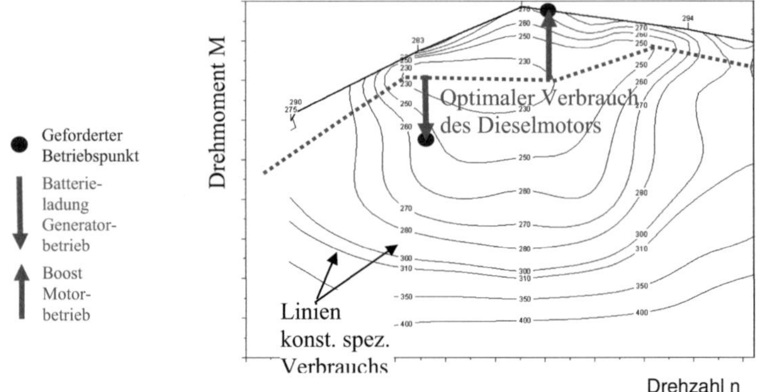

Abb. 6: Hybridstrategie für optimalen Kraftstoffverbrauch

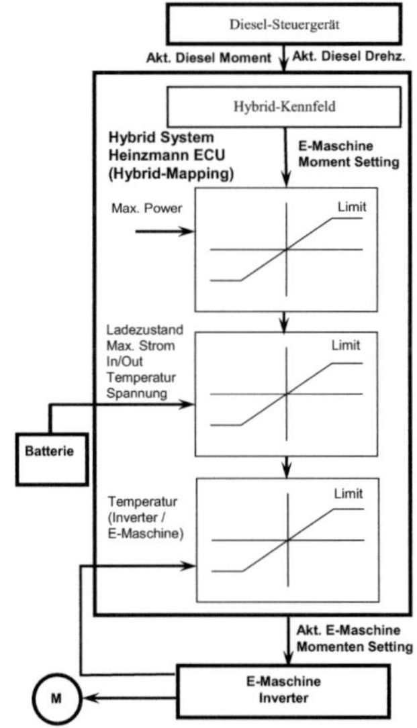

Abb. 7: Prinzipielle Hybrid-Steuerhierarchie

Die aktuellen Werte "Dieselmotor Moment" und "Dieselmotor Drehzahl" werden vom Dieselmotor-Steuergerät mittels CAN SAE J1939 Protokoll übertragen. Über einen PID-Regelkreis wird aus dem aktuellen Dieselmoment und dem im Arbeitspunkt geforderten Wert der Kennlinie ein Drehmoment für die E-Maschine berechnet. Liegt der aktuell angeforderte Leistungs- oder Momentenwert über dem möglichen Kennlinienwert des Dieselmotors, wird der E-Motor-Wert positiv für den Boostbetrieb sein. Der E-Motor soll den Mehr-Leistungsanteil übernehmen. Liegt das aktuell angeforderte Moment unter dem Diesel-Kennlinienwert, wenn dem Diesel also weniger Leistung abgefordert wird, dann kann das E-Maschinen-Moment negativ für den Generatorbetrieb zum Laden der Batterie sein.

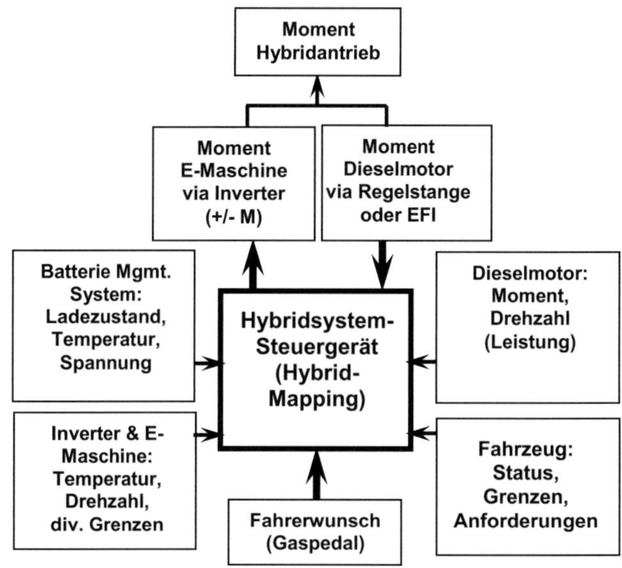

Abb. 8: Prinzipielle Funktionen des Hybrid-Steuergerätes

Das berechnete Drehmoment der E-Maschine muss anschließend eventuell limitiert werden, z.B. durch den aktuellen Ladezustand der Batterie oder durch Temperaturen von Batterie, Inverter oder E-Motor. Das Ergebnis dieser Begrenzungen ist der momentan größtmögliche vorzeichenbehaftete Wert (Generatorbetrieb negativ, Motorbetrieb positiv) für die E-Maschine. Durch den Einfluss des E-Motors wird die aktuelle Drehzahl des Gesamtmotors entweder fallen oder steigen. Vom Dieselmotor-Steuergerät wird dies als Belastung oder als Entlastung des Motors interpretiert. Es reagiert darauf mit Veränderung der Diesel-Einspritzmenge, um die geforderte Solldrehzahl des Gesamtmotors einhalten zu können. Folglich verändert sich das Diesel-Drehmoment in die von der Kennlinie vorgegebene, gewünschte Richtung. Die Arbeitsweise des Hybrid-Add-On-Systems beruht also dadurch, dass der Dieselmotor bzw. das Dieselmotor-Steuergerät keine Kenntnis von der E-Maschine hat, sondern diese als zusätzliche Last ansieht, die der Dieselmotor auszugleichen hat. Die Abb. 7 und 8 visualisieren die grundsätzliche Steuerhierarchie und die Funktionen des Hybrid-Steuergerätes (CPU).

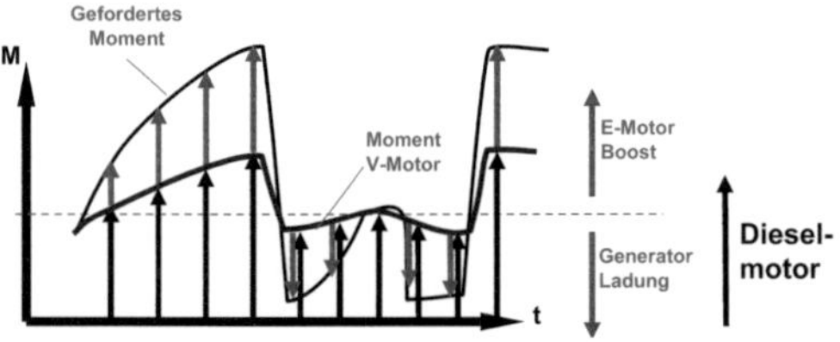

Abb. 9: Drehmoment-Aufteilung zwischen Dieselmotor und E-Maschine

Das Hybridkennfeld ist an die Anforderungen der individuellen Anwendung, speziell an den vorhergesehenen Arbeitszyklenverlauf und dessen Frequenz anzupassen. Je besser der Arbeitsablauf bekannt ist, desto effizienter kann das Hybridkennfeld für maximale Kraftstoffeinsparung ausgelegt werden. Insbesondere lassen sich damit harte Steuereingriffe durch leere oder vollgeladene Batterien vermeiden. Praktische Hybridkennfelder sehen etwa so aus wie in Abb. 9. Die blaue Linie zeigt das Dieselmotor-Drehmoment: Es ist jedoch ersichtlich, dass der Dieselmotor deutlich "phlegmatisiert" ist und seine Schadstoff- und Lärm-Emissionen damit reduziert werden.

3.3 Auslegung der Elektromaschine

Elektrische Motoren oder Generatoren werden i.a. nach ihrer Dauerleistung (S1 Betrieb) kategorisiert – diese hängt von der zulässigen Stator/Rotor-Temperatur ab, um Beschädigungen der Isolierung oder um die Demagnetisierung der Magnete zu vermeiden. Jedoch läuft die E-Maschine nicht permanent, wie Abb. 9 veranschaulicht. Die Boost- und Regenerationsphasen dauern nur kurze Zeit im Sekundenbereich. Deshalb ist eher das Kurzzeitverhalten der E-Maschine, also deren Überlastfähigkeit, von Interesse, Abb. 10.

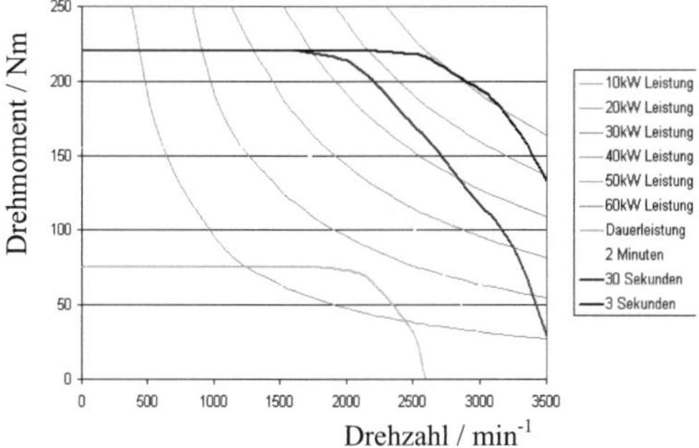

Abb. 10: Drehmomentverhalten einer E-Maschine mit 15 kW Nennleistung (Dauerleistung S1)

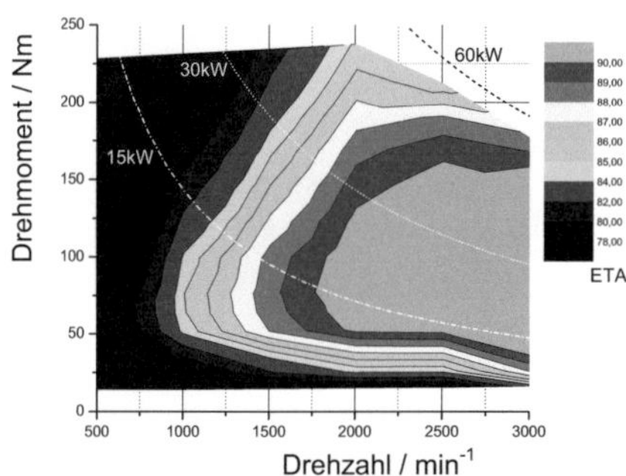

Abb. 11: Kennfeld mit Wirkungsgradverlauf 15 kW S1 E-Maschine

Das Kennfeld der in Abb. 10 dargestellten bürstenlosen DC-Maschine mit 15 kW Dauerleistung der Fa. HEINZMANN GmbH & Co. KG kann für 3 Sekunden bei 60 kW bei einer Drehzahl von 3.000 min⁻¹ betrieben werden. Voraussetzung ist allerdings, dass der Inverter ebenfalls auf diese Leistung ausgelegt ist. Für zwei Minuten sind im Drehzahlband 1500 bis 2500 min⁻¹ nahezu 30 kW möglich. In Abb. 11 ist das Wirkungsgrad-Kennfeld dieser E-Maschine inklusive des Inverters gezeigt. In dem interessierenden weiten Betriebsbereich über 1.500 min⁻¹ wird ein Wirkungsgrad von 90 % oder mehr erzielt.

3.4 Mechanischer Aufbau

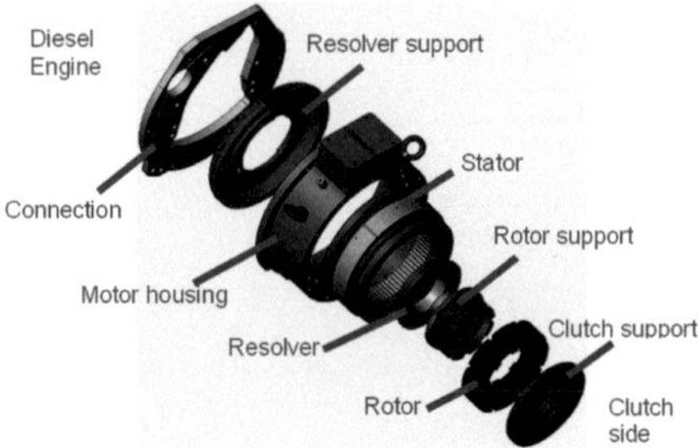

Abb. 12: Mechanischer Aufbau der E-Maschine für Parallelhybrid, vorbereitet für Montage auf Kurbelwelle des Dieselmotors

Abb. 13: HEINZMANN E-Maschine mit verteilter Wicklung als Parallelhybrid mit DEUTZ Dieselmotor

Abb. 14: HEINZMANN E-Maschine mit konzentrierter Wicklung als Parallelhybrid mit CUMMINS Dieselmotor

In der günstigsten Anordnung des HEINZMANN Parallelhybridantriebs ersetzt der Rotor der E-Maschine das Schwungrad des Dieselmotors. Damit benötigt der Rotor keine eigene Lagerung, wie in Abb. 12 gezeigt (Dieselmotor mit seiner Kurbelwelle ist nicht dargestellt). Damit wird der Hybrid-Antriebsstrang höchst kompakt gehalten und in axialer Ausdehnung ergibt sich nur eine minimale Verlängerung, siehe Abb. 13 und 14. Während die Maschine in Abb. 13 mit verteilter Wicklung und sich daraus ergebenden größeren Wickelköpfen ausgeführt wurde, zeigt Abb. 14 die neueste Generation der Heinzmann

Hybridmaschine mit konzentrierter Wicklung (Einzelzahn-Wicklung). Damit ließ sich die axiale Ausdehnung durch Wegfall der Wickelköpfe nochmals deutlich reduzieren.

3.5 Magnetische Radialkraft

Bei einer Permanentmagnet-Maschine wird eine magnetische Kraft generiert, die zwischen Rotor und Stator wirkt. Solange der Rotor im radialem magnetischem Fluss ideal im Stator zentriert ist, heben sich die Kräfte gegenseitig auf, siehe Abb. 17a. Demgegenüber bewirken schon relativ kleine Exzentrizitäten –Abb. 17b- eine mit der Exzentrizität ansteigend hohe radiale Kraft, wie in Abb. 16 quantitativ dargestellt. Kurbelwellen von Verbrennungsmotoren weisen im Betrieb immer dynamische Exzentrizitäten auf. Die Gaskräfte während den Verbrennungsphasen wirken über den Kolben auf die Kurbelwelle und durchbiegen diese merklich. Da der Rotor der E-Maschine direkt auf das freie Ende der Kurbelwelle montiert wird, verursacht dies die Exzentrizität. Die resultierende Radialkraft wirkt in Richtung der Exzentrizität und verstärkt diese.

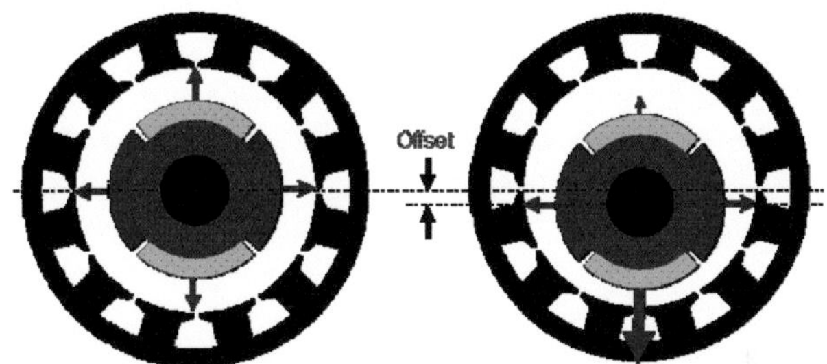

Abb. 15a: Ideal zentrierter Rotor   Abb. 15b: Exzentrische Rotorlagerung

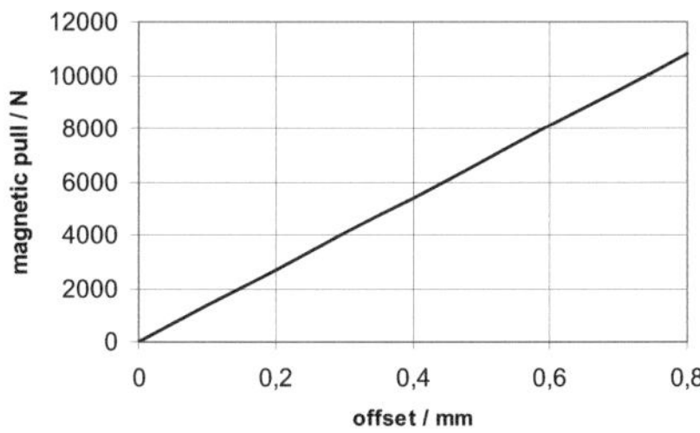

Abb. 16: Magnetkraft als Funktion der Exzentrizität bei der 15 kW (S1) E-Maschine

Kurbelwellen moderner Dieselmotoren weisen an ihren Enden relativ geringe Exzentrizitäten unter 0,3 mm aus und die Lagerung ist mit ausreichend hohen Sicherheiten ausgelegt. Üblicherweise liegt die Leistung des Dieselmotors deutlich über der der E-Maschine, so dass die Montage auf der Kurbelwelle keine technischen Probleme bereitet. Der Luftspalt in der E-Maschine muss hinreichend groß gewählt werden. Ebenso ist die aktive Länge des Rotors auf etwa 60 mm zu begrenzen, um den Hebeleffekt von der Kurbelwelle zu minimieren. Längere E-Maschinen benötigen eine zusätzliche Lagerstelle.

3.6 Batteriegröße / Batteriemanagementsystem

Für Baumaschinen und andere mobile Arbeitsmaschinen wird sich eine Spannungsebene von 400 V oder darüber durchsetzen [3]. Ein Gleichspannungs-Systembus von 400 V benötigt 125 LiFePO4 Zellen in der Batterie. Aus bekannten Lastprofilen, wie in Abb. 5 exemplarisch dargestellt, kann die minimal notwendige Batteriekapazität abgeleitet werden. Die integrierte Boostleistung über der Zeit (Fläche im P-t Diagramm von Abb. 5) oder das entsprechende Ladungs/Rekuperations-Integral repräsentiert die notwendige Batteriekapazität. Diese Energien müssen von der Batterie abgebbar oder aufnehmbar sein. Da bei mobilen Arbeitsmaschinen die Lastzyklen sehr schnell sowie die Boost und Rekuperationszeiten sehr kurz sind, ist die Batterie lediglich „Mikrozyklen" ausgesetzt. Deshalb kann eine Batterie mit geringer Kapazität gewählt werden, z.B. 4,5 Ah bei 400 V. Diese Mikrozyklen laufen i.a. in einem engen Lade-/Entladefenster ab und ergeben hohe Lebensdauer sowie hohe Zyklenstandzahl [4].

Die komplexe, energiereiche Batterie mit über 100 einzelnen Zellen benötigt ein leistungsfähiges Batteriemanagementsystem BMS, das Einzelzellenüberwachung, Ladezustandsanzeige und Isolationsüberwachung beinhaltet, den Ladungsabgleich ausführt und eine Sicherheitsabschaltung beinhaltet [2]. Die Kommunikation zwischen BMS und Hybdridsteuergerät ist via CAN-Bus mit SAE J1939 Protokoll eingerichtet.

4 Simulation der Kraftstoffreduktion und Testfahrten

4.1 Zielsetzung

Zielsetzung der Simulation ist die Abschätzung des Potenzials der Kraftstoffreduktion. Als Versuchsträger dient der Antriebsstrang eines Mehrzweck-Kommunalfahrzeugs der Fa. LADOG Fahrzeugbau und Vertriebs GmbH, Abb. 1. Das originale Fahrzeug ist mit einem 72 kW Dieselmotor ausgerüstet, das ein variables hydrostatisches Getriebe mit einer mechanischen Untersetzung antreibt. Das hybridisierte Fahrzeug – dessen Betrieb bisher nur simuliert wurde – ist zum Vergleich mit einem Parallelhybrid ausgestattet.

4.2 Testfahrten

Bei den Testfahrten wurden verschiedene Daten wie Fahrzeug- und Motorgeschwindigkeit, Kraftstoffverbrauch und Druck der Hydraulik dokumentiert. In Abb. 17 sind einige der aufgenommenen Arbeitszyklen wiedergegeben.

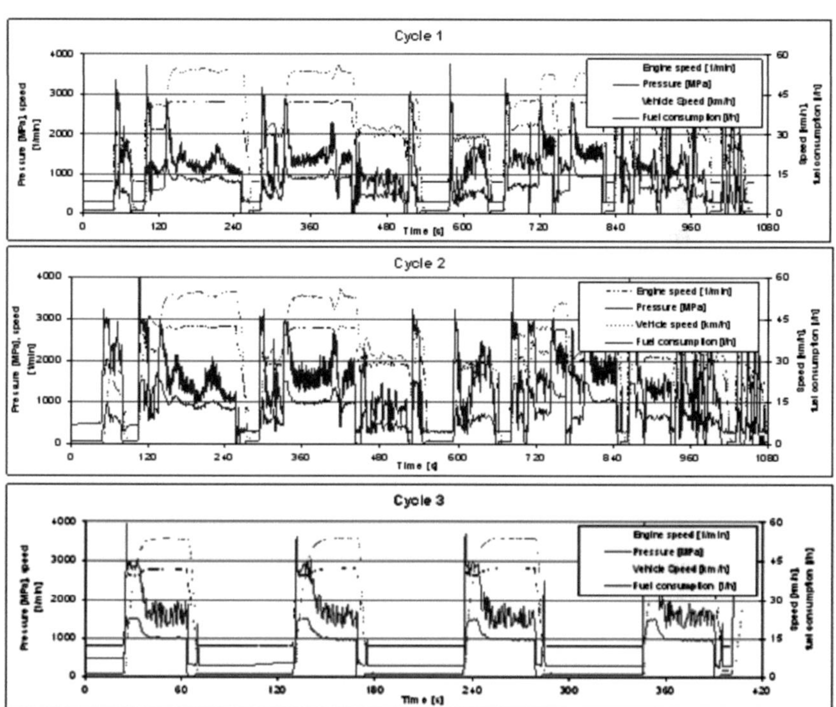

Abb. 17: Messwerte von drei verschiedenen Arbeitszyklen

4.3 SIMULATIONSMODELL

Mittels Matlab Simulink wurden die Fahrzyklen mit und ohne Hybrid simuliert. Hierbei bildeten die Wirkungsgradkennfelder für Dieselmotor und Elektromaschine die Berechnungsgrundlage. Die Batterie wurde der Einfachheit halber mit konstantem Wirkungsgrad betrachtet. Sonstige mechanische Übertragungen wie Getriebe, Reifen und Fahrbahnkontakt wurden zusammengefasst und die Parameter während den Validierungsfahrten ermittelt. Der Gewichtszuwachs durch Batterie und E-Maschine blieb unberücksichtigt.

Beschreibung	Einheit	Wert
Fahrzeuggewicht	kg	2.950 (Zyklus 1) 4.600 (Zyklus 2) 2.800 (Zyklus 3)
Engine power (conventional)	kW	72
Engine power (right sized)	kW	42
Motor power	[kW]	30
Top speed	[km/h]	53,5

Tab. 1: Fahrzeugdaten Zyklen gemäß Abb. 17

In der Simulation fanden verschiedene Antriebskonfigurationen und Betriebsstrategien („Konfigurationen") Berücksichtigung. In einem ersten Schritt wurde der Dieselmotor und die elektrische Maschine über statische Wirkungsgrad-Kennfelder modelliert, wobei der Dieselmotorbetrieb entlang des Bereichs des minimalen spezifischen Kraftstoffverbrauchs simuliert wurde (siehe Abb. 6). Nächste Simulationsschritte waren Start-Stopp Funktion und Rekuperation der Bremsenergie. Betrachtung fanden einmal der ursprüngliche Diesel mit 72 kW und der kleinere (right sized) mit 42 kW Leistung. Die E-Maschine mit 15 kW S1- und 30 kW S2-Leistung blieb in allen berechneten Konfigurationen unverändert. Die hydraulisch angetriebenen Hilfs- und Zusatzaggregate wurden mit konstanter Last modelliert. Der Batterie-Ladezustand und der Kraftstoffverbrauch wurden für jeden Zyklus und jede Konfiguration simuliert. Während der Kraftstoffverbrauch aus dem Motorkennfeld stammt, resultiert der Batterie-Ladezustand (State of Charge SOC) aus der Integration der Lade- und Entlade-Energien.

4.4 Simulationsergebnisse

Tabelle 2 gibt den Überblick über den Kraftstoffverbrauch bei den verschiedenen Konfigurationen und Lastzyklen (siehe Abb. 17). Der Batterie-Ladezustandsverlauf ist sehr unterschiedlich über den einzelnen Lastzyklen, wie die Abb. 18 a und 18 b zeigen. Das untersuchte kommunale Mehrzweckfahrzeug verspricht ein beträchtliches Kraftstoffeinsparpotenzial von über 20% bei den sinnvollen Konfigurationen, die in Tabelle 2 aufgelistet sind. Diese Tabelle zeigt aber auch, dass gewisse Hybridkonfigurationen bzw. Betriebsarten geringe Spareffekte aufweisen. Die Verkleinerung des Dieselmotors (rightsizing) ergibt unter allen Maßnahmen den höchsten Wirkungsgradsprung, während Start-Stopp und Rekuperation geringeren Einfluss haben – wobei andere Lastzyklen durchaus modifizierte Ergebnisse ergeben können.

Die durch den Parallelhybrid mögliche Elektrifizierung der Hilfs- und Nebenaggregate (Kühlgebläse, Wasserkühlpumpe, Klimakompressor) wurde bei den Simulationen noch nicht berücksichtigt.

Konfiguration	Diesel =72 kW	Diesel =42 kW	Maximaler. Wirkungsgrad	Start-Stopp	Rekuperation	Kraftstoffersparnis [%]		
						Cylce 1	Cycle 2	Cycle 3
Konventionell (gemessen)	x					0,0	0,0	0,0
Hybrid 1	x	x				0,2	0,3	0,4
Hybrid 2	x	x	x			3,1	3,4	9,8
Hybrid 3	x	x	x	x		5,7	5,3	13,4
Hybrid 4		x	x			16,7	14,6	15,7
Hybrid 5		x	x	x		19,0	15,5	19,0
Hybrid 6		x	x	x	x	21,6	17,6	22,8

Tabelle 2: Simulationsergebnisse

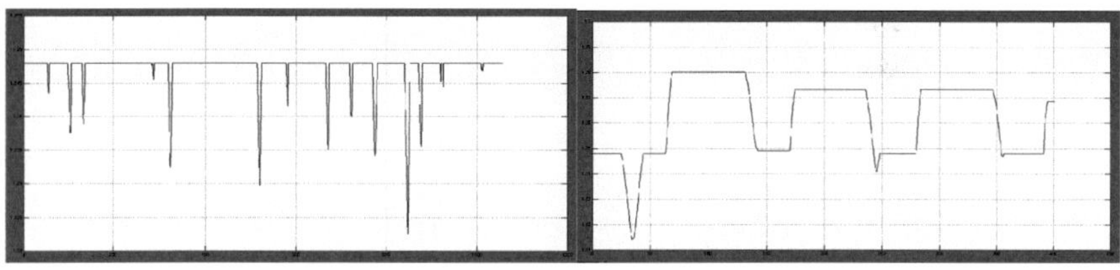

Abb. 18: Batterie-Ladezustandsverläufe
a: Ladezustand für Hybrid 1, Lastzyklus 1   b: Ladezustand für Hybrid 3, Lastzyklus 3

5 Zusammenfassung

Baumaschinen, Gabelstapler, Multifunktions-Maschinen sind wegen ihren hochfrequenten Lastzyklen ideale Kandidaten für diesel-elektrische Hybridantriebe. Die Kraftstoff-

Einsparungen hängen stark von der Frequenz und den Amplituden der Lastzyklen ab. Weitere Vorteile des Hybridantriebs sind deutliche Lärmreduktionen, geringere Schadstoffemissionen und niedrigerer investiver und betrieblicher Aufwand für eine verkleinerte oder gar unnötig werdende Abgasnachbehandlung durch die Verkleinerung des Dieselmotors. Unter den verschiedenen diesel-elektrischen Hybridkonzepten ragt der Parallelhybrid durch seinen einfachen Aufbau heraus, da er einen Einbau in konventionelle mobile Arbeitsmaschinen ohne größere Umkonstruktionen erlaubt. Lithium-Ionen-Batterien oder Super-Caps sind hoch flexible Energiespeicher, die für die auftretenden Mikrozyklen bestens geeignet sind. Die hohen Kosten dieser Speicher sind derzeit der größte Nachteil der diesel-elektrischen Hybride. Die Wirtschaftlichkeit diesel-elektrischer Hybridantriebe muss deshalb sorgfältig simulierbar sein, um potenziellen Kunden die Vorteile exakt und risikoarm aufzeigen zu können. Die präsentierte Simulationsmethodik ist deshalb ein wichtiges Werkzeug zur Verbreitung von Hybridantrieben.

6 Ausblick

Der nächste Untersuchungsschritt ist der Vergleich der simulierten Ergebnisse mit einem realen hybridisierten Fahrzeug der Fa. LADOG. Dieses Fahrzeug wird mit einem Dieselmotor der Fa. VM Motori/Italien, auf dessen Kurbelwelle die Heinzmann E-Maschine mit 30 kW S2 Leistung montiert ist, ausgerüstet.

Literatur

[1] R. Prandi, A., True Heavy-Duty Hybrid – Deutz, HEINZMANN, Atlas-Weyhausen team up to develop prototype hybrid wheel loader, Diesel Progress Int. Edition, Sept.-Oct., 2007

[2] F. Böhler and R. Zahoransky, Hybridantriebe für industrielle Anwendungen, in: 2. Fachtagung Hybridantriebe für mobile Arbeitsmaschinen. 18.02.2009 in Karlsruhe, S. 13-23

[3] H.H. Harms (Herausgeber), 400 V auf der mobilen Arbeitsmaschine – wird die Elektrik zu einer ernst zu nehmenden Konkurrenz?, Institut für Landmaschinen und Fluidtechnik der TU Braunschweig, Braunschweig 2009

[4] A. Gutsch, Persönliche Mitteilung, Fa. LiTec, 2008

[5] P. Thiebes, M. Geimer and G. Jansen, Hybridantriebe abseits der Straße - Methodisches Vorgehen zur Bestimmung von Effizienzsteigerungspotentialen. In: 2. Fachtagung Hybridantriebe für mobile Arbeitsmaschinen. 18.02.2009 in Karlsruhe, S. 125-135

Leistungsmanagement bei hybriden Antrieben in mobilen Arbeitsmaschinen

Dipl.-Ing. (FH) Rudolf Filser

Sensor-Technik Wiedemann GmbH, Am Bärenwald 6, 87600 Kaufbeuren, Deutschland, E-mail: rudolf.filser@sensor-technik.de

Kurzfassung

In Hybridantrieben werden elektrische Maschinen sowohl im motorischen als auch im generatorischen Betrieb eingesetzt. Verbraucher und Erzeuger können je nach Betriebszustand Leistung in das System einspeisen oder Leistung aus dem System entnehmen. Innerhalb eines Systems muss einerseits sichergestellt werden, dass die gesamte Verbraucherleistung die zur Verfügung stehende Leistung nicht übersteigt, auf der anderen Seite darf die gesamte von den Verbrauchern eingespeiste Leistung die max. Aufnahmeleistung der Erzeuger nicht überschreiten. Zur Erfüllung dieser Anforderungen ist ein zentrales Leistungsmanagement erforderlich. Nachfolgend werden die Aufgaben des Leistungsmanagements beschrieben und konkret ein Ranglistenverfahren als mögliche Leistungsmanagementstrategie vorgestellt.

Stichworte

Leistungsmanagement, dieselelektrischer Antrieb, Hybridtechnologie

1 Einleitung

Der hybride Antrieb ist in den letzten Jahren zum Synonym für umweltfreundliche Mobilität geworden. Die Kombination aus Verbrennungsantrieb und elektrischen Antrieb zeigt den Weg in die Zukunft der Fahrzeugtechnik und ist ein wichtiger Schritt zum vollelektrischen Fahren. Unter dem Begriff Elektromobilität werden Land- und Baumaschinen, Gabelstapler, Kommunalmaschinen und der öffentliche Nahverkehr elektrifiziert. Aus der Elektrifizierung ergeben sich folgende Vorteile:

- Betrieb des Dieselmotors im optimalen Arbeitspunkt (Phlegmatisierung)
- Verkleinerung des Dieselmotors (Downsizing)
- Extraenergie im Antriebssytem aus der Batterie (Boost-Betrieb)
- Erhöhung des Gesamtwirkungsgrades

Nachfolgend ist ein mögliches Gesamtsystem dargestellt:

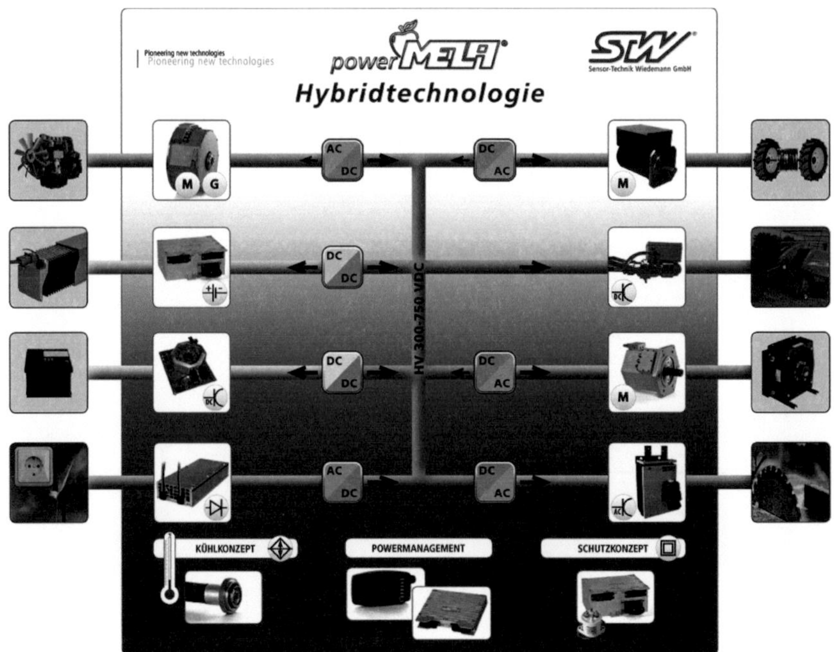

Abb. 1: Gesamtsystem

Das dargestellte Gesamtsystem besteht aus einem Hochvolt DC-Netz an das eine Vielzahl von Komponenten angeschlossen werden kann.

Typische Komponenten sind:

- Startergenerator, der im 4-Quadrantenbetrieb arbeitet und somit als Generator wie auch als Motor arbeiten kann
- Energiespeicher zum zwischenspeichern von Energie
- DC/DC Wandler als Bindeglied zwischen HV-Traktionsnetz und 12/24 Volt Bordnetz z.B. zur Realisierung von Start-Stopp Funktionen
- Ladefunktion zum Nachladen der Energiespeicher
- Antriebsmotoren, die im 4-Quadrantenbetrieb arbeiten und somit Energie aus dem HV-Traktionsnetz aufnehmen, wie auch beim Bremsvorgang Energie ins HV-Traktionsnetz einspeisen können
- HV-Steckdose/elektrische Zapfwelle zum Anschließen von Anbaugeräten an das DC-HV-Traktionsnetz
- 230 V/400 V Wechselrichter zur Bereitstellung von 230 V und 400 V-AC Energie zum Anschluss externer elektrische Geräte

Jede dieser Komponenten speist je nach Betriebszustand Leistung in das System ein oder entnimmt Leistung. Zur Koordination der Leistungsflüsse ist ein zentrales Leistungsmanagement erforderlich.

2 Leistungsmanagement

Um ein stabiles Netzwerk zu gewährleisten muss zu jeder Zeit ein Gleichgewicht zwischen aufgenommener und abgegebener Leistung herrschen. In verschiedenen Zeitbereichen sind unterschiedliche Maßnahmen zur Stabilisierung des Netzwerks wirksam:

Grober Zeitbereich	Störungsursache	Maßnahme zur Stabilisierung
< 1 µs	Schaltflanken, Prozessortakt, ...	EMV-Kondensatoren, Drosseln, Snubber-Kondensatoren in den Komponenten
< 1 ms	PWM	Zwischenkreiskapazität in den Komponenten
0,5 ms ... 5 ms	Lastzuschaltung, Lastabwurf	Zwischenkreiskapazität, Bremswiderstand für Leistungsspitzen
2 ms ... 500 ms	Laständerung (Rampen)	Selbständige Reaktion der Komponenten auf Über- bzw. Unterspannung, Bremswiderstand für Leistungsspitzen
20 ms ... 20 s	Beschleunigung, Überholvorgang, Bremsen	Zentrales Leistungsmanagement, Bremswiderstand, Batterie

Tab. 1: Maßnahmen zur Netzwerkstabilisierung

Eine Aufgabe des Leistungsmanagements besteht somit darin ein stationäres Leistungsungleichgewicht im Zeitbereich ab ca. 20 ms zu verhindern.

2.1 Auswirkungen eines stationären Leistungsungleichgewichts

Die Auswirkungen eines stationären Leistungsdefizits bzw. -überschusses werden nachfolgend anhand eines dieselelektrischen Antriebes erläutert. Das System besteht aus einem Dieselmotor, an dem über ein Getriebe ein Generator gekoppelt ist, der in ein DC-HV-Traktionsnetz einspeist. An dieses Netz ist ein Antriebsmotor angeschlossen.

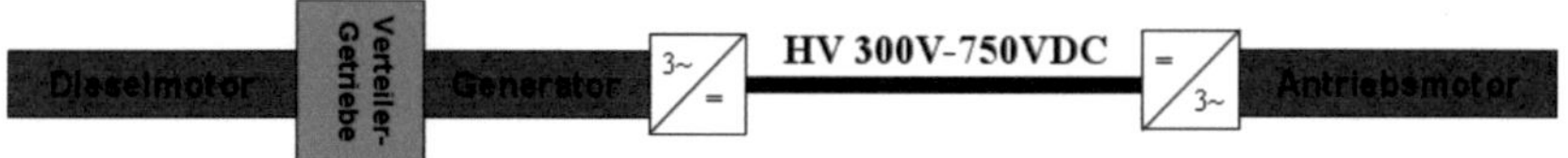

Abb. 2: Dieselelektrischer Antrieb

Der Generator wird in Spannungsregelung betrieben. Der Antriebsmotor ist geschwindigkeitsgeregelt. Ein stationäres Leistungsdefizit entsteht, wenn der Motor mehr Leistung anfordert als der Dieselmotor oder Generator liefern kann (z.B. beim Beschleunigungsvorgang). Ein Leistungsüberschuss entsteht, wenn die Leistung, die vom Antriebsmotor eingespeist wird, größer ist als die Leistung, die der Dieselmotor oder Generator aufnehmen kann (z.B. beim Bergabfahren oder Abbremsen).

Die Systemreaktion auf ein stationäres Leistungsungleichgewicht hängt im Wesentlichen von der Auslegung der Dieselmotor/Generator Kombination ab.

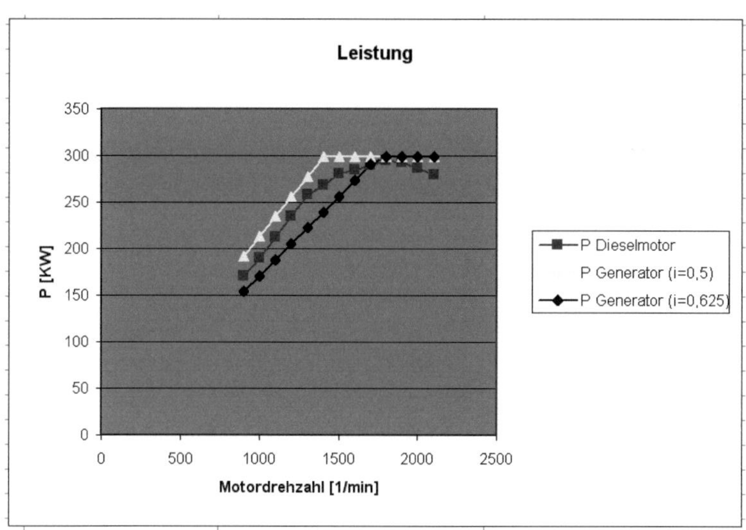

Abb. 3: Leistungsverlauf Dieselmotor und Generatoren

In obiger Abbildung sind die Dieselmotorleistung und die Generatorenleistung für ein Übersetzungsverhältnis von i=0,5 und i=0,625 über die Motordrehzahl dargestellt. In beiden Varianten kann die maximale Leistung bei einer Dieseldrehzahl von 1800 U/min komplett übertragen werden. Ein Unterschied ergibt sich allerdings in den unteren Drehzahlbereichen von 900 U/min – 1800 U/min. In diesem Drehzahlbereich ist bei einem Übersetzungsverhältnis von i=0,5 die Generatorleistung durchgängig höher als die Dieselmotorleistung, dagegen ist bei einem Übersetzungsverhältnis von i=0,625 die Generatorleistung durchgängig kleiner als die Dieselmotorleistung. Dies führt zu unterschiedlichen Systemreaktionen im Falle eines Leistungsungleichgewichtes.

Wird ein Übersetzungsverhältnis von i=0,5 gewählt, führt ein Leistungsdefizit zu einer Drehzahlreduzierung des Dieselmotors. Wogegen bei einem Übersetzungsverhältnis von 0,625 die Spannung im HV-DC-Traktionsnetz einbricht.

Ein Leistungsüberschuss führt zur Erhöhung der Dieselmotordrehzahl, wenn die motorische Leistung des Generators größer ist als die Bremsleistung des Dieselmotors. Im schlechtesten Fall kann dies bis zur Überdrehzahl des Dieselmotors führen. Ist die motorische Leistung des Generators kleiner als die Bremsleistung des Dieselmotors, führt ein Leistungsüberschuss zur Erhöhung der Spannung des DC-HV-Traktionsnetzes.

Um Unter- oder Überdrehzahl des Dieselmotors bzw. Unter- oder Überspannung im DC-HV-Traktionsnetz zu verhindern, ist ein Leistungsmanagement erforderlich. Zur Bestimmung der verfügbaren Antriebs- oder Bremsleistung ist bei einer Dieselmotor-Generator-Kombination der Leistungsverlauf über den gesamten Drehzahlbereich zu berücksichtigen.

2.2 Leistungsmanagement mit Hilfe eines Ranglistenmodells

Nachfolgend wird ein Leistungsmanagement mit Hilfe eines Ranglistenmodells erläutert. Das Leistungsmanagement besteht aus den Komponenten, die ihre aktuelle Leistung melden und zukünftigen Leistungsbedarf anfordern und aus dem zentralen Management, das den angeforderten Leistungsbedarf koordiniert und für jede Komponente Grenzen für die zukünftige Leistungsaufnahme oder -abgabe festlegt. Das Leistungsmanagement fordert gegebenenfalls eine höhere Leistung von den Energiequellen des Systems an. Falls das nicht möglich ist, wird die Verbrauchsleistung der angeschlossenen Verbraucher begrenzt. Dies erfolgt nach festgelegten Prioritäten. Die Prioritäten können sich während des Betriebs z.B. aufgrund geänderter Fahrstrategien ändern. Die Komponenten müssen sich an die vorgegebenen Grenzen halten. Zusätzlich kann jede Komponente einen Wunsch für Leistungsaufnahme oder -abgabe äußern.

Der Leistungsbedarf ändert sich dynamisch, z.B. durch Bedienung oder Umwelteinflüsse. Deshalb muss die Leistungsberechnung regelmäßig aktualisiert werden. Sinnvolle Zykluszeiten hängen von der jeweiligen Anwendung ab, und liegen typischer Weise im Bereich von 10 ms bis 100 ms.

Als Leistungswert müssen die elektrischen Leistungen der Komponenten verwendet werden, damit das Leistungsgleichgewicht unabhängig von den Verlusten bestimmt werden kann.

An die Komponenten werden die folgenden Anforderungen gestellt:

- Messung der aktuell verbrauchten bzw. gelieferten Leistung
- Optional Abgabe eines (zukünftigen) Leistungswunsches.
  Je nach Dynamik der zur Verfügung stehenden Energiequellen ist die Abgabe eine zukünftigen Leistungswunsches zwingend notwendig.
- Einhaltung der vom Leistungsmanagement berechneten Grenzen

Die Anforderungen an das zentrale Leistungsmanagement sind:

- Sammlung der gemeldeten Daten für aktuelle Leistung und Leistungsgrenzen
- Koordination von Leistungsbedarf und –angebot aller angeschlossenen Komponenten
- Berücksichtigung der Prioritäten
- Senden der Leistungsgrenzen bzw. Leistungsanforderungen an alle Komponenten

Innerhalb des Leistungsmanagements werden jeder Komponente folgenden Eigenschaften zugewiesen:

- Typ
  Der Typ einer Komponente legt fest, ob es sich bei der Komponente primär um eine „Energiequelle" oder einen „Verbraucher" handelt.
  Obwohl ein Antriebsmotor auch Energie ins System einspeisen kann, ist

seine Hauptaufgabe die Erzeugung mechanischer Energie und würde somit als Typ „Verbraucher" eingestuft. Im Gegensatz dazu ist die primäre Aufgabe eines Dieselmotors in einem dieselelektrischen Antrieb die Erzeugung von Energie. Dieser würde somit als „Energiequelle" eingestuft.

Aus Sicht des Leistungsmanagements besteht der Unterschied zwischen „Energiequelle" und „Verbraucher" darin, dass z.B. bei einem sich anbahnenden Leistungsdefizit von einer „Energiequelle" mehr Leistung angefordert werden muss, wohingegen die Leistung eines „Verbrauchers" limitiert werden muss.

- Regeleigenschaft
  Die Regeleigenschaft legt fest, ob die Komponente digital oder proportional regelbar ist, und ob das Leistungsmanagement überhaupt Einfluss auf die Komponente hat. Werden z.B. hydraulische Verbraucher direkt (ohne Steuergerät) zu- oder abgeschaltet, so müssen diese Leistungen in der Leistungsbilanz berücksichtigt werden, obwohl das Zuschalten des Verbrauchers vom Leistungsmanagement nicht kontrolliert werden kann.

- Priorität
  Die Priorität bestimmt die Reihenfolge, mit der die Leistung einer Komponente begrenzt wird, falls nicht genügend Leistung zur Verfügung steht bzw. die Reihenfolge der Leistungsanforderung für verschiedene Energiequellen.

Komponenten vom Typ „Verbraucher" müssen folgende Daten liefern

- aktuell verbrauchte bzw. eingespeiste Leistung
- Agilität
  Die Agilität entspricht einer Vorspannungs-Leistung und ermöglicht der Komponente eine selbständige Leistungsänderung in einem festgelegten Rahmen. Diese Leistung wird bei ausreichendem Leistungsangebot für die Komponenten zusätzlich für unvorhergesehene Reaktionen vorgehalten.
  Zum Beispiel kann ein drehzahlgeregelter Antriebsmotor durch Variation des Drehmoments in diesem Rahmen seine Drehzahl ausregeln. Mit Erhöhung der Agilität erhöht sich die Dynamik der Komponente. Über

die Agilität kann auch eine vorausschauende zukünftige Leistungsanforderung erfolgen.

Komponenten vom Typ „Energiequelle" müssen folgende Daten liefern:

- Aktuelle Leistung, die die Energiequelle aufnehmen und abgeben kann
- Max. Aufnahme- und Abgabeleistung
  Liefert eine Energiequelle aktuell zu wenig Leistung wird vom Leistungsmanagement die Leistungsanforderung bis zur Maximalleistung erhöht.

Damit ergibt sich folgender Datenfluss:

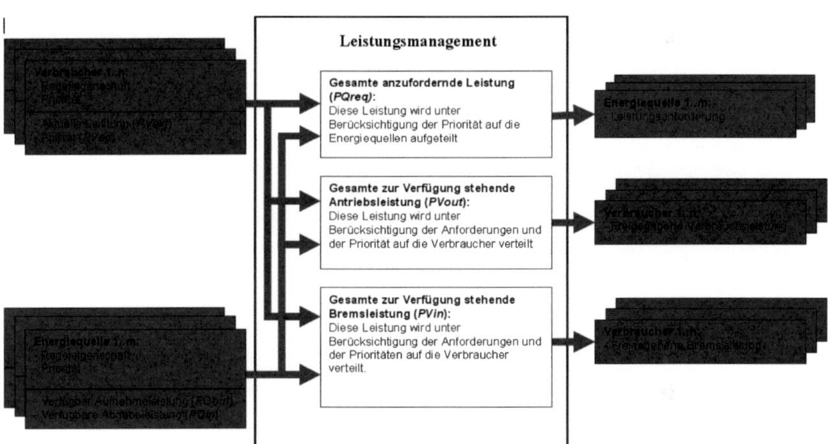

Abb. 4: Datenfluss Leistungsmanagement

Die gesamte von den Energiequellen anzufordernde Brems- oder Antriebsleistung wird mit folgender Formel berechnet:

$$P_{Q\mathrm{Req}} = \sum_{k=1}^{n} P_{Vakt}(k) + \sum_{k=1}^{n} P_{Vag}(k)$$

Diese Leistung wird unter Berücksichtigung der Priorität von den „Energiequellen" angefordert.

Die gesamte für die Verbraucher zur Verfügung stehende Verbrauchsleistung berechnet sich mittels folgender Formel:

$$P_{Vout} = \sum_{k=1}^{m} P_{Qin}(k) + \sum_{k=1}^{n} ((P_{Vakt}(k) - /P_{Vakt}(k)/)/2)$$

Die gesamte Leistung, die von den Verbrauchern eingespeist werden darf, berechnet sich mittels folgender Formel:

$$P_{Vin} = \sum_{k=1}^{m} P_{Qout}(k) + \sum_{k=1}^{n} ((P_{Vakt}(k) + /P_{Vakt}(k)/)/2)$$

Die gesamte zur Verfügung stehende Verbrauchs- und Einspeiseleistung für die Verbraucher wird nach folgendem Schema verteilt:

- Verbraucher mit niedrigerer Priorität werden zuerst limitiert
- Innerhalb einer Priorität werden zuerst die proportionalen Verbraucher limitiert, da ein proportionaler Verbraucher auch bei Limitierung seine Grundfunktionalität beibehält, wogegen ein „digitaler" Verbraucher seine Gesamtfunktionalität verliert.
- Innerhalb einer Priorität werden die „digitalen" Verbraucher entsprechend ihrer Einschaltreihenfolge limitiert. Der Verbraucher der als letztes eingeschaltet wurde, wird als erstes limitiert.

Beispiel: Beschleunigungsvorgang eines dieselelektrischen Antriebs

Folgende Signale sind dargestellt:

- *Gaspedal* [%]
  Gaspedalstellung
- *Solldrz Antriebsmotoren* [U/min]
  die Gaspedalstellung wird über eine Rampe in eine Solldrehzahl für die Antriebsmotoren umgerechnet

- *Drehmomentlimit* [Nm]
  aus der vom Leistungsmanagement freigegebenen Leistung wird ein
  Drehmomentlimit für die Antriebe errechnet

- *Drehmoment* [Nm]
  aktuelles Drehmoment am Antriebsmotor

- *DMot Solldrz* [U/min]
  Solldrehzahl des Dieselmotors

- *DMot Auslastung* [%]
  Auslastung des Dieselmotors

- *Agilität statisch* [kW/10]
  Vorhalteleistung in statischem Betrieb d.h. bei gleichbleibender
  Geschwindigkeit

- *Agilität dynamisch* [kW/10]
  zusätzliche Vorhalteleistung während der Beschleunigungsphase

- *Leistung Antriebe* [kW/10]
  aktuelle Leistung der Antriebe

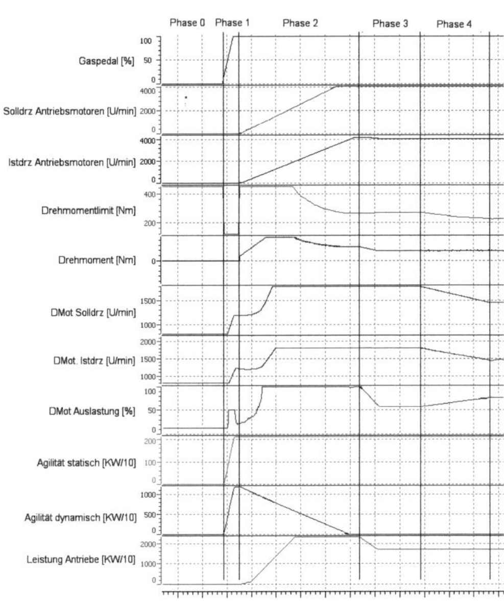

Abb. 5: Beschleunigungsvorgang dieselelektrischer Antrieb

Der Beschleunigungsvorgang lässt sich in 5 Phasen unterteilen:

Phase	Beschreibung	Signale
Phase 0	Fahrzeug steht	• *Gaspedal* = 0 % • *Solldrz Antriebsmotoren* = 0 U/min • *DMot Solldrz* = 800 U/min
Phase 1	Start Beschleunigungsvorgang (vorausschauende Leistungsanforderung)	• *Gaspedal* steigt auf 100% • *Solldrz Antriebsmotoren* = 0 U/min (Rampenfunktion) • Erhöhung *Agilität statisch/dynamisch* (=> vorausschauende Leistungsanforderung) • Erhöhung *DMot Solldrz* aufgrund der Leistungsanforderung
Phase 2	Beschleunigungsvorgang	• *Solldrz Antriebsmotoren* steigt über Rampenfunktion • *Leistung Antriebe* steigt mit steigender Drehzahl • *Agilität dynamisch* wird durch Leistung Antriebe abgelöst • *DMot Solldrz* steigt aufgrund der Leistungsanforderung • *DMot Auslastung* steigt auf 100%
Phase 3	Ende Beschleunigungsvorgang	• *Solldrz Antriebsmotoren* haben Endwert erreicht • **Agilität dynamisch** = 0
Phase 4	Optimierungsphase	• *DMot Solldrz* wird auf optimalen Arbeitspunkt des Dieselmotors reduziert

Fazit:

Durch das entsprechende Leistungsmanagement wird auf der einen Seite im statischen Betrieb der Dieselmotor im verbrauchsoptimierten Bereich betrieben, auf der anderen Seite steht zum Beschleunigen die maximale Dieselmotorleistung zur Verfügung. Dies führt zu niedrigerem Verbrauch bei höherer Dynamik.

Das FVA-Netzwerk E-Antrieb.NET

Entwicklungs- und Produktionsumgebung für elektrifizierte Antriebsstränge

Prof. Dr.-Ing. Achim Kampker, Dipl.-Wirt. Ing. Christoph Nowacki M.Eng.

Werkzeugmaschinenlabor WZL der RWTH Aachen, Steinbachstraße 19, 52074 Aachen, Deutschland, E-mail: a.kampker@wzl.rwth-aachen.de, Telefon: +49 (0)241 80 27406

Kurzfassung

Das Forschungsprojekt E-Antrieb.NET verfolgt einen ganzheitlichen Ansatz zur Entwicklung und Produktion elektrifizierter Antriebsstränge. In einem Forschungsverbund kooperiert eine Vielzahl von Projektpartnern in der Werkstoff-, Produkt-, und Prozesstechnologie. Ziel ist es, in ständigem Austausch von Ergebnissen die Entwicklung auf allen drei Forschungsfeldern simultan voranzutreiben. Eine integrierte Produkt- und Prozessplanung ist notwendig, um im Hinblick auf den harten internationalen Wettbewerb die kommenden Technologien in angemessener Zeit zur Marktreife zu führen.

Stichworte

Elektromobilität, Elektrifizierter Antriebsstrang, Integrierte Produkt- und Prozessentwicklung, Virtuelle Fabrik, Elektromotor und Batterie

1   Einleitung

In der Automobilindustrie vollzieht sich der Wandel zu einer Elektrifizierung des Antriebsstrangs. Damit verbunden ist eine tiefgreifende Veränderung der Fahrzeugstruktur und der verbauten Komponenten. Diese Entwicklung hat weitreichende Auswirkungen auf die Produktionstechnik, da sich die Komponenten des elektrischen Antriebs deutlich von denen eines konventionellen Antriebs unterscheiden.

Der Antriebsstrang ist heute ein wesentlicher Kostenpunkt im Fahrzeug und macht bis zu 25% der Herstellkosten aus. Zukünftig ist vor allem die Batterie der Hauptkostenfaktor, wohingegen sich die Kosten der restlichen Antriebskomponenten auf nur noch rund 15% der Gesamtkosten belaufen. Die Auswirkungen auf die Produktionstechnik gehen jedoch über die reine Technologieverschiebung bei der Produktion des Antriebs hinaus. Die neuen Komponenten und deren Zusammenspiel bedingen eine höhere Bedeutung des Themas Leichtbau, verändern den Materialmix und bedürfen darüber hinaus einer ganzheitlichen Betrachtung von Systemschnittstellen. In Anbetracht des angestrebten Marktvolumens von Elektrofahrzeugen ist es heute bereits unerlässlich, parallel zur Produktentwicklung die Produzierbarkeit als wesentliches Erfolgskriterium für die Marktdurchdringung der elektrischen Mobilität zu berücksichtigen.

Aufgrund der Vielzahl an unterschiedlichen und nicht koordinierten Forschungsanstrengungen existiert eine zunehmende Intransparenz im Forschungsumfeld des elektrischen Antriebsstranges. Zahlreiche Initiativen beforschen einzelne Bereiche aus dem elektrischen Antriebsstrang (Speichersystem, Leistungselektronik, Steuerung, Elektromotor und Getriebe), ohne detaillierte Schnittstelleninformationen zu anderen Forschungsprojekten zu kennen. Daher besteht die Gefahr, dass die Gesamtlandschaft Antriebsstrang nicht ausreichend effizient beforscht wird. Eine Bündelung der jeweiligen Fähigkeiten ist hierbei von großem Interesse, um die Umsetzung neuer Technologien in der Produktion zu beschleunigen. Andernfalls besteht die Gefahr, entscheidende Bereiche der Wertschöpfung zu verlieren oder erst gar nicht in Deutschland entstehen zu lassen.

2 Forschungsziel/ Aufgabenstellung/ Umsetzung

2.1 Forschungsziel

Mit dem Forschungsprojekt E-Antrieb.NET begegnet die Forschungsvereinigung Antriebstechnik den Herausforderungen hinsichtlich der neuen Komponenten des Antriebsstrangs und der entsprechenden Produktionstechnik. Im Zentrum des Projekts steht die enge Vernetzung und Koordination von 7 Teilprojekten rund um Technologien und Komponenten des elektrischen und hybriden

Antriebsstranges, die sich auf eine Vielzahl von Projektpartnern aufteilen. Gemeinsames Ziel aller Forschungsvorhaben ist die Entwicklung eines zuverlässigen und kostengünstig produzierbaren elektrischen/ hybriden Antriebsstranges mit einer möglichst geringen Abhängigkeit von knappen Ressourcen, sowie weitere Grundlagenforschung in der Herstellung notwendiger Werkstoffe.

In ihrer Gesamtheit beschreiben die 7 Teilprojekte alle wesentlichen Forschungsschwerpunkte rund um den Antriebsstrang. Mit der Betrachtung des elektrischen/ hybriden Antriebsstranges als Gesamtsystem müssen alle Entwicklungen über die technischen Zusammenhänge und Schnittstellen auf ihre Systemwirkung hin untersucht werden. Isolierte Weiterentwicklungen können nur punktuelle Verbesserungen bewirken. Es ist daher unerlässlich, dass sich alle Teilprojekte stets über ihren Forschungsfortschritt austauschen und an den entscheidenden Stellen zusammenarbeiten.

Ein weiterer Grundgedanke ist die Nutzung und Einbindung weiterer Projekte über dieses Vorhaben hinaus, sodass sich ein virtuelles Netzwerk zur gesamten Thematik des Antriebsstranges etabliert. Darin können Technologien von der Entwicklung bis zur Umsetzung in der Produktion begleitet und vorangetrieben werden. Neben der Tiefenkompetenz im elektrischen/ hybriden Antriebsstrang verfügt das Netzwerk somit über das notwendige Breitenwissen, um die spezifischen Forschungsfelder in ein übergreifendes System zu integrieren und zu koordinieren.

2.2 Aufgabenstellung

Die Kernaufgabe dieses Projektes liegt in der Gestaltung und Kontrolle der Schnittstellen zwischen den Teilprojekten, mit dem Ziel den Informationsaustausch untereinander zu fördern und die Einbindung weiterer externer Projekte voranzutreiben. Der Informationsaustausch zwischen bedeutenden Schnittstellen wird dabei durch regelmäßige Workshops zum Ergebnisaustausch und Abgleich des Projektfortschritts sichergestellt. Dies ermöglicht und fördert die zielgerichtete Kommunikation zwischen den Teilprojekten, so dass Redundanzen im Netzwerk vermieden werden. Der Forschungsaufwand und die Gesamtentwicklungszeit können so erheblich reduziert werden.

Eine weitere Aufgabe liegt in der Überwachung der Produzierbarkeit der Technologie. Um dieses wesentliche Erfolgskriterium sicherzustellen, werden die Forschungsergebnisse regelmäßig aufbereitet und analysiert. Falls Tendenzen zu „Produzierbarkeits-Fallen" entdeckt werden, sollen in Workshops mit den einzelnen Teilprojekten und deren projektbegleitenden Ausschüssen Lösungen erarbeitet werden.

Die Öffentlichkeitsarbeit der Teilprojekte wird ebenfalls gemeinsam betrieben. Die Veröffentlichung von Projektergebnissen und gemeinsame Auftritte auf Messen und Tagungen, sowie der direkte Ergebnistransfer in die Wirtschaft soll zentral koordiniert und organisiert werden. Im Rahmen der zahlreichen Veranstaltungen der Projektpartner und der Versammlungen des Konsortiums sollen die Forschungsresultate in Vorträgen und Workshops direkt an interessierte Unternehmen und andere Forschungsprojekte und -initiativen weitergegeben werden.

Die Themen Produktions- und Prozessplanung sollen nach erfolgreicher Technologie- und Werkstoffentwicklung in den Fokus der Untersuchungen treten. Marktgerechte Preise ermöglichen es, die entwickelten Lösungsansätze in der Praxis umzusetzen. Hierbei spielen vor allem die Auswahl der Werkstoffe und die Art der Produktion entscheidende Rollen. Da sich der Marktbedarf an elektrischen Antriebssträngen nicht sprungartig sondern kontinuierlich entwickelt, muss die Produktion insbesondere im Anfangsstadium auch bei relativ geringen Stückzahlen kostengünstig sein. Hierzu sollen Synergien zwischen den einzelnen Produktions- und Prozessentwicklungen genutzt werden. So werden die erzielten Forschungsergebnisse gemeinsam und übergreifend konsolidiert und weiterentwickelt. Auch hier wird durch die zentrale Koordination die enge Kooperation zwischen den einzelnen Teilprojekten sichergestellt.

2.3 Umsetzung

Durch die Verzahnung der drei Teilaspekte: Produkttechnologie, Werkstoffe und Produktion wird insbesondere der Ansatz der integrierten Produkt- und Prozessentwicklung forciert. Dies gelingt über den gewählten Ansatz sowohl auf Komponenten- als auch auf der Systemlösungsebene. Alle Teilforschungsprojekte haben die gemeinsame und übergeordnete Zielausrichtung: Kostengünstige Lösung, große Unabhängigkeit bzgl. Werk- und

Rohstoffen, Zuverlässigkeit der Lösung. Die gemeinsame Zielausrichtung erleichtert die Integration, Steuerung und Koordination der Teilprojekteprojekte.

Die einzelnen Teilprojekte legen ihren Fokus dabei auf eine der drei genannten Zielausrichtungen. Teilprojekte, welche thematisch im Bereich der Werkstoffe angesiedelt sind, werden die Ressourcenschonung und damit die Unabhängigkeit von entsprechenden Rohstoffen zur Zielsetzung haben, während Teilprojekte aus dem Bereich Technologieentwicklung die Themen Zuverlässigkeit und Qualität in den Vordergrund stellen. Produktionsorientierte Teilprojekte adressieren über eine intelligente Prozessgestaltung die Reduzierung der direkten Herstellkosten.

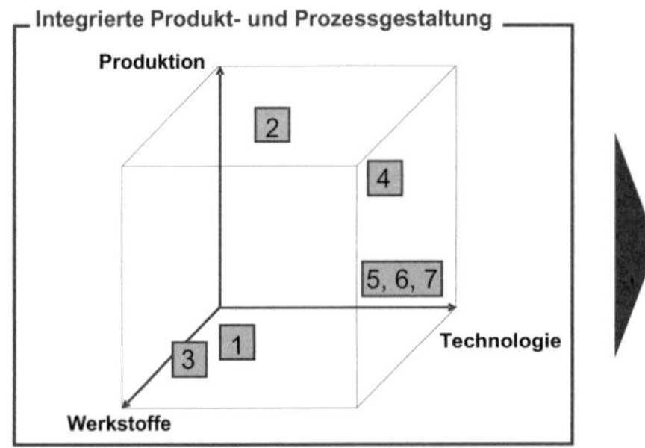

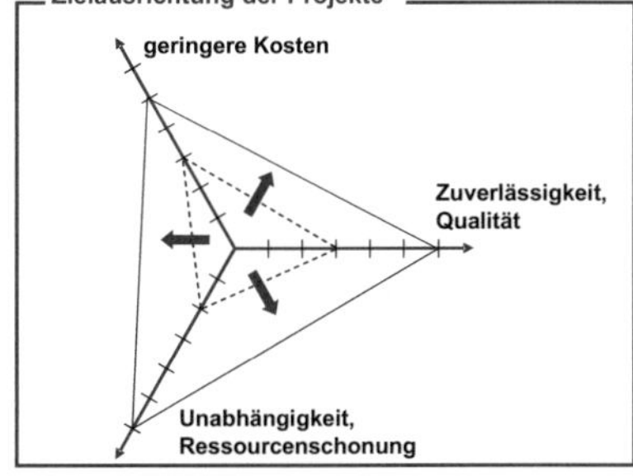

1. Modellierung von Lithium-Ionen-Zellen; von der Empirik zum Verständnis
2. Qualitätsprüfverfahren für die Batterieproduktion
3. Gezielte Leistungsoptimierung hartmagnetischer Werkstoffe und Weiterentwicklung für die Anwendung in elektrischen Antrieben
4. Steigerung der Drehmomentdichte hocheffizienter Elektromotoren unter Berücksichtigung ihrer Eignung für hochautomatisierte Serienproduktion
5. Adaptives Effizienz- und Temperaturmanagement von Antriebssystemen für die Elektrotraktion
6. Bewertung der Zuverlässigkeit von Leistungselektronik unter Automotive-Bedingungen
7. Wärmemanagement für PlugIn-Hybridfahrzeuge

Abb. 1: Integrierte Produkt- und Prozessgestaltung

Die Ausgestaltung der Schnittstellen zwischen den Teilprojekten ist von elementarer Bedeutung für eine funktionierende Projektkoordination. Zuerst müssen die technologischen Zusammenhänge und Abhängigkeiten identifiziert werden, um die wesentlichen Schnittstellen zu bestimmen. So liefert im Bereich der Speicherwerkstoffe die Modellierung der Batteriezellen wichtige Hinweise für die Auslegung der Prüf- und Messverfahren in der späteren Produktion. Untersuchungen zur Drehmoment- und der Leistungsdichte wirken sich über die hierdurch vorgegebenen Leistungsanforderungen und Temperaturbelastungen direkt auf die Lebensdauer der Batterie aus. Die Ergebnisse dieser technologischen Anforderungen müssen somit bei der Auslegung der Batterie auf der Werkstoffseite berücksichtigt werden.

Analog finden sich für die anderen Bereiche Interdependenzen zwischen den Teilprojekten. Die Auslegung des Motors ist nur über eine Verknüpfung der gewonnenen Erkenntnisse der Leistungsoptimierung und des adaptiven Effizienz- und Temperaturmanagements mit dem Bereich der Speichertechnologien möglich. Ebenso wird die Auslegung der Leistungselektronik über mehrere Teilprojekte realisiert, um eine wirkungsgradoptimierte Ansteuerung von elektrischen Maschinen zu erreichen. Das kontinuierliche Feedback der einzelnen Bereiche bietet die Möglichkeit, die optimale Betriebsstrategie des gesamten Antriebssystems zu identifizieren. Die Resultate können wiederum für die Modellierung der Lithium-Ionen-Zellen berücksichtigt werden, da die Betriebsstrategie die Anforderungen an die Batterie vorgibt. Abbildung 2 zeigt die wissenschaftliche Verknüpfung zwischen den 7 Teilprojekten im Groben auf.

Wissenschaftliche Verknüpfungen 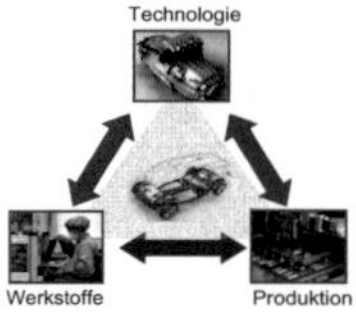	TP 1.1 Modellierung von Lithium-Ionen-Zellen	TP 2.1 Qualitätsprüfverfahren für die Batterieproduktion	TP 3.1 Gezielte Leistungsoptimierung hartmagnetischer Werkstoffe	TP 4.1 Steigerung der Drehmomentdichte hocheffizienter Elektromotoren	TP 5.1 Adaptives Effizienz- und Temperatur-management von Antriebssystemen	TP 6.1 Bewertung der Zuverlässigkeit von Leistungselektronik unter Automotive-Bedingungen	TP 7.1 Wärmemanagement für PlugIn-Hybridfahrzeuge
TP 1.1 Modellierung von Lithium-Ionen-Zellen	▨	●		●	◐		
TP 2.1 Qualitätsprüfverfahren für die Batterieproduktion	●	▨		◐	◐		
TP 3.1 Gezielte Leistungsoptimierung hartmagnetischer Werkstoffe			▨	◐	●	◐	◐
TP 4.1 Steigerung der Drehmomentdichte hocheffizienter Elektromotoren	●	◐	◐	▨	●	●	
TP 5.1 Adaptives Effizienz- und Temperaturmanagement von Antriebssystemen	◐	◐	●	●	▨	●	◐
TP 6.1 Bewertung der Zuverlässigkeit von Leistungselektronik unter Automotive-Bedingungen			◐	●	●	▨	●
TP 7.1 Wärmemanagement für PlugIn-Hybridfahrzeuge			◐		◐	●	▨

Abb. 2: Wissenschaftliche Verknüpfung der Teilprojekte

Zur Koordination der Forschungsprojekte steht ein gemeinschaftlicher Projektserver zur Verfügung, der den Wissenstransfer über eine zentrale Datenbank ermöglicht. Somit kann der Status der einzelnen Teilprojekten verfolgt und notwendige Teilergebnisse ausgetauscht werden. Regelmäßige Forschungsberichte garantieren, dass die benötigten Informationen für alle Projektpartner zur Verfügung stehen.

Die ständige Informationsbereitstellung ist ebenso zur Vermeidung von Produktionsfallen zwingend erforderlich. Zu Beginn des Projektes werden die Projektpartner im Thema Produzierbarkeit geschult und im weiteren Verlauf werden regelmäßige Reviews zu diesem Thema durchgeführt. Die Teamleiter können über eine definierte Checkliste selbständig Fehlentwicklungen erkennen und bedarfsabhängig Unterstützung einfordern. In diesem Fall werden in Workshops mit den einzelnen Teilprojekten und deren projektbegleitenden Ausschüssen Produzierbarkeit-Checks durchgeführt.

Zur ganzheitlichen Vernetzung der Projekte wird halbjährlich eine Vollversammlung aller Teilprojekte durchgeführt. Hierbei soll vor allem der Informationsaustausch zwischen den Projekten gefördert werden. Gleichzeitig sollen die einzelnen Projekte durch gemeinschaftliche Arbeitstreffen, in welchen die beteiligten Projektpartner Fragestellungen rund um den elektrischen Antriebsstrang klären können, vorangetrieben werden. Während der Vollversammlung werden in vier parallelen Arbeitskreisen die Themengebiete E-Motor, Energiespeicher, Leistungselektronik & Thermomanagement und Gesamtsystem behandelt. Hierbei sollen die Forschungsstände sowie die weiteren Forschungsvorhaben besprochen und diskutiert werden. Anschließend werden in Arbeitssitzungen zu den drei Schwerpunkten Produkttechnologie, Werkstoffe und Produktion die Projektschnittstellen und gemeinsame Forschungsmöglichkeiten genau definiert sowie Spezifikationen definiert und verabschiedet und projektübergreifende Fragestellungen gemeinsam bearbeitet.

Auf operativer Ebene werden in den Einzelprojekten in halbjährigem Abstand Arbeitstreffen zwischen den beteiligten Forschungsstellen und den projektbegleitenden Ausschüssen organisiert, um zum einen die industrielle Relevanz der Projekte sicherzustellen und zum anderen den Ergebnistransfer in die Wirtschaft zu fördern. Auch zwischen der zentralen Koordinationsstelle und den einzelnen Projekten finden in regelmäßigen Abständen Workshops statt, die dazu dienen den Projektfortschritt zu gewährleisten, die Schnittstellen zwischen den Projekten zu synchronisieren und die Produzierbarkeit zu überwachen. Zuletzt werden die beteiligten Forschungsstellen die Projektergebnisse mit ihren thematisch verbundenen Forschungsprojekten austauschen. Die Resultate werden im Rahmen der Vollversammlungen präsentiert.

Die gemeinsame Öffentlichkeitsarbeit, bestehend aus regelmäßigen Veröffentlichungen und der Präsens auf entsprechenden Fachmessen, gewährleistet einen regen Austausch mit der übrigen Forschungslandschaft. Insbesondere das breite Aus- und Weiterbildungsprogramm der einzelnen Forschungseinrichtungen und Verbände bietet den Rahmen, um in Vorlesungen, Seminaren und Weiterbildungsprogrammen laufend über Ergebnisse aus den Forschungsprojekten zu berichten. Der offene Dialog erlaubt den fachlichen Austausch mit einer breiten Anwenderschaft und kann in der weiteren Projektdurchführung aufgegriffen werden.

Hierdurch sollen Kooperationen und Netzwerke zwischen den Projektpartnern und Forschungsstellen entstehen, die die Entwicklung der Elektromobilität vorantreiben. Die Einbindung des Gesamtforschungsvorhabens in die Forschungslandschaft rund um die Elektromobilität der Projektpartner wird in Abbildung 3 dargestellt.

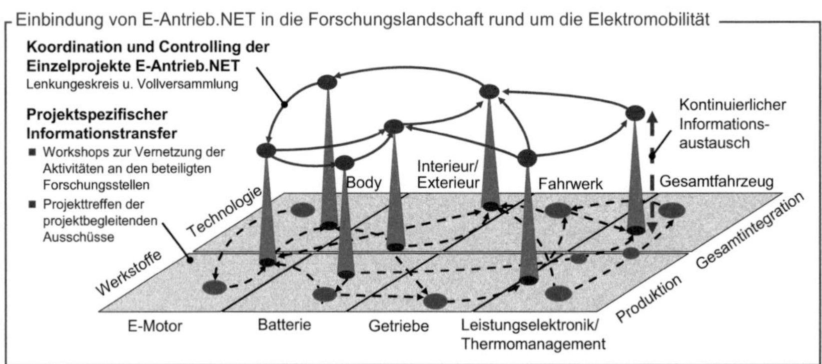

Abb. 3: Vernetzung und Koordination im Forschungsvorhaben E-Antrieb.NET

2.4 Forschungsschwerpunkte

Die Forschungsschwerpunkte in dem Verbundprojekt reichen von der Grundlagenforschung bis hin zur anwendungsorientierten Validierung von Antriebsstrangkomponenten. Die wesentlichen Schnittstellen zwischen den Teilprojekten konzentrieren die Fähigkeiten auf den Gebieten Werkstoff, Technologie und Produktion in drei Forschungsschwerpunkten.

Die Konzeption des Elektromotors erfolgt grundlegend nach den Anforderungen im automotiven Bereich. Die Steigerung der Drehmomentdichte ist ein Hauptanliegen auf dem Weg zu hocheffizienten Elektromotoren. Potential liegt hier in einer gesteigerten Aktivteilausnutzung über konstruktive Verbesserungen. Zur Einordnung des Leistungsstands werden Werkzeuge für eine vergleichende Bewertung unterschiedlicher Antriebskonzepte entwickelt. Auf der Ebene der Werkstoffe wird die Weiterentwicklung hartmagnetischer Werkstoffe für den Einsatz in elektrischen Antrieben verfolgt. Im Fokus steht die Optimierung der Korngröße und der kristallographischen Textur der Körner. Die Materialverbesserungen laufen synchron zu Qualitätsverbesserungen der Fertigungsprozesse durch den Einsatz komplementärer Analysemethoden.

Für die Entwicklung der Energiespeicher ist das Zusammenspiel von Produkt und Prozesstechnologie von höchster Bedeutung. Heutige Batterien besitzen eine unzureichende Leistungs- und Energiedichte bei zu geringer Lebensdauer. Simulationsmodelle der Lithium-Ionen-Zellen helfen dabei, die optimale Betriebsstrategie der Batterie zu bestimmen. Mit Simulationsmodellen kann ebenso der Alterungsprozess besser verstanden werden, bei gleichzeitigem Verzicht auf teure physikalische Langzeittests. Neben der Batterietechnologie ist auch der Aufbau der Qualitätssicherung im Fertigungsprozess Bestandteil des Projekts. Für ein ganzheitliches Qualitätsmonitoring werden Test- und Prüfverfahren konzeptioniert und bewertet. Am Ende der Entwicklung steht die Übertragung des Systems auf die Serienproduktion mit einheitlichen Qualitätsstandards. Als Erweiterung werden in einem Teilprojekt anwendungsspezifische Supercaps mit hoher Energiedichte entwickelt.

Über die Speichertechnologien hinaus ist das komplexe System aus Leistungselektronik und Temperaturmanagement der Schlüssel zu einem leistungsfähigen und zuverlässigen Antriebsstrang. Ein adaptives Effizienz- und Temperaturmanagement benötigt eine neuentwickelte Betriebsstrategie, die unter Ausnutzung sämtlicher Freiheitsgrade in der Betriebsführung des Antriebs optimiert wird. Methoden zur Vorhersage der elektromagnetischen Eigenschaften der Leistungselektronik stehen hierbei im Mittelpunkt der Forschungsbemühungen. Als Basis dient ein dynamisches Verlust- und Temperatur-Modell des gesamten elektrischen Antriebssystems. Grundlegend für die Sicherheit und Haltbarkeit des Gesamtfahrzeugs ist ein intelligentes Wärmemanagement. Der Aufbau zuverlässiger Simulationen und die Einbindung sinnvoller Wärmemanagementkonzepte schaffen das Fundament für eine weitere Optimierung der thermischen Energieströme. Die Bewertung der Zuverlässigkeit erfolgt streng unter Automotive-Bedingungen.

3 Innovativer Beitrag der Forschungsergebnisse

Der innovative Beitrag liegt zum einen in den Ergebnissen der Teilprojekte selbst, zum anderen liegt die Innovation im Ansatz der Forschungsmethodik, die über den Gesamtrahmen des Projektes vorgegeben wird. In der ersten Phase werden Werkstoffe und Technologien sowie deren Integration beforscht. Zugleich wird eine integrierte Produkt- und Prozessentwicklung betrieben, die in der zweiten Projektphase das Thema der Produktionstechnik in den Fokus stellt.

Durch den Ansatz der Nutzung und Einbindung von Projekten über dieses Vorhaben hinaus wird ein virtuelles Netzwerk zur gesamten Thematik des Antriebsstranges etabliert, in dem Inhalte KMU-gerecht vorangetrieben werden. Somit wird ein Beitrag von der Entwicklung bis zur tatsächlichen Vorbereitung einer Umsetzung in Wertschöpfung vorangetrieben. Trotz ausgewählter Tiefenkompetenz und der Beforschung spezifischer Schwerpunkte im elektrischen/ hybriden Antriebsstrang verfügt das Netzwerk über hervorragendes Breitenwissen. Nur so kann die Gesamtintegration der spezifischen Forschungsfelder zu einem Gesamtsystem vollzogen werden.

Karlsruher Schriftenreihe Fahrzeugsystemtechnik
(ISSN 1869-6058)

Herausgeber: FAST Institut für Fahrzeugsystemtechnik

Die Bände sind unter www.ksp.kit.edu als PDF frei verfügbar oder als Druckausgabe bestellbar.

Band 1 Urs Wiesel
Hybrides Lenksystem zur Kraftstoffeinsprung im schweren Nutzfahrzeug.
2010
ISBN 978-3-86644-456-0

Band 2 Andreas Huber
Ermittlung von prozessabhängigen Lastkollektiven eines hydro-statischen Fahrantriebsstrangs am Beispiel eines Teleskopladers.
2010
ISBN 978-3-86644-564-2

Band 3 Maurice Bliesener
Optimierung der Betriebsführung mobiler Arbeitsmaschinen.
Ansatz für ein Gesamtmaschinenmanagement.
2010
978-3-86644-536-9

Band 4 Manuel Boog
Steigerung der Verfügbarkeit mobiler Arbeitsmaschinen
durch Betriebslasterfassung und Fehleridentifikation
an hydrostatischen Verdrängereinheiten
2011
978-3-86644-600-7

Band 5 Christian Kraft
Gezielte Variation und Analyse des Fahrverhaltens von Kraftfahr-zeugen mittels elektrischer Linearaktuatoren im Fahrwerksbereich
2011
978-3-86644-607-6

Band 6 Lars Völker
Untersuchung des Kommunikationsintervalls bei der gekoppelten
Simulation
2011
978-3-86644-611-3

Band 7 3. Fachtagung
Hybridantriebe für mobile Arbeitsmaschinen
17. Februar 2011, Karlsruhe
2011
978-3-86644-599-4